高职高专规划教材

建筑工程计量与计价

马文姝 主编　　齐亚丽　剧秀梅 副主编

完整性 — 涵盖全部造价员的岗位工作
实用性 — 紧密联系实际和企业需求
时效性 — 采用最新清单定额标准规范
针对性 — 真实的工程案例+必要的分析归纳
适用性 — 工程案例的选取由简而繁、难易递进

化学工业出版社
·北京·

本教材依据国家最新标准《建设工程工程量清单计价规范》(GB 50500—2013)、《房屋建筑与装饰工程工程量计算规范》(GB 50854—2013)、《建筑工程建筑面积计算规范》(GB/T 50353—2013)等相关资料编写。

本教材打破了传统教材的编写模式，以造价人员编制造价文件的岗位工作流程为依据，以造价岗位的核心职业能力构建教材内容，图文并茂，注重学生实践动手能力的培养，以项目导向、任务驱动的形式编写，把教学内容分解为项目、任务，以任务组织教学。

本教材内容分为三大模块：工程量的计算、定额计价和清单计价。"工程量的计算"这一模块按建筑物从地下到地上，从主体到装饰的结构组成，把教学内容划分为十一个项目，每个项目又按不同建筑类型细化为若干任务；"定额计价"按编制工程预算书的实际工作流程安排教学次序，分为定额的套用、工料分析、取费三部分；"清单计价"分为工程量清单的编制、招标控制价的编制和投标报价的编制三部分。每一项任务由任务说明、任务分析、任务实施、任务结果四部分构成，每一部分都进行了详尽的讲解和阐述，附有大量的图片、例题、复习思考题、习题和实训练习。

本书可作为高职高专工程造价专业、建筑工程技术专业、工程管理专业等土建类专业教材，也可作为工程造价人员的专业学习参考书。

图书在版编目（CIP）数据

建筑工程计量与计价 / 马文姝主编. —北京：化学工业出版社，2016.8
高职高专规划教材
ISBN 978-7-122-27581-3

Ⅰ.①建… Ⅱ.①马… Ⅲ.①建筑工程－计量－高等职业教育－教材②建筑造价－高等职业教育－教材 Ⅳ.① TU723.3

中国版本图书馆 CIP 数据核字（2016）第 157016 号

责任编辑：吕佳丽 李仙华　　　　　　　　　　　装帧设计：张　辉
责任校对：吴　静

出版发行：化学工业出版社（北京市东城区青年湖南街 13 号　邮政编码 100011）
印　　刷：北京永鑫印刷有限责任公司
装　　订：三河市宇新装订厂
787mm×1092 mm　1/16　印张 17½ 字数 441 千字　2016 年 10 月北京第 1 版第 1 次印刷

购书咨询：010-64518888（传真：010-64519686）　售后服务：010-64518899
网　　址：http://www.cip.com.cn
凡购买本书，如有缺损质量问题，本社销售中心负责调换。

定　　价：39.00 元　　　　　　　　　　　　　　　　　　　　　　　版权所有　违者必究

编写人员名单

主　编　马文姝
副主编　齐亚丽　剧秀梅
参　编　滕艳辉　黄　磊　鲍春一乐　张淑艳　姜　艳　王少辉

《建筑工程计量与计价》以工程项目、施工图纸为任务载体，以建筑工程算量与计价为核心，以培养学生实际工作能力为目标的项目化教材。与本书配套的还有一本实战教程（附工程图纸、实训实例）。和其他同类型传统教材相比，本书实践性、实用性更为突出。

本书依据国家标准《建设工程工程量清单计价规范》(GB 50500—2013)、《房屋建筑与装饰工程工程量计算规范》（GB 50854—2013）、《吉林省建筑工程计价定额》(JLJD-JZ-2014)、《吉林省装饰工程计价定额》(JLJD-ZS-2014)、《吉林省建设工程费用定额》(JLJD-FY-2014）及配套解释、《建筑工程建筑面积计算规范》（GB/T 50353—2013）相关规定，结合工程设计图纸及相关资料、施工现场情况、工程特点及合理的施工方法，以及建设工程项目的相关标准、规范、技术资料编制。本书的编制原则是：

完整性——涵盖全部造价员的岗位工作；

实用性——紧密联系实际和企业需求；

时效性——采用最新清单定额标准规范；

针对性——真实的工程案例、必要的分析归纳；

适用性——工程案例的选取由简而繁、难易递进。

本书教学内容的设计依据造价员编制造价文件的岗位工作流程，以工程实际案例、图纸、图集为主线，从计量到计价到造价文件的编制，全部采用工程项目实例图纸，注重学生实践动手能力的培养，以项目导向、任务驱动的形式编写。把教学内容分解为项目、任务，以任务组织教学，模拟真实的工作场景，构建基于工作过程的学习情境。通过项目任务的引领使学生在真实的条件下进行项目训练，强化专业技能培养。

本书内容分为三大模块：工程量的计算、定额计价和清单计价。

工程量的计算这一模块按建筑物从地下到地上，从主体到装饰的结构组成，把教学内容划分为十一个项目，每个项目又按不同的建筑类型细化为若干任务。每一堂课针对不同任务，配套不同工程图纸，以培养学生手工算量为核心，从图纸分析、工程项目的划分到工程量计算规则、计算方法、计算公式，到分步骤演示，计算规则按国家标准《房屋建筑与装饰工程工程量计算规范》(GB 50854—2013）中的工程量计算规则和《吉林省建筑工程计价定额》(JLJD-JZ-2014)、《吉林省装饰工程计价定额》(JLJD-ZS-2014) 的工程量计算规则分别讲述，通用性更强。

定额计价部分按编制工程预算书的实际工作流程安排教学次序，分为定额的套用、工料分析、取费三部分。学生通过完成每项任务，从而完成整个项目，在此过程中，掌握知识，提高能力，并清楚将来要从事的工作岗位的工作过程，掌握相关工作岗位的工作内容，最终达到独立编制工程预算书的能力。

清单计价部分分为工程量清单的编制、招标控制价的编制和投标报价的编制三部分，同样选取典型工作任务，以实际工程项目为案例引入教学内容，整个教学围绕招投标展开，突出知识的实用性，以任务组织教学，设计基于工作过程的学习情境，引导学生自主思考，自主作业，通过项目任务的引领使学生在真实的条件下进行项目训练，强化专业技能培养。更加适合工程造价专业岗位的要求，符合学生的职业成长规律。

本书的主编为注册造价工程师、注册一级建造师，具有丰富的教学经验和工程造价实践经验，本书是其二十年教学工作和实践工作的总结精华。

本书适用于高职高专工程造价专业、建筑工程技术专业、工程管理专业等土建类专业，也可作为建筑施工企业、造价咨询机构及广大造价人员的参考资料。

由于编者水平有限，书中的不足之处，恳请读者批评指正。

编者
2016 年 7 月

目 录

绪论　　1

任务1　本课程的学习内容……………………………………………………………1
任务2　工程造价计价概述……………………………………………………………3
任务3　工程造价计价的两种模式……………………………………………………5

模块一　工程量的计算

项目一　施工图纸的识读　　10

任务1　了解图纸………………………………………………………………………10
任务2　建筑施工图识读………………………………………………………………11
任务3　结构施工图识读………………………………………………………………14
任务4　平法识图详解…………………………………………………………………16
实训一……………………………………………………………………………………30

项目二　建筑面积的计算　　32

任务1　与建筑面积相关的基本概念…………………………………………………32
任务2　建筑面积计算规则……………………………………………………………34
实训二……………………………………………………………………………………50

项目三　工程量的计算方法　　52

任务1　工程量计算概述………………………………………………………………52
任务2　统筹法计算工程量……………………………………………………………54
任务3　分项工程列项…………………………………………………………………57

项目四　土石方工程　　61

任务1　平整场地的计算………………………………………………………………62
任务2　土方开挖工程量的计算………………………………………………………64

  任务3 回填土、土方运输工程量计算 ·· 71
  实训三 ··· 74

项目五 基础工程 75

  任务1 基础垫层工程量计算 ·· 76
  任务2 砖基础工程量计算 ·· 77
  任务3 带形混凝土基础工程量计算 ·· 80
  任务4 独立基础工程量计算 ··· 82
  任务5 满堂基础工程量的计算 ·· 85
  任务6 桩基础工程量计算 ·· 85
  实训四 ··· 91

项目六 混凝土工程 92

  任务1 柱混凝土工程量计算 ··· 92
  任务2 梁混凝土工程量计算 ··· 96
  任务3 板混凝土工程量计算 ··· 98
  任务4 其他构件混凝土工程量计算 ·· 102
  实训五 ··· 105

项目七 钢筋工程 106

  任务1 钢筋工程概述 ·· 106
  任务2 独立基础钢筋工程量计算 ··· 111
  任务3 柱钢筋工程量计算 ·· 114
  任务4 梁钢筋工程量计算 ·· 117
  任务5 板钢筋工程量计算 ·· 124
  任务6 预应力钢筋、钢丝、钢绞线的计算 ··· 129

项目八 门窗工程 131

  任务1 门窗工程量计算 ·· 132
  任务2 木结构工程量计算 ·· 134

项目九 砌筑工程 136

  任务1 砖混结构砖墙工程量计算 ··· 136
  任务2 框架结构砖墙工程量计算 ··· 140
  任务3 其他墙体工程量计算 ··· 142
  任务4 零星砌体工程量计算 ··· 143
  实训六 ··· 143

项目十	屋面工程	145

- 任务1　平屋顶屋面工程量计算 ... 147
- 任务2　坡屋顶屋面工程量计算 ... 148
- 实训七 ... 151

项目十一	楼地面工程	152

- 任务1　整体楼地面的工程量计算 ... 153
- 任务2　块料楼地面的工程量计算 ... 154
- 任务3　相关工程工程量计算 ... 155
- 实训八 ... 158

项目十二	装饰工程	159

- 任务1　墙柱面工程量计算 ... 160
- 任务2　天棚工程量计算 ... 163
- 任务3　油漆涂料工程量计算 ... 163
- 任务4　其他装饰工程工程量计算 ... 166
- 实训九 ... 166

项目十三	金属结构工程	168

- 任务1　钢柱工程量计算 ... 170
- 任务2　钢梁钢支撑工程量计算 ... 171
- 任务3　钢屋架工程量计算 ... 172

项目十四	措施项目	174

- 任务1　模板工程工程量计算 ... 174
- 任务2　脚手架工程量计算 ... 182
- 任务3　垂直运输工程量计算 ... 185
- 任务4　超高费工程量计算 ... 185
- 任务5　大型机械安拆工程量计算 ... 186
- 任务6　井点降水工程量计算 ... 187

模块二　定额计价

项目一	施工图预算的编制	190

- 任务1　施工图预算的准备工作 ... 194
- 任务2　定额的套用 ... 195

任务 3	工料分析与价差调整	201
任务 4	费用的计取	203
任务 5	编制说明的填写	212
实训十		213

项目二　工程结算的编制　215

任务 1	工程预付（备料）款结算	217
任务 2	工程进度款结算	218
任务 3	竣工结算的内容及编制方法	220

模块三　清单计价

项目一　工程量清单的编制　226

任务 1	分部分项工程量清单的编制	227
任务 2	措施项目清单的编制	234
任务 3	其他项目清单的编制	239
任务 4	规费税金项目的编制	244
任务 5	工程量清单封面与编制说明	246
实训十一		247

项目二　招标控制价的编制　248

任务 1	分部分项工程量清单计价	250
任务 2	措施项目清单的计价	255
任务 3	其他项目清单和规费税金项目清单的计价	257
任务 4	招标控制价的封面与编制说明	261
实训十二		263

项目三　投标报价的编制　264

任务 1	分部分项工程量清单的投标报价	265
任务 2	措施项目清单的投标报价	266
任务 3	其他项目清单、规费税金项目清单的投标报价	266
任务 4	投标报价的封面与编制说明	267
实训十三		268

参考文献　269

(1)让学生了解本课程的学习内容;
(2)熟悉工程造价的定义;
(3)掌握工程造价计价的特点;
(4)两种计价模式的概念、特点;
(5)定额计价与清单计价的不同。

任务1　本课程的学习内容

一、任务说明

(1)了解本课程的定位、性质、特点;
(2)掌握本课程的主要内容与任务;
(3)知道本课程的主要学习方法和需注意的问题。

二、任务分析

(一)本课程的定位、性质、特点

1. 课程的定位

"建筑工程计量与计价"是土建类工程造价专业、建筑工程技术专业的一门核心专业技能课程。本书打破以往学科体系编写教材的模式,以岗位核心职业能力构建教材内容体系。以计价定额、建筑施工图纸为任务载体,培养学生掌握计算工程量的规则和方法,掌握定额计价和工程量清单计价编制的基本技能。

2. 课程性质

(1)重点专业课;
(2)技术性课程(实践性)。

3. 课程特点

（1）与专业基础类课程（制图、识图、房建、建材、施工、结构等）联系紧密；
（2）掌握方法很重要（计量计价都有规定的方法及程序）；
（3）强调动手计算的能力。

（二）本课程的主要内容与任务

1. 课程的主要内容

本课程的内容包括建筑工程计量与建筑工程计价两部分，分为工程量的计算、定额计价、清单计价三个模块。依据国家标准《建设工程工程量清单计价规范》（GB 50500—2013）、《房屋建筑与装饰工程工程量计算规范》（GB 50854—2013）、《吉林省建筑工程计价定额》（JLJD-JZ-2014）、《吉林省装饰工程计价定额》（JLJD-ZS-2014）、《吉林省建设工程费用定额》（JLJD-FY-2014）及配套解释、相关规定，结合工程设计图纸及相关资料、施工现场情况、工程特点及合理的施工方法，以及建设工程项目的相关标准、规范、技术资料编制。

本教材教学内容的设计依据造价员编制造价文件的岗位工作流程，以工程实际案例、图纸、图集为主线，从计量到计价到造价文件的编制，全部采用工程项目实例图纸，注重学生实践动手能力的培养，以项目导向、任务驱动的形式编写。把教学内容分解为项目、任务，以任务组织教学，模拟真实的工作场景，构建基于工作过程的学习情境。通过项目任务的引领使学生在真实的条件下进行项目训练，强化专业技能培养。

2. 本课程的任务

（1）能够熟练识读建筑施工图和结构施工图；
（2）能够按工程量计算规则准确计算工程量；
（3）能够独立按施工图纸编制、审核施工图预算；
（4）独立编写工程结算与竣工决算；
（5）能够按《建设工程工程量清单计价规范》(GB 50500—2013) 编写工程量清单；
（6）能够准确按工程量清单计价。

（三）本课程的学习方法

（1）兴趣是最好的老师；
（2）施工图的识读是学习本课程的前提；
（3）房屋构造、施工方法和施工组织设计方案是学习本课程的基础；
（4）《计价定额》、《建设工程工程量清单计价规范》(GB 50500—2013) 是学习本课程的核心；
（5）要善于观察、总结、实践，才能少走弯路；
（6）课后多练习，提高动手能力；
（7）要善于在生活中学习，拓展知识面。

（四）学习本课程应注意的主要问题

（1）必须掌握基本概念；
（2）理论联系实际；
（3）识图要准确；
（4）定额、计价规范掌握要熟练；

（5）工程量计算要准确；
（6）项目特征描述要准确；
（7）费用指标的选用必须符合政策的规定。

任务 2　工程造价计价概述

一、任务说明

（1）了解工程造价的概念；
（2）熟悉两种计价模式；
（3）掌握工程造价的计价特点。

二、任务分析

(一) 工程造价的相关概念

1. 工程造价的定义

工程造价从不同的角度进行界定，会有不同的含义，通常有以下两种定义：

一是从投资者—业主的角度来定义。工程造价是指建设项目固定资产投资费用。投资者选定一个项目后，就要通过项目评估进行决策，然后进行设计招标、工程招标，工程实施，直到竣工验收等一系列投资管理活动。所有这些开支就构成了工程造价。一般包括建筑安装工程费、设备及工器具购置费、工程建设其他费用、预备费、建设期贷款利息及固定资产投资方向调节税。

二是从市场—承包商的角度来定义。工程造价是指工程价格，即为建成一项工程的建筑安装工程的价格和建设工程的总价格，即建筑安装工程费用。这种定义是将工程项目作为一种特殊的商品，以社会主义商品经济和市场经济为前提。以工程这种特定的商品形成作为交换对象，通过招投标、承包和其他交易方式，在多次预估的基础上，最终由市场形成价格。通常是把工程造价的第二种含义认定为工程承发包价格。

2. 工程造价计价的概念

工程造价计价就是计算和确定建设工程项目的工程造价，简称工程计价。具体来说，它是工程造价人员在项目实施的各个阶段，根据各个阶段的不同要求，遵循计价原则和程序，采用科学的计价方法，对投资项目最可能实现的合理价格作出科学的推测和判断，从而确定投资项目的工程造价的经济文件。

(二) 工程造价的计价模式

1. 定额计价模式

定额计价模式是我国长期以来在工程价格形成中采用的计价模式，在计价中以定额为依据，按定额规定的分部分项工程子目，逐项计算工程量，套用定额单价（或单位估价表）确定直接费，然后按规定的取费标准计取费用，最终确定建筑安装工程造价。

2. 工程量清单计价模式

工程量清单计价模式是在建设工程招投标中，按照国家统一的工程量清单规范，招标人或其委托的有资质的咨询机构编制的反映工程实体消耗和措施消耗的工程量清单，并作为招标文件的一部分提供给投标人，由投标人依据工程量清单，结合企业定额自主报价的计价方式。

（三）工程造价计价的特点

建筑产品的庞大性、施工的长期性、产品的固定性、施工的流动性、产品的个别性、施工的复杂性决定了工程计价具有以下特点。

1. 计价的单件性

建设工程产品的个别差异性决定了每项工程都必须单独计算造价。每项建设工程都有其特点、功能与用途，因而导致其结构不同；工程所在地的气象、地质、水文等自然条件不同；建设的地点及社会经济等不同都会直接或间接地影响工程的计价。因此，每个建设工程都必须根据工程的具体情况进行单独计价，任何工程的计价都是指特定空间一定时间的价格。即使是完全相同的工程，由于建设地点或建设时间不同，仍必须进行单独计价。

2. 计价的多次性

建设工程项目建设周期长、规模大、造价高，这就要求在工程建设的各个阶段多次计价（表0-1），并对其进行监督和控制，以保证工程造价计算的准确性和控制的有效性。多次性计价的特点决定了工程造价不是固定、唯一的，而是一个随着工程的进行，逐步深化、细化和接近实际造价的过程。

表0-1 建筑工程计价与建设程序各阶段的对应关系

序号	建设程序各阶段	建筑工程计价	编制单位
1	决策阶段	投资估算	建设单位
2	设计阶段	设计概算、施工图预算	设计单位
3	建设准备阶段	招标控制价、投标报价	建设单位、施工单位
4	实施阶段	施工预算	施工单位
5	竣工验收阶段	工程结算、竣工决算	建设单位、施工单位

3. 计价的组合性

工程造价的计算是逐步组合而成的，一个建设工程项目的总造价由各个单项工程造价组成，一个单项工程造价由各个单位工程造价组成，一个单位工程造价按分项工程计算得出，这充分体现了计价组合的特点。可见，计算工程造价，必须先对整个项目进行分解，划分成分项工程项目。分项工程是单项工程组成部分中最基本的构成要素。先分解，后计算分项工程单价，再组合。工程计价的过程和顺序是分部分项工程单价→单位工程造价→单项工程造价→建设工程项目总造价。

工程建设项目分解，如图0-1所示。

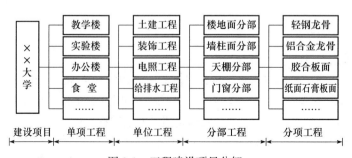

图0-1 工程建设项目分解

4. 计价方法的多样性

工程造价在各个阶段具有不同的作用，而且各个阶段对建设工程项目的研究深度也有很大的差异，因而工程造价的计价方法具有多样性的特征。不同的阶段采用不同的方法，根据计价要求加以选择。目前，我国工程造价的计价方法主要有定额计价和工程量清单计价两种。

5. 计价依据的复杂性

由于工程造价的构成复杂、影响因素多且计价方法多种多样，因此计价依据的种类也较多，主要可以分为以下7类。

（1）计算设备和工程量的依据，包括项目建议书、可行性研究报告、设计文件等；

（2）计算人工、材料、机械等实物消耗量的依据，包括各种定额；

（3）计算工程单价的依据，包括人工单价、材料单价、机械台班单价等；

（4）计算设备单价的依据；

（5）计算各种费用的依据；

（6）政府规定的税、费依据；

（7）调整工程造价的依据，如文件规定、物价指数、工程造价指数等。

任务3　工程造价计价的两种模式

一、任务说明

（1）定额计价模式的概念与特点；

（2）清单计价模式的概念与特点；

（3）清单计价和定额计价的区别与联系。

二、任务分析

现阶段，我国的建设工程造价两种计价模式并存。

（一）定额计价模式

1. 定额计价模式的概念

定额计价模式是我国传统的计价模式，在招投标时，不论是作为招标标底还是投标报价，其招标人和投标人都需要按国家规定的统一工程量计算规则计算工程数量，然后按建设行政主管部门颁布的预算定额计算人工、材料、机械的费用，再按有关费用标准计取其他费用，汇总后得到工程造价。

2. 定额计价模式的特点

长期以来我国沿袭前苏联的工程造价计价模式，建筑工程项目或建筑产品实行"量价合一、固定取费"的政府指令性计价模式，即"定额计价模式"。这是计划经济时代的产物。

这种方法按预算定额规定的分部分项子目，逐项计算工程量，套用定额单价（或单位估价表）确定直接费，然后按规定的取费标准计算其他直接费、现场经费、间接费、利润、税金、加上材料价差和适当的不可预见费，经汇总即成为工程预算价。

工程预算价用作标底和投标报价。这种方法千人一面，重复"算量、套价、取费、调差"的模式，使本来就千差万别的工程造价，却统一在预算定额体系中；这种方法计算出的标价看起来似乎很准确详细，但其中的弊端也是显而易见的，其表现在：第一，浪费了大量的人力物力，好几套人马都在做工程量计算的重复劳动；第二，违背了我国工程造价实行"控制量、指导价、竞争费"的改革原则，与市场经济的要求极不适应；第三，导致业主和承包商没有市场经济风险意识；第四，标底的保密难于保证；第五，不利于施工企业技术的进步和管理水平的提高。

目前，世界上只有中国、俄罗斯和非洲的贝宁在使用"定额预算计价法"。

（二）清单计价模式

1. 工程量清单计价模式的概念

工程量清单计价模式是在建设工程招投标中，按照国家统一的工程量清单规范，招标人或其委托的有资质的咨询机构编制的反映工程实体消耗和措施消耗的工程量清单，并作为招标文件的一部分提供给投标人，由投标人依据工程量清单，结合企业定额自主报价的计价方式。

2. 工程量清单计价模式的特点

工程量清单计价是改革和完善工程价格管理体制的一个重要组成部分。工程量清单计价方法相对于传统的定额计价方法是一种全新的计价模式，是一种市场定价模式，是由建设产品的买方和卖方在建设市场上根据供求状况、信息状况进行自出竞价，从而最终能够签订工程合同价格的方法。在工程量清单的计价过程中，工程量清单为建设市场的交易双方提供一个平等的平台，其内容和编制原则的确定是整个计价方式改革中的重要工作。

工程量清单计价真实反映了工程实际，为把定价自主权交给市场参与方提供了可能。在工程招标投标过程中，投标企业在投标报价时必须考虑工程本身的内容、范围、技术特点要求以及招标文件的有关规定、工程现场情况等因素；同时还必须充分考虑到许多其他方面的因素，如投标单位自己制定的工程总进度计划、施工方案、分包计划、资源安排计划等。这些因素对投标报价有着直接而重大的影响，而且对每一项招标工程来讲都具有其特殊性的一面，所以应该允许投标单位针对这些方面灵活机动地调整报价，以使报价能够比较准确地与工程实际相吻合。而只有这样才能把投标定价的自主权真正交给招标和投标单位，投标单位才会对自己的报价承担相应的风险与责任，从而建立起真正的风险制约和竞争机制，避免合同实施过程中的推诿和扯皮现象的发生，为工程管理提供方便。

招标投标过程中与采用定额计价法相比，采用工程量清单计价方法具有以下一些特点。

（1）满足竞争的需要。招标投标过程本身就是一个竞争的过程，招标人给出工程量清单，投标人去填单价（此单价中一般包括成本、利润），填高了中不了标，填低了又要赔本。这时候就体现出了企业技术、管理水平的重要性，形成了企业整体实力竞争。

（2）提供了一个平等的竞争条件。采用施工图预算来投标报价，由于设计图纸的缺陷，不同投标企业的人员理解不一，计算出的工程量也不同，报价相距甚远，容易产生纠纷。而工程量清单报价就为投标者提供了一个平等竞争的条件，相同的工程量，由企业根据自身的实力来填不同的单价，充分体现了招标公平竞争的原则。

（3）有利于工程款的拨付和工程造价的最终确定。中标后，业主要与中标施工企业签订施工合同，工程量清单报价基础上的中标价就成了合同价的基础，投标清单上的单价也就成了拨付工程款的依据。业主根据施工企业完成的工程量，可以很容易地确定进度款的拨付额。工程竣工后，再根据设计变更、工程量的增减乘以相应单价，业主也很容易确定工程的最终造价。

（4）有利于实现风险的合理分担。采用工程量清单报价方式后，投标单位只对自己所报的成本、单价等负责，而对工程量的变更或计算错误等不负责任；相应地，对于这一部分风险则应由业主承担，这种格局符合风险合理分配与责权利关系对等的一般原则。

（5）有利于业主对投资的控制。采用传统的定额计价方式，业主对因设计变更、工程量的增减所引起的工程造价变化不敏感，往往到竣工结算时才知道这些对项目投资的影响有多大，但此时常常是为时已晚，而采用工程量清单计价的方式则一目了然，在要进行设计变更时，能马上知道它对工程造价的影响，这样业主就能根据投资情况来决定是否变更或进行方案比较，以决定最恰当的处理方法。

综上所述，采用工程量清单方式计价和报价，是国际上通行的做法，是根据中国国情改革我国现行的工程造价计价方法和招标投标中报价方法的一种全新方式，是与国际通行惯例接轨的一种借鉴。

（三）工程量清单计价与定额计价的区别与联系

清单计价与定额计价是产生在不同历史年代的计价模式。

定额计价是计划经济的产物，产生在新中国成立之初，一直沿用至今，可以说是一种传统的计价模式。

清单计价是市场经济的产物，产生在2003年，是以国家标准推行的新的计价模式。

它们之间的区别，可从多方面进行比较：

区别（1）——定价理念不同

定额计价	清单计价
政府定价	企业自主报价 竞争形成价格

区别（2）——计价依据不同

定额计价	清单计价
政府建设行政主管部门发布的《消耗量（计价）定额》和《单位估价表》	国家标准《建设工程工程量清单计价规范》、《企业定额》

区别（3）——费用内容不同

定额计价	清单计价
直接费、间接费、利润、税金	分部分项工程费、措施项目费、其他项目费、规费、税金

区别（4）——单价形式不同

定额计价	清单计价
直接工程费单价＝人工费＋材料费＋机械费	综合单价＝人工费＋材料费＋机械费＋管理费＋利润＋风险

区别（5）——列项方式不同

定额计价	清单计价
只列定额项	既要列清单项，又要列定额项

区别（6）——工程量计算不同

定额计价	清单计价
只计算定额量	既要计算清单量，还要计算定额量

区别（7）——编制步骤不同

定额计价	清单计价
（1）读图 （2）列项 （3）算量 （4）套价 （5）计费	（1）读图及读清单 （2）针对清单组价——包含列定额项、算定额量、计算综合单价 （3）计费

区别（8）——计费程序和计价格式不同

定额计价	清单计价
量价合一——由同一人编制 自己计算工程量，结果五花八门 套用统一的预算基价，按统一规定取费 千人一面	量价分离——统一由招标人提供工程量清单 投标人自主报价，竞争的差异体现在价格上 以企业实际情况取费，有利于将竞争放在明处

区别（9）——项目设置不同

定额计价	清单计价
定额计价项目一般是按照施工工序进行设置的，工程内容单一	工程量清单项目的划分，一般是以一个"综合实体"考虑的，一般一个清单项目包括若干定额子目

复习思考题

1. 本课程的学习任务是什么？
2. 工程造价的定义是什么？
3. 工程造价计价的特点有哪些？
4. 现阶段，我国的建设工程造价的两种计价模式都是什么？清单计价模式的特点有哪些？
5. 定额计价与清单计价的区别是什么？

模块一
工程量的计算

项目一

施工图纸的识读

学习目标

（1）了解施工图纸的组成；
（2）建筑施工图的识读；
（3）结构施工图的识读；
（4）正确识读施工图纸。

任务1　了解图纸

一、任务说明

（1）了解建筑工程设计的内容；
（2）知道建筑工程施工图的种类；
（3）明确建筑工程识图的方法和步骤。

二、任务分析

1. 建筑工程设计内容

建筑设计一般分为民用建筑设计与工业建筑设计两大类。无论哪种设计都要经过设计与施工两个过程。一栋房屋的设计是由建筑、结构、给水排水、采暖通风、电气照明灯设计组成的。设计过程中，一般由建筑专业人员作设计总负责人，负责建筑方案设计并协调各工种之间的设计工作。

在设计过程中，为研究设计方案和审批用的图称方案设计图；指导施工用的图称为施工图；已经建成的房屋图称为竣工图。

2. 建筑工程施工图的种类

施工图根据不同的专业内容可分为：

（1）建筑施工图（简称建施）。主要表示房屋的总体布局、内外形状、大小、构造等。其形式有总平面图、平面图、立面图、剖面图、详图等。

（2）结构施工图（简称结施）。主要表示房屋的承重构件的布置、构件的形状、大小、材料、构造等。其形式有基础平面图、基础详图、结构平面图、构件详图等。

（3）设备施工图。内容有给水排水、采暖通风、电气照明等各种施工图。

1）给水排水施工图。给水排水施工图主要有用水设备、给水管和排水管的平面布置图及上下水管的透视图和施工详图等。

2）采暖通风施工图（简称暖施）。采暖通风施工图主要有调节室内空气温度用的设备与管道平面布置图、系统图和施工详图等。

3）电气设备施工图（简称电施）。电气设备施工图主要有室内电气设备、线路用的平面布置图及系统图和施工详图等。

3. 建筑工程识图的方法和步骤

识图的一般方法应是采取"总体了解，对口识读"。

（1）总体了解。了解建设单位、设计单位、建筑物名称、建筑物大小（面积和层数）与建筑物类型等内容。

（2）对口识读。根据工种的不同，各工种的技术人员看本工种的图纸。如电气工程人员看电气施工图，给排水工程人员看给排水施工图。

看图时一般按图纸顺序一张一张地看。如看建筑图时，先看平面图，再看立面图、剖面图及详图。

看一张图纸时，应"由外向里看，由大到小看，由粗到细看"。

任务2　建筑施工图识读

一、任务说明

（1）了解建筑施工图的组成；
（2）掌握建筑施工图的识读方法。

二、任务分析

1. 建筑施工图的组成

建筑施工图主要由建筑设计总说明、建筑总平面图、建筑平面图、建筑立面图、建筑剖面图及建筑详图组成。下面分别予以简要说明。

（1）建筑设计总说明。建筑设计总说明主要用来对图上未能详细标注的地方注写具体的作业文字说明。内容有设计依据、一般说明、工程做法等。详见实例之建筑设计总说明。

（2）建筑总平面图。建筑总平面图主要表示新建建筑物的实体位置，它和周围其他构筑物之间的关系。图中要求标出朝向、标高、原有建筑物、绿化带、原有道路、风玫瑰等。见实例之建筑总平面图。

（3）建筑平面图。

1）形式。用一个水平切面沿房屋窗台以上位置通过门窗洞口处假想地将房屋切开，移开剖切平面以上的部分，绘出剩留部分的水平剖面图，称为水平剖面图。

2）图示内容。建筑平面图中应标明：承重墙、柱的尺寸及定位轴线，房间的布局及其名称，室内外不同地标高，门窗图例及编号，图的名称和比例等。最后还应详尽地标出该建筑物各部分长和宽的尺寸。见实例之建筑平面图。

3）有关规定及习惯画法。

① 比例：常用比例有 1∶50、1∶100、1∶200；必要时也可用 1∶150、1∶300。

② 图线：剖切的主要建筑构造（如墙）的轮廓线用粗实线，其他图线可均用细实线。

③ 定位轴线与编号：承重的柱或墙体均应画出它们的轴线，称定位轴线。轴线一般从柱或墙宽的中心引出。定位轴线采用细点划线表示。

④ 门窗图例及编号：建筑平面图均以图例表示，并在图例旁注上相应的代号及编号。门的代号为"M"；窗的代号为"C"。同一类型的门或窗，编号应相同，如 M-1、M-2、C-1、C-2 等。最后再将所有的门、窗列成"门窗表"，门窗表的内容有门窗规格、材料、代号、统计数量等。门窗常用图例见附图。

⑤ 尺寸的标注与标高：建筑平面图中一般应在图形的四周沿横向、竖向分别标注互相平行的三道尺寸。

第一道尺寸：门窗定位尺寸及门窗洞口尺寸，与建筑物外形距离较近的一道尺寸，以定位轴为基准标注出墙垛的分段尺寸。

第二道尺寸：轴线尺寸，标注轴线之间的距离（开间或进深尺寸）。

第三道尺寸：外包尺寸，即总长和宽度。

除三道尺寸外，还有台阶、花池、散水等尺寸，房间的净长和净宽、地面标高、内墙上门窗洞口的大小及其定位尺寸等。

⑥ 文字与索引：图样中无法用图形详细表达时，可在该处用文字说明或画详图来表示。

（4）建筑立面图。

1）形式。把房屋的立面用水平投影方法画出的图形称为建筑立面图。有定位轴线的建筑物，其立面图应根据定位轴线编排立面图名称。

2）图示内容。建筑立面图是用来表示房屋外形外貌的，图样应标明它的形状大小、门窗类型、表面的建筑材料与装饰作法等。

3）有关规定及习惯画法。

① 比例：常用 1∶100、1∶200、1∶50。

② 图线：建筑立面图要求有整体效果，富有立体感，图线要求有层次。一般表现为外包轮廓线用粗实线；主要轮廓线用中粗线；细部图形轮廓线用细实线；房屋下方的室外地面线用 1.4b 的粗实线。

③ 标高：建筑立面图的标高是相对标高。应在室外地面、入口处地面、勒脚、窗台、门窗洞顶、檐口等标注标高。标高符号应大小一致、排列整齐、数字清晰。

④ 建筑材料与做法：图形上除用材料图例表示外，还可以用文字进行较详细的说明或索引通用图的做法。

（5）建筑剖面图。

1）形式。用剖切平面在建筑平面图的横向或纵向沿房屋的主要入口、窗洞口、楼梯等位置上将房屋假象垂直地剖开，然后移去不需要的部分，将剩余的部分按某一水平方向进行投影绘制成的图样称为"建筑剖面图"。

2）图示方法与内容。

① 建筑底层平面图中，需要剖切的位置上应标注出剖切符号及编号；绘出的剖面图下方写上相应的剖面编号名称及比例。

建筑剖面图主要用来表达房屋内部空间的高度关系。详细构造关系的具体应用法规应以较大的比例绘制成建筑详图，如建筑规模不大、构造不复杂，建筑剖面图也可用较大的比例（如≥1：50），绘出较详细的构造关系图样。这样的图样称为"构造剖面图"。

② 标高：凡是剖面图上不同的高度（如各层楼面、顶棚、层面、楼梯休息平台、地下室地面等）都应标注相对标高。在构造剖面图中，一些主要构件还必须标注其结构标高。

③ 尺寸标注：主要标注高度尺寸，分内部尺寸与外部尺寸。

外部高度尺寸一般标注三道：

第一道尺寸：接近图形的一道尺寸，以层高为基准标注窗台、窗洞顶（或门）以及门窗洞口的高度尺寸。

第二道尺寸：标注两楼层间的高度尺寸（即层高）。

第三道尺寸：标注总高度尺寸。

（6）建筑详图。建筑详图是将房屋构造的局部用较大的比例画出大样图。详图常用的比例有1：5、1：10、1：20、1：50。详图的内容有构造做法、尺寸、构配件的相互位置及建筑材料等。它是补充建筑平、立、剖面图的辅助图样，是建筑施工中的重要依据之一。

为了表明详图绘制的部分所在平立面的图号和位置，常用索引符号、详图符号把它们联系起来。

2. 建筑施工图的识图方法

首先要了解建筑施工的制图方法及有关的标准，看图时应按一定的顺序进行。建筑施工图的图纸一般较多，应该先看整体，再看局部；先宏观看图，再微观看图。具体步骤如下：

（1）初步识读建筑整体概况。

1）看工程的名称、设计总说明：了解建筑物的大小、工程造价、建筑物的类型。

2）看总平面图：看总平面图可以知道拟建建筑物的具体位置，以及与四周的关系。具体的有周围的地形、道路、绿地率、建筑密度、日照间距或退缩间距等。

3）看立面图：初步了解建筑物的高度、层数及外装饰等。

4）看平面图：初步了解各层的平面图布置、房间布置等。

5）看剖面图：初步了解建筑物各层的层高、室内外高差等。

（2）进一步识读建筑图的详细情况。

1）识读底层平面图：识读底层平面图，可以知道轴线之间的尺寸、房间墙壁尺寸、门窗的位置等。知道各空间的功能，如房间的用途、楼梯间、电梯间、走道、门厅入口等。

2）识读标准层平面图：识读标准平面图，可以看出本层和上下层之间是否有变化，具体内容和底层平面图相似。

3）识读屋顶平面图：识读屋顶平面图，可以看出屋顶的做法。如屋顶的保温材料、防火做法等。

4）识读剖面图：识读剖面图，首先要知道剖切位置。剖面图的剖切位置一都是房间布局比较复杂的地方，如门厅、楼梯等，可以看出各层的层高、总高、室内外高差以及了解空间关系。

5）识读立面图：从立面图上，可以了解建筑的外形、外墙装饰（如所用材料，色彩）、门窗、阳台、台阶、檐口等形状；了解建筑物的总高度和各部位的标高。

（3）深入掌握具体做法。经过对施工图的识读以后，还需对建筑图上的具体做法进行深入掌握。如卫生间详细分隔做法、装修做法、门厅的详细装修、细部构造等。

任务3　结构施工图识读

一、任务说明

（1）了解结构施工图的组成；
（2）正确识读结构施工图。

二、任务分析

1. 结构施工图概述

（1）房屋结构与结构构件。房屋建筑无论是何种类型，都是由各种不同用途的建筑配件和结构构件组成的。结构构件起着"骨架"的作用，在整个房屋建筑中起着保证房屋安全可靠的作用。这个"骨架"就称为"房屋的结构"。

（2）建筑上常用的结构形式。

1）按结构受力形式划分。常见的有墙柱与梁板承重结构、框架结构、桁架结构等结构形式。

2）按建筑的材料划分。常见的有砖墙钢筋混凝土梁板结构（又称混合结构）、钢筋混凝土结构、钢结构等其他建筑材料结构等。

2. 房屋结构施工图的作用

建筑结构施工图（简称"结施"）是需经过结构选型、内力计算、建筑材料选用，最后绘制出来的施工图。其内容包括房屋结构的类型、结构构件的布置。如各种构件的代号、位置、数量、施工要求及各种构件的尺寸大小、材料规格等。

建筑结构施工图是用来指导施工用的，如放灰线、开挖基槽、模板放样、钢筋骨架绑扎、浇灌混凝土等，同时也是编制建筑预算、编制施工组织进度计划的主要依据，是不可缺少的施工图纸。

3. 结构施工图的组成

（1）结构设计说明书。一般以文字辅以图标来说明结构，内容有计划的主要依据（如功能要求、荷载情况、水文地质资料、地震烈度等）、结构的类型、建筑材料的规格形式、局部做法、标准图和地区通用图的选用情况、对施工的要求等。

（2）结构构件平面布置图。通常包含以下内容：

1）基础平面布置图（含基础截面详图），主要表示基础位置、轴线的距离、基础类型。

2）楼层结构构件平面布置图，主要是楼板的布置、楼板的厚度、梁的位置、梁的跨度等。

3）屋面结构构件平面布置图，主要表示屋面楼板的位置、屋面楼板的厚度等。

（3）结构构件详图。

1）基础详图，主要表示基础的具体做法。条形基础一般取平面处的剖面来说明，独立基础则给一个基础大样图；

2）梁类、板类、柱类等构件详图（包括预制构件、现浇结构构件等）；

3）楼梯结构详图；

4）屋架结构详图（包括钢屋架、木屋架、钢筋混凝土屋架）；

5）其他结构构件详图（如支撑等）。

（4）结构施工图的构件代号。结构施工图常需注明结构的名称，一般采用代号表示。构件的代号，一般用该构件名称的汉语拼音第一个字母的大写表示。预应力混凝土构件代号，应在前面加 Y，如 YKB 表示预应力空心板。常用结构构件的代号见表 1-1-1。

表 1-1-1 常用结构构件的代号

序号	名称	代号	序号	名称	代号	序号	名称	代号
1	板	B	15	吊车梁	DL	29	基础	J
2	屋面板	WB	16	圈梁	QL	30	设备基础	SJ
3	空心板	KB	17	过梁	GL	31	桩	ZH
4	槽形板	CB	18	连系梁	LL	32	柱间支撑	ZC
5	折板	ZB	19	基础梁	JL	33	垂直支撑	CC
6	密肋板	MB	20	楼梯梁	TL	34	水平支撑	SC
7	楼梯板	TB	21	檩条	LT	35	梯	T
8	盖板或沟盖板	GB	22	托架	TJ	36	雨篷	YP
9	挡雨板或檐口板	YB	23	天窗架	CJ	37	阳台	YT
10	吊车安全走道板	DB	24	框架	KJ	38	梁垫	LD
11	墙板	QB	25	钢架	GJ	39	预埋件	M
12	天沟板	TGB	26	支架	ZJ	40	天窗端壁	TD
13	梁	L	27	屋架	WJ	41	钢筋网	W
14	屋面梁	WL	28	柱	Z	42	钢筋骨架	G

4. 钢筋混凝土构件的概念

（1）混凝土是由水泥、砂子、石子和水拌制而成。

混凝土的抗压强度较高，抗拉强度极低；碳素钢材抗拉及抗压强度极高。把钢材与混凝土结合在一起，使钢材承受拉力，这样形成的建筑材料就叫钢筋混凝土。

钢筋混凝土构件的生产方法有两种：

1）预制构件：在工厂或现场先预制好，在现场吊装。

2）现浇构件：现场支模板，放入钢筋骨架，浇灌混凝土，并把它振捣密实，养护拆卸模板。

（2）钢筋。

1）钢筋的作用。

①受力钢筋：主要在构件中承受拉力或是承受压力的钢筋。

②箍筋：箍筋是把受力钢筋箍在一起，形成骨架用的，有时也承受外力所生产的应力。钢箍按构造要求配置。

③架立钢筋：架立钢筋是用来固定箍筋间距的，使钢筋骨架更加牢固。

④分布钢筋：分布钢筋主要用于板内，与板中的受力钢筋垂直放置。主要是固定板内受力钢筋的位置。

2）钢筋分类。钢筋是按种类划分的，每类钢筋又有不同直径的规格。

3）钢筋的图示方法。在结构施工图中，钢筋用粗实线画；构件的外形轮廓线用实线画。钢筋的截面则用一粗圆点表示。

5. 结构施工图的识读方法

结构施工图的识读首先应了解结构施工图的基本画法、内容、构造做法、相关图集和规范。识图时一般按照图纸编号相互对照地识读。

（1）看图纸说明。从图纸说明上可以看出结构类型，结构构件使用的材料和细部做法等。如基础垫层为C15混凝土，现浇梁、板、柱为C20混凝土等。

（2）看基础平面图。基础施工图上可以看出基础类型。如砖带形基础、混凝土基础、混凝土板式基础等。

从基础平面图上可以看出轴线的编号、位置、间距等。

从基础详图上可以看出基础的具体做法。如砖带形基础底部标高、垫层的宽度和厚度、砖基础的放脚步数等。

（3）看结构平面图。看结构平面图可以了解墙、柱、梁之间的距离和轴线编号；可以从结构平面图上得知现浇板的厚度、钢筋布置等。

看结构图时应和建筑图对照着看，承重墙必在结构图上面，非承重墙则在建筑图上画。建筑与结构图尺寸不同时，应以结构图为准。

（4）看结构详图。结构详图，有的在施工图上画出，有的则在标准图集或规范上，都要详细看，按照设计和施工规范要求进行施工。

如双向板的底筋，短向筋放在底层，长向筋应在短向筋之上。结构平面图中，板负筋长度是指梁（板）边至钢筋端部的长度，钢筋下料时应加上梁（墙）的宽度。

任务4　平法识图详解

一、任务说明

（1）掌握平法识读规则；
（2）正确识读平法图纸。

二、任务分析

建筑结构施工图平面整体设计方法（平法）对我国传统混凝土结构施工图的设计表示方法作了重大改革，既简化了施工图，又统一了表示方法，以确保设计与施工质量。

1. 什么叫平法

平法即把结构构件的尺寸和配筋等按照平面整体表示方法的制图规则，整体直接地表示在各类构件的结构布置平面图上，再与标准构造详图配合，结合成了一套新型完整的结构设计表示方法。平法改变了传统的那种将构件（柱、剪力墙、梁）从结构平面设计图中索引出来，再逐个绘制模板详图和配筋详图的繁琐办法。

平法适用的结构构件为柱、剪力墙、梁三种。内容包括两大部分，即平面整体表示图和标准构造详图。

在平面布置图上表示各种构件尺寸和配筋方式。表示方法分为平面注写方式、列表注写方式和截面注写方式三种。

2. 框架柱的制图规则

柱平法施工图是在结构柱平面布置图上，采用列表注写方式或截面注写方式对柱的信息表达。

（1）柱的编号规定：在柱平法施工图中，各种柱均按照表1-1-2的规定编号，同时，对应的标准构造详图也标注了编号中的相同代号。柱编号不仅可以区别不同的柱，还将作为信息纽带在柱平法施工图与相应标准构造详图之间建立起明确的联系，使在平法施工图中表达的设计内容与相应的标准构造详图合并构成完整的柱结构设计。

表1-1-2 柱编号

柱类型	代号	序号	特征
框架柱	KZ	XX	柱根部嵌固在基础或地下结构上，并与框架梁刚性连接构成框架
框支柱	KZZ	XX	柱根部嵌固在基础或地下结构上，并与框支梁刚性连接构成框支结构。框支结构以上转换为剪力墙结构
芯柱	XZ	XX	设置在框架柱、框支柱、剪力墙柱核心部位的暗柱
梁上柱	LZ	XX	支承在梁上的柱
剪力墙上柱	QZ	XX	支承剪力墙顶部的柱

（2）柱平面表达方式。

1）列表注写方式。列表注写方式是在柱平面布置图上（一般只需要采用适当比例绘制一张柱平面布置图，包括框架柱、框支柱、梁上柱和剪力墙上柱），分别在同一编号的柱中选择一个（有时需要选择几个）截面标注几何参数代号；在柱表中注写柱号、柱段起止标高、几何尺寸（含柱截面对轴线的偏心情况）与配筋的具体数值，并配以各种柱截面形状及其箍筋类型的方式，来表达柱平法施工图（图1-1-1）。

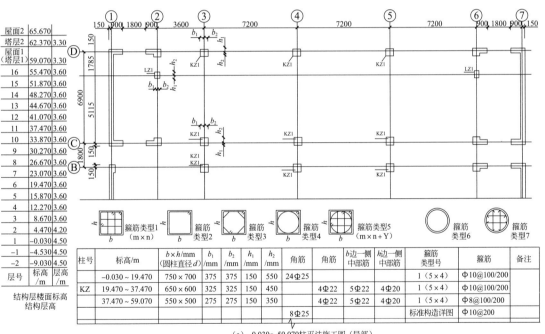

(a) －0.030～59.070柱平法施工图（局部）

柱号	标高/m	$b \times h$/mm 或d/mm	b_1/mm	b_2/mm	h_1/mm	h_2/mm	角筋	b边一侧中部筋	h边一侧中部筋	箍筋类型号	箍筋	备注
KZ1	基顶～7.770	400×500	200	200	375	125	4Φ20	2Φ20	2Φ18	1（4×4）	Φ10@100/200	
KZ2	基顶～7.770	400×500	125	275	375	125	4Φ20			1（4×4）	Φ10@100/200	
KZ1a	基顶～3.870	400×500	200	200	375	125	4Φ20	2Φ20	2Φ18	1（4×4）	Φ10@100	
(KZ2a)	3.870～7.770	400×500	125	275	375	125	4Φ25	5Φ25	4Φ22	1（4×4）	Φ10@100/200	
KZ3	基顶～7.770	400×500	200	200	375	125	4Φ18	2Φ18	2Φ18	1（4×4）	Φ8@100/200	
KZ4	基顶～7.770	500	250	250	250	250	8Φ16			7	Φ8@100/200	

箍筋类型1

箍筋类型7

(b) 柱表

图1-1-1 柱平法施工图与柱表

柱表注写内容有以下几点：

① 注写柱编号，柱编号由类型代号和序号组成，应符合柱编号规定。

② 注写各段柱的起止标高，自柱根部往上以变截面位置或截面未变但配筋改变处为界分段注写。框架柱和框支柱的根部标高是指基础顶面标高；芯柱的根部标高是指根据结构实际需要而定的起始位置标高；梁上柱的根部标高是指梁顶面标高；剪力墙上柱的根部标高分两种：当柱纵筋锚固在墙顶部时，其根部标高为墙顶面标高；当柱与剪力墙重叠一层时，其根部标高为墙顶面往下一层的结构楼层面标高。

③ 对于矩形柱，注写柱截面尺寸 $b \times h$ 及与轴线关系的几何参数代号 b_1、b_2 和 h_1、h_2 的具体数值，须对应与各段柱分别注写。

对于圆柱，表中 $b \times h$ 一栏改用在圆柱直径数字前加 d 表示。

④ 注写柱纵筋。当柱纵筋直径相同，各边根数也相同时（包括矩形柱、圆柱和芯柱），将纵筋注写在"全部纵筋"一栏中；除此之外，柱纵筋分角筋、截面 b 边中部筋和 h 边中部筋三项分别注写。

⑤ 注写箍筋类型号及箍筋肢数，在箍筋类型栏内注写并绘制柱截面形状及其箍筋类型号。

⑥ 注写柱箍筋，包括钢筋级别、直径与间距。

当为抗震设计时，用斜线"/"区分柱端箍筋加密区与柱身非加密区长度范围内箍筋的不同间距。

例：Φ10@100/250，表示箍筋为Ⅰ级钢筋，直径 ϕ10，加密区间距为100mm，非加密区间距为250。

当箍筋沿柱全高为一种时，则不使用"/"线。

例：Φ10@100，表示箍筋为Ⅰ级钢筋，直径 ϕ10，间距为100mm，沿柱全高加密。

当圆柱采用螺旋箍筋时，需在箍筋前加"L"。

例：LΦ10@100/200，表示采用螺旋箍筋，Ⅰ级钢筋，直径 ϕ10，加密区间距为100mm，非加密区间距为200mm。

2）截面注写方式。截面注写方式是在柱平面布置图上，分别在不同编号的柱中各选一截面，在其原位上以一定比例放大绘制柱截面配筋图，注写柱编号、截面尺寸 $b \times h$、角筋或全部纵筋、箍筋的级别、直径及加密区与非加密区的间距。同时，在柱截面配筋图上尚应标注柱截面与轴线的关系，如图1-1-2所示。

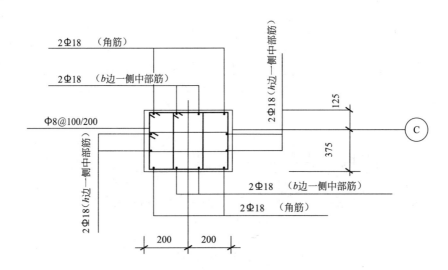

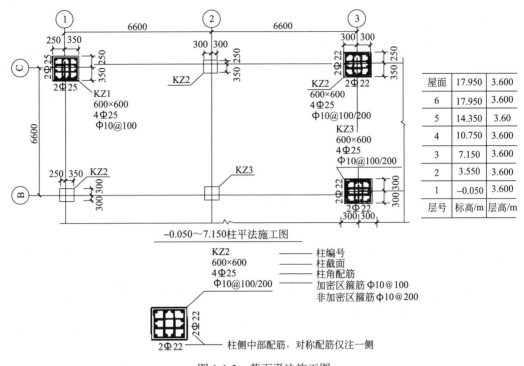

图 1-1-2　截面平法施工图

3. 剪力墙的制图规则

剪力墙平法施工图是在结构剪力墙平面布置图上，采用列表注写方式或截面注写方式对剪力墙的信息表达。

剪力墙分为剪力墙柱、剪力墙身、剪力墙梁。

应当注意，归入剪力墙柱的端柱、暗柱等并不是普通概念的柱，因为这些墙柱不可能脱离整片剪力墙独立存在，也不可能独立变形，称其墙柱，是因为其配筋都是由竖向纵筋和水平箍筋构成，绑扎方式与柱相同，但与柱不同的是墙柱同时与墙身混凝土和钢筋完整地结合在一起，因此，墙柱实质上是剪力墙边缘的集中配筋加强部位。同理，归入剪力墙梁的暗梁、边框梁等也不是普通概念的梁，因为这些墙梁不可能脱离整片剪力墙独立存在，也不可能像普通概念的梁一样独立受弯变形，事实上暗梁、边框梁根本不属于受弯构件，称其为墙梁，是因为其配筋都是由纵向钢筋和横向箍筋构成，绑扎方式与梁基本相同，同时又与墙身的混凝土与钢筋完整地结合在一起，因此，暗梁、边框梁实质上是剪力墙在楼层位置的水平加强带。此外，归入剪力墙梁中的连梁虽然属于水平构件，但其主要功能是将两片剪力墙连结在一起，当抵抗地震作用时使两片连结在一起的剪力墙协调工作。连梁的形状与深梁基本相同，但受力原理也有较大区别。

（1）剪力墙的编号规定。在平法剪力墙施工图中，剪力墙分为以剪力墙柱编号（表 1-1-3）、剪力墙梁编号（表 1-1-4）、剪力墙身编号（表 1-1-5）。

表 1-1-3　墙柱编号

墙柱类型	代号	序号
约束边缘暗柱	YAZ	××
约束边缘端柱	YDZ	××

续表

墙柱类型	代号	序号
约束边缘翼墙（柱）	YYZ	××
约束边缘转角墙（柱）	YJZ	××
构造边缘端柱	GDZ	××
构造边缘暗柱	GAZ	××
构造边缘翼墙（柱）	GYZ	××
构造边缘转角墙（柱）	GJZ	××
非边缘暗柱	AZ	××
扶壁柱	FBZ	××

表1-1-4　墙梁编号

墙梁类型	代号	序号
连梁	LL	××
连梁（有交叉暗撑）	LL（JC）	××
连梁（有交叉钢筋）	LL（JG）	××
暗梁	AL	××
边框梁	BKL	××

表1-1-5　墙身编号

墙身编号	代号	序号
剪力墙身	Q（×）	××

（2）剪力墙平面表达形式。剪力墙平法施工图的表达方式有两种：列表注写方式和截面注写方式。

截面注写方式与列表注写方式均适用于各种结构类型，列表注写方式可在一张图纸上将全部剪力墙一次性表达清楚，也可以按剪力墙标准层逐层表达。截面注写方式通常需要首先划分剪力墙标准层后，再按标准层分别绘制剪力墙。

1）列表注写方式。列表注写方式是分别在剪力墙柱表、剪力墙表和剪力墙梁表中，对应于剪力墙平面布置图上的编号，用绘制截面配筋图并注写几何尺寸与配筋具体数值的方式来表达剪力墙平法施工图，如图1-1-3的剪力墙平法施工图，图1-1-4的剪力墙身表、墙梁表和图1-1-5的剪力墙柱表。

① 剪力墙柱表。在剪力墙柱表中，包括墙柱编号、截图配筋图、加注的几何尺寸（未注明的尺寸按标注构建详图取值）、墙柱的起止标高、全部纵向钢筋和箍筋等内容。其中墙柱的起止标高自墙柱根部往上以变截面位置或截面未变但配筋改变处为分段界限，墙柱根部标高是指基础顶面标高（框支剪力墙结构则为框支梁的顶面标高）。

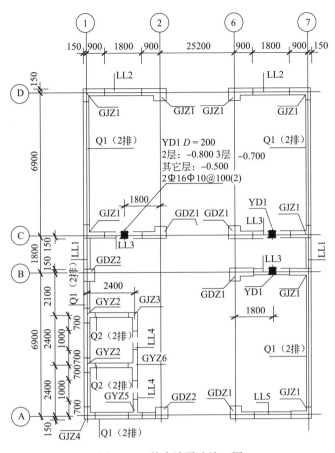

图 1-1-3 剪力墙平法施工图

② 剪力墙身表。在剪力墙身表中，包括墙身编号（含水平与竖向分布钢筋的排数）、墙身的起止标高（表达方式同墙柱的起止标高）、水平分布钢筋、竖向分布钢筋和拉筋的具体数值（表中的数值为一排水平分布钢筋和竖向分布钢筋的规格与间距，具体设置几排见墙身后面的括号）等。

③ 剪力墙梁表。在剪力墙梁表中，包括墙梁编号、墙梁所在楼层号、墙梁顶面标高高差（是指相对于墙梁所在结构层楼面标高的高差值，正值代表高于者，负值代表低于者，未注明的代表无高差）、墙梁截面尺寸 $b×h$、上部纵筋、下部纵筋和箍筋的具体数值等。当连梁设有斜向交叉暗撑 [代号为 LL（JC）××，且连梁截面宽度不小于400mm] 或斜向交叉钢筋 [代号 LL（JG）××，且连梁截面宽度小于400mm但不小于200mm] 时，标写为"配筋值×2"，其中"配筋值"是指一根暗撑的全部纵筋或一道斜向钢筋的配筋数值，"×2"代表有两根暗撑相互交叉或两道斜向钢筋相互交叉。

2）截面注写方式。截面注写方式是在分标准层绘制的剪力墙平面布置图上以直接在墙柱、墙身、墙梁上注写截面时和配筋具体数值的方式来表达剪力墙平法施工图，如图1-1-6所示。

\<剪力墙梁表\>							
编号	所在楼层号	梁顶相对标高高差/m	梁截面 $b×h$/mm	上部纵筋	下部纵筋	侧面纵筋	箍筋
LL1	2~9	0.800	300×2000	4Φ22	4Φ22	同Q1水平分布筋	Φ10@100(2)
	10~16	0.800	250×2000	4Φ20	4Φ20		Φ10@100(2)
	屋面		250×1200	4Φ20	4Φ20		Φ100@100(2)
LL2	3	-1.200	300×2520	4Φ22	4Φ22	同Q1水平分布筋	Φ10@150(2)
	4	-0.900	300×2070	4Φ22	4Φ22		Φ10@150(2)
	5~9	-0.900	300×1770	4Φ22	4Φ22		Φ10@150(2)
	10~屋面1	-0.900	250×1770	3Φ22	3Φ22		Φ10@150(2)
LL3	2		300×2070	4Φ22	4Φ22	同Q1水平分布筋	Φ10@100(2)
	3		300×1770	4Φ22	4Φ22		Φ10@100(2)
	4~9		300×1170	4Φ22	4Φ22		Φ10@100(2)
	10~屋面1		250×1170	3Φ22	3Φ22		Φ10@100(2)
LL4	2		250×2070	3Φ20	3Φ20	同Q2水平分布筋	Φ10@120(2)
	3		250×1770	3Φ20	3Φ20		Φ10@120(2)
	4~屋面1		250×1170	3Φ20	3Φ20		Φ10@120(2)
AL1	2~9		300×600	3Φ20	3Φ20		Φ8@150(2)
	10~16		250×500	3Φ18	3Φ18		Φ8@150(2)
BKL1	屋面1		500×750	4Φ22	4Φ22		Φ10@150(2)

\<剪力墙身表\>					
编号	标高/m	墙厚/mm	水平分布筋	垂直分布筋	拉筋
Q1(2排)	-0.030~30.270	300	Φ12@250	Φ12@250	Φ6@500
	30.270~59.070	250	Φ10@250	Φ10@250	Φ6@500
Q2(2排)	-0.030~30.270	250	Φ10@250	Φ10@250	Φ6@500
	30.270~59.070	200	Φ10@250	Φ10@250	Φ6@500

图 1-1-4 剪力墙身表、墙梁表

选用适当比例原位放大绘制剪力墙平面布置图，其中对墙柱绘制配筋截面图；对所有墙柱、墙身、墙梁分别按剪力墙编号规定进行编号并分别在相同编号的墙柱、墙身、墙梁中选择一根墙柱、一道墙身、一根墙梁进行注写，其注写内容按以下规定：

① 剪力墙柱的注写内容有截面配筋图、截面尺寸、全部纵筋和箍筋的具体数值。

② 剪力墙身的注写内容有墙身编号（编号后括号内的数值表示墙身所配置的水平与竖向分布钢筋的排数）、墙厚尺寸、水平分布钢筋和竖向分布钢筋以及拉筋的具体数值。

③ 剪力墙梁的注写内容有墙梁编号、墙梁截面尺寸 $b×h$、墙梁箍筋、上部纵筋、下部纵筋

和墙梁顶面标高高差（含义同列表注写方式）。

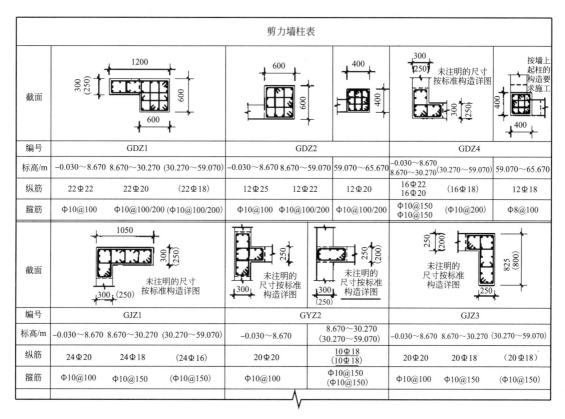

图 1-1-5 剪力墙柱表

（3）剪力墙洞口的表示方法。无论采用列表注写方式还是截面注写方式，剪力墙上的洞口均可在剪力墙平面布置图上原位表达，具体表示方法。

1）在剪力墙平面布置图上绘制洞口示意，并标注洞口中心的平面定位尺寸。

2）在洞口中心位置引注：①洞口编号；②洞口几何尺寸；③洞口中心相对标高；④洞口每边补强钢筋，共四项内容。

① 洞口编号：矩形洞口为 JD××（×× 为序号），圆形洞口为 YD××（×× 为序号）；

② 洞口几何尺寸：矩形洞口为洞宽 × 洞高（$b \times h$），圆形洞口为洞口的直径 D；

③ 洞口中心相对标高，是相对于结构层楼（地）面标高的洞口中心高度。当其高于结构层楼面时为正值，低于结构层楼面时为负值。

4. 梁类构件的制图规则

梁平法施工图可以在梁平面布置图上，分别在不同编号的梁中各选一根梁，在其上注写截面尺寸和配筋具体数值的方式来表达梁平法施工图。

平面注写包括集中标注与原位标注，集中标注表达梁的通用数值，原位标注表达梁的特殊数值。当集中标注中的某项数值不适用于梁的某部位时，则将该项数值原位标注，施工时，原位标注取值优先。图 1-1-7 为梁的平法注写与配筋分析图。

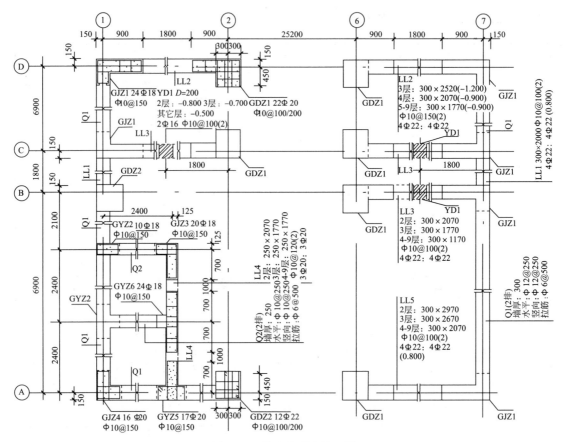

图 1-1-6 剪力墙平法施工图

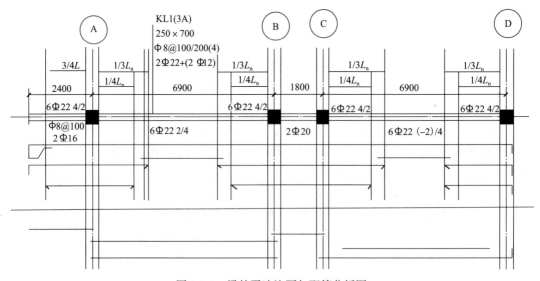

图 1-1-7 梁的平法注写与配筋分析图

（1）梁编号的规定。在平法施工图中，各类型的梁应按表 1-1-6 进行编号。同时，梁编号由梁类型代号、序号、跨数及有无悬挑代号几项组成。

表 1-1-6　梁编号

梁类型	代号	序号	跨数及是否带有悬挑
楼层框架梁	KL	××	(××)、(××A) 或 (××B)
屋面框架梁	WKL	××	(××)、(××A) 或 (××B)
框支梁	KZL	××	(××)、(××A) 或 (××B)
非框架梁	L	××	(××)、(××A) 或 (××B)
悬挑梁	XL	××	
井字梁	JZL	××	(××)、(××A) 或 (××B)

注：(××A) 为一端有悬挑，(××B) 为两端有悬挑，悬挑不计入跨数。

例：KL7（5A），表示第 7 号框架梁，5 跨，一端有悬挑；
L9（7B），表示第 9 号非框架梁，7 跨，两端有悬挑；
JZL1（8），表示第 1 号井字梁，8 跨，无悬挑。

（2）梁平面注写方式

梁集中标注内容为 6 项，其中前 5 项为必注值，即① 梁编号；② 截面尺寸；③ 箍筋；④ 上部跨中通长筋或架立筋；⑤ 侧面构造纵筋。第 6 项为选注值，即⑥ 梁顶面相对标高高差。如图 1-1-8 所示。

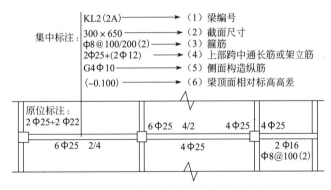

图 1-1-8　框架梁集中标注的 6 项内容

1）注写梁编号（必注值），见梁编号规定。梁编号带有注在"（ ）"内的梁跨数及有无悬挑信息，应注意当有悬挑端时，无论悬挑多长均不计入跨数。

2）注写梁截面尺寸（必注值）。当为等截面梁时，用 $b×h$ 表示，其中 b 为梁宽，h 为梁高；当为加腋梁时，用 $b×h；YL_1；XL_2$ 表示，其中 L_1 为腋长，L_2 为腋高，如图 1-1-9 所示。

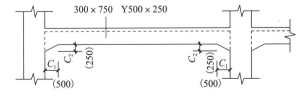

图 1-1-9　加腋梁截面尺寸注写示意

当为悬挑梁且根部和端部的高度不同时，用斜线分隔根部与端部的高度值，即为 $b×h_1/h_2$，其中，h_1 为梁根部较大高度值，h_2 为梁根部较小高度值，如图 1-1-10 所示。

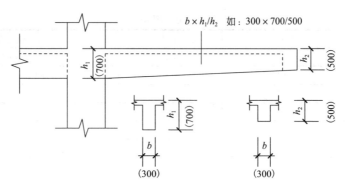

图 1-1-10 悬挑梁不等高截面尺寸注写示意

例如，9Φ10@150/200（2），表示箍筋强度等级为 HPB300，直径 φ10，两端各有 9 个两肢箍，间距为 150mm，梁跨中部分间距为 200mm，两肢箍。18Φ12@150（4）/200（2），表示箍筋强度等级为 HPB300，直径为 φ12，梁两端各为 18 个四肢箍，间距为 150mm，梁跨中间部分间距为 200mm 双肢箍。

例如，2Φ22+（2Φ12），表示设置 2 根强度等级 HRB335，直径 22mm 的通长筋和 2 根强度等级 HPB300，直径 12mm 的架立筋。

例如，2Φ22；6Φ25 2/4 表示梁上部跨中设置 2 根强度等级 HRB335，直径 22mm 的抗震通长筋，梁下部设置 6 根强度等级为 HRB335，直径 25mm 的通长筋，分两排设置，上一排 2 根，下一排 4 根。

梁侧面构造纵筋以 G 打头，梁侧面受扭以 N 打头注写两个侧面的总配筋值。

例如，N6Φ22 表示共配置 6 根强度等级 HRB335、直径 22mm 的受扭纵筋，梁每侧各配置 3 根。例如，G6Φ22 表示共配置 6 根强度等级 HRB335、直径 22mm 的构造腰筋，梁每侧各配置 3 根。

注写梁顶面相对标高高差（选注值梁顶面标高高差是指相对于结构层楼面标高的高差值。对于位于结构夹层的梁则指相对于结构夹层楼面标高的高差。），有高差时，须将其写入括号内，无高差时不注。

当某梁的顶面高于所在结构层的楼面标高时，其标高高差为正值，反之为负值。

例如，某结构层的楼面标高为 44.950m 和 48.250m，当某梁的顶面标高高差注写为（-0.050）时，即表明该梁顶面标高分别相对于 44.950m 和 48.250m 低 0.050m。

（3）梁平面注写方式原标注的具体内容。梁原位标注内容为四项：① 梁支座上部纵筋；② 梁下部纵筋；③ 附加箍筋或吊筋；④ 修正集中标注中某项或某几项不适用于本跨的内容。具体如下：

1）注写梁支座上部纵筋。当集中标注的梁上部跨中抗震通长筋直径相同时，跨中通长筋实际为该跨两端支座的角筋延伸到跨中 1/3 净跨范围内搭接形成；当集中标注的梁上部跨中通长筋直径与该部位角筋直径不同时，跨中直径较小的通长筋分别与该跨两端支座的角筋搭接完成抗震通长筋的受力功能。

当梁支座上部纵筋多于一排时，用"/"将纵筋各排纵筋自上而下分开。

例如，6Φ22 4/2 表示上一排纵筋为 4Φ22，下一排纵筋为 2Φ22。

当同排纵筋有两种直径时，用"+"将两种直径的纵筋相连，并将角部纵筋注写在前面。

例如，2Φ25+2Φ22表示梁支座上部有4根纵筋，2Φ25放在角部，2Φ22放在中部。

当梁支座两边的上部纵筋不同时，须在支座两边分别标注；当梁支座两边的上部纵筋相同时，可仅在支座一边标注配筋值，另一边省去不注。

当两大跨中间为小跨，且小跨净尺寸小于左、右两大跨净跨尺寸之和的1/3时，小跨上部纵筋采取贯通全跨方式，此时，应将贯通小跨的纵筋注写在小跨中间，如图1-1-11所示。

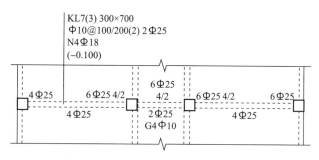

图1-1-11 大小跨梁的平面注写示意

2）注写梁下部纵筋。当梁下部纵筋多于一排时，用"/"将各排纵筋自上而下分开。

例如，6Φ25 2/4表示上一排纵筋为2Φ25，下一排纵筋为4Φ25，全部伸入支座。

当同排纵筋有两种直径时，用"+"将两种的纵筋相联，注写时角筋写在前面。例如，2Φ22+2Φ20表示梁下部有四根纵筋，2Φ22放在角部，2Φ20放在中部。

当下部纵筋不全部伸入支座时，将减少的数量写在括号内。

例如，6Φ25 2（-2）/4表示上排纵筋为2Φ25均不伸入支座，下排纵筋为4Φ25全部伸入支座。又如，2Φ25+3Φ22（-3）/5Φ25表示上排纵筋为2Φ25加3Φ22，其中3Φ22不伸入支座；下排纵筋为5Φ25，全部伸入支座。

当在梁集中标注中已在梁支座上部纵筋之后注写了下部通长纵筋值时，则不需在梁下部重复做原位标注。

3）注写附加箍筋或吊筋。在主次梁相交处，直接将附加箍筋或吊筋画在平面图中的主梁上，用线引出总配筋值（附加箍筋的肢数注在括号内），如图1-1-12所示，8Φ10（2）表示在主次梁上配置直径12mm的HPB300级附加箍筋共8道，在次梁两侧各配置4道，为两肢箍；又如，2Φ20表示在主梁上配置直径20mm的HRB335吊筋两根。应注意：附加箍筋的间距、吊筋的几何尺寸等构造，是结合其所在位置的主梁和次梁的截面尺寸而定。

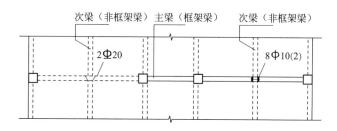

图1-1-12 附加箍筋和吊筋的表达

5. 板类构件的制图规则

（1）板的编号规定：在板平法施工图中各种类型的板编号应按表1-1-7进行编写。

表 1-1-7 板块编号

板类型	代号	序号
楼面板	LB	××
屋面板	WB	××
延伸悬挑板	YXB	××
纯悬挑板	XB	××

（2）板平面注写方式。

1）板块平面注写的方式主要包括：

① 板块集中标注；

② 板支座原位标注。

【例 1-1-1】按图 1-1-13 识读板图。

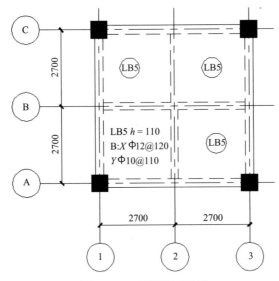

图 1-1-13 板图注写示例

图 1-1-13 是表示 5 号楼面板，板厚 110mm，板下部配置的贯通纵筋 X 向为 $\phi 12@120$，Y 向为 $\phi 10@110$；板上部未配置贯通纵筋。

【例 1-1-2】按图 1-1-14 识读板图。

图 1-1-14 是表示 2 号延伸悬挑板，板根部厚 150mm，端部厚 100mm，板下部配置构造钢筋双向均为 $\phi 8@200$（上部受力钢筋见板支座原位标注）。

2）板支座原位标注。板支座原位标注的内容为板支座上部非贯通纵筋和纯悬挑板上部受力钢筋。

当中间支座上部非贯通纵筋向支座两侧对称延伸时，可仅在支座一侧线段下方标注延伸长度，另一侧不注，如图 1-1-15 所示。

当支座两侧非对称延伸时，应分别在支座线段下方注写延伸长度，如图 1-1-16 所示。

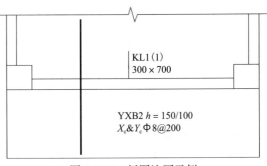

图 1-1-14 板图注写示例

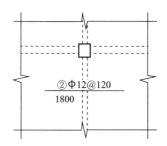
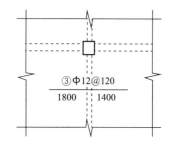

图 1-1-15 非贯通纵筋向支座对称延伸　　　　图 1-1-16 非贯通纵筋向支座非对称延伸

6. 独立基础平法识读（图 1-1-17）

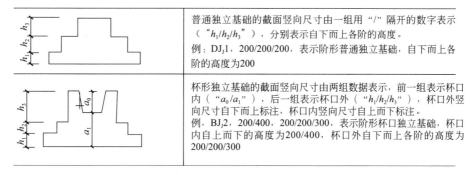

图 1-1-17 独立基础平法注写示例

7. 楼梯平法识读

楼梯平法是指在楼梯平面布置图上采用平面注写方式表达，也就是说在楼梯平面布置图上用注写截面尺寸和配筋的数值来表达楼梯平法施工图。包括集中标注、外围标注，如图 1-1-18 所示。

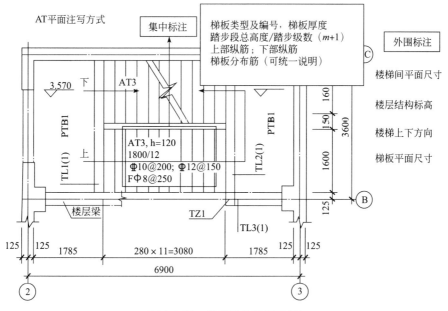

图 1-1-18 楼梯平法注写示例

集中标注：表达梯板的类型代号及序号、梯板的竖向几何尺寸和配筋。
外围标注：表达梯板的平面几何尺寸和楼梯间的平面尺寸。

复习思考题

1. 简述建筑施工图的组成。
2. 简述建筑施工图的识读方法。
3. 简述结构施工图的组成。
4. 简述结构施工图的识读方法。
5. 什么叫平法？
6. 框架柱在平法识图中如何表示？
7. 框架梁在平法识图中如何表示？
8. 有梁板在平法识图中如何表示？
9. 楼梯在平法识图中如何表示？

实训一

1. 在建筑施工图中查找下列信息。

（1）工程概况：建筑名称、建设地点、建设单位、建筑面积、建筑基底面积、建筑工程等级、设计使用年限、建筑层数和建筑高度、防火设计建筑分类和耐火等级、人防工程防护等级、屋面防水等级、地下室防水等级、抗震设防烈度等。

（2）门窗表及门窗性能。

（3）用料说明和室外装修。

（4）墙体采用什么材质？厚度有多少？砌筑砂浆标号是多少？

（5）是否有相关构造柱、过梁、压顶的设置说明？

（6）有几种屋面？构造做法分别是什么？或者采用哪本图集？

（7）外墙保温的形式是什么？保温材料是什么？厚度多少？

（8）屋面排水的形式是什么？

（9）室内装修做法表，室内有几种房间？它们的楼地面、墙面、墙裙、踢脚、天棚（吊顶）装修做法是什么？或者采用哪本图集？

（10）台阶、坡道的位置在哪里？台阶挡墙的做法是否有节点引出？台阶的构造做法采用哪本图集？坡道的位置在哪里？坡道的构造做法采用哪本图集？坡道栏杆的做法是什么（台阶、坡道的做法有时也在"建筑设计说明"中明确）？

（11）散水的宽度是多少？做法采用的图集号是多少（散水做法有时也在"建筑设计说明"中明确）？

（12）雨篷的尺寸？

（13）女儿墙、阳台、栏板的尺寸？

（14）楼梯的位置、数量、尺寸？

2.在结构施工图中查找下列信息。
(1)基础的类型、数量、尺寸。
(2)柱的类型、数量、尺寸。
(3)剪力墙位置及长度尺寸。
(4)梁板类型、尺寸。
(5)混凝土的强度等级、保护层的信息。
(6)基础、梁板柱墙等钢筋信息。
(7)楼梯信息。

项目二 建筑面积的计算

（1）了解与建筑面积相关的概念；
（2）熟悉建筑面积计算规范；
（3）结合实际正确计算建筑物的建筑面积。

任务1　与建筑面积相关的基本概念

一、任务说明

（1）了解建筑面积的组成和作用；
（2）熟悉建筑面积相关的基本概念。

二、任务分析

1. 建筑面积的概念

建筑面积是指建筑物（包括墙体）所形成的楼地面面积。包括房屋建筑中的下列三大面积。

（1）使用面积：建筑物各层平面布置中可直接为生产或社会使用的净面积的总和（房间面积）。

（2）辅助面积：建筑物各层平面布置中为辅助生产或生活所占的净面积的总和（楼梯间、走道等）。

（3）结构面积：建筑物各层平面布置中的墙柱体、垃圾道、通风道等结构所占面积的总和。

2. 建筑面积的作用

（1）建筑面积是国家控制基本建设规模的主要指标。

（2）建筑面积是确定各项技术经济指标的基础和依据。各项经济指标有每平方米单方造价、占地面积、使用面积系数、土地利用系数、有效面积系数等。其中，土地利用系数（容积率）=建筑面积/建筑物的占地面积；单方造价=预算总值/建筑面积。

（3）建筑面积和单方造价又是计划部门、规划部门和上级主管部门进行立项、审批、控制的重要依据。

（4）建筑面积在施工图预算阶段是计算某些分部分项工程的依据，从而减少概预算编制过程中的计算工作量。如场地平整、地面抹灰、地面垫层、室内回填土、天棚抹灰等分项的工程量计算，均可利用建筑面积这个基数来计算。

（5）建筑面积是计算概算指标编制概算的主要依据。

3. 与建筑面积相关的基本概念

（1）建筑面积：建筑物（包括墙体）所形成的楼地面面积。包括附属于建筑物的室外阳台、雨篷、檐廊、室外走廊、室外楼梯等。

（2）自然层：按楼地面结构分层的楼层。

（3）结构层高：楼面或地面结构层上表面至上部结构层上表面之间的垂直距离。

（4）围护结构：围合建筑空间的墙体、门、窗。

（5）建筑空间：以建筑界面限定的、供人们生活和活动的场所。

（6）结构净高：楼面或地面结构层上表面至上部结构层下表面之间的垂直距离。

（7）围护设施：为保障安全而设置的栏杆、栏板等围挡。

（8）地下室：室内地平面低于室外地平面的高度超过室内净高的1/2的房间。

（9）半地下室：室内地平面低于室外地平面的高度超过室内净高的1/3，且不超过1/2的房间。

（10）架空层：仅有结构支撑而无外围护结构的开敞空间层。

（11）走廊：建筑物中的水平交通空间。

（12）架空走廊：专门设置在建筑物的二层或二层以上，作为不同建筑物之间水平交通的空间。

（13）结构层：整体结构体系中承重的楼板层。

（14）落地橱窗：突出外墙面且根基落地的橱窗。

（15）凸窗（飘窗）：凸出建筑物外墙面的窗户。

（16）檐廊：建筑物挑檐下的水平交通空间。

（17）挑廊：挑出建筑物外墙的水平交通空间。

（18）门斗：建筑物入口处两道门之间的空间。

（19）雨篷：建筑出入口上方为遮挡雨水而设置的部件。

（20）门廊：建筑物入口前有顶棚的半围合空间。

（21）楼梯：由连续行走的梯级、休息平台和维护安全的栏杆（或栏板）、扶手以及相应的支托结构组成的作为楼层之间垂直交通使用的建筑部件。

（22）阳台：附设于建筑物外墙，设有栏杆或栏板，可供人活动的室外空间。

（23）主体结构：接受、承担和传递建设工程所有上部荷载，维持上部结构整体性、稳定性和安全性的有机联系的构造。

（24）变形缝：防止建筑物在某些因素作用下引起开裂甚至破坏而预留的构造缝。

（25）骑楼：建筑底层沿街面后退且留出公共人行空间的建筑物。

（26）过街楼：跨越道路上空并与两边建筑相连接的建筑物。

（27）建筑物通道：为穿过建筑物而设置的空间。

（28）露台：设置在屋面、首层地面或雨篷上的供人室外活动的有围护设施的平台。

（29）勒脚：在房屋外墙接近地面部位设置的饰面保护构造。

（30）台阶：联系室内外地坪或同楼层不同标高而设置的阶梯形踏步。

任务2 建筑面积计算规则

一、任务说明

(1) 熟悉建筑面积的计算规则;
(2) 按图纸正确计算建筑面积。

二、任务分析

1. 计算建筑面积的范围

(1) 建筑物的建筑面积应按自然层外墙结构外围水平面积之和计算。结构层高在2.20m及以上的,应计算全面积;结构层高在2.20m以下的,应计算1/2面积。

注:建筑面积计算时,主体结构内形成的建筑空间满足计算面积结构层高要求的均应按本条规定计算建筑面积。主体结构外的室外阳台、雨篷、檐廊、室外走廊、室外楼梯等按相应条款计算建筑面积。当外墙结构本身在一个层高范围内不等厚时,以楼地面结构标高处的外围水平面积计算。

"外墙结构外围水平面积"主要强调建筑面积计算应计算墙体结构的面积,按建筑平面图结构外轮廓尺寸计算,而不应包括墙体构造所增加的抹灰厚度、材料厚度等。

公式:$S=S_1+S_2+S_3+\cdots$

分析与练习:

【例1-2-1】如图1-2-1所示为某建筑的平面和剖面示意图,试计算该建筑物的建筑面积。

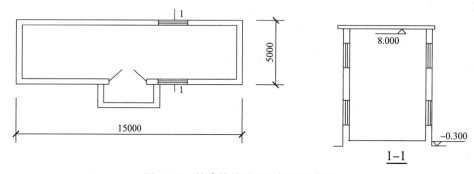

图1-2-1 某建筑的平面和剖面示意图

解:由图可知,该建筑物结构层高在2.20m以上,则其建筑面积应为:
$$S=15\times 5=75\ (\text{m}^2)$$

【例1-2-2】图1-2-2所示为某建筑的平面和剖面示意图,计算该建筑物的建筑面积。
各层墙体厚度不同,则建筑面积分别计算:
$$S=(18+0.5)\times(12+0.5)+(18+0.24)\times(12+0.24)\times 6=1570.80\ (\text{m}^2)$$

(2) 建筑物内设有局部楼层时,对于局部楼层的二层及以上楼层,有围护结构的应按其围护结构外围水平面积计算,无围护结构的应按其结构底板水平面积计算,且结构层高在2.20m及以上的,应计算全面积,结构层高在2.20m以下的,应计算1/2面积,如图1-2-3所示。

（3）对于形成建筑空间的坡屋顶，结构净高在 2.10m 及以上的部位应计算全面积；结构净高在 1.20m 及以上至 2.10m 以下的部位应计算 1/2 面积；结构净高在 1.20m 以下的部位不应计算建筑面积，如图 1-2-4 所示。

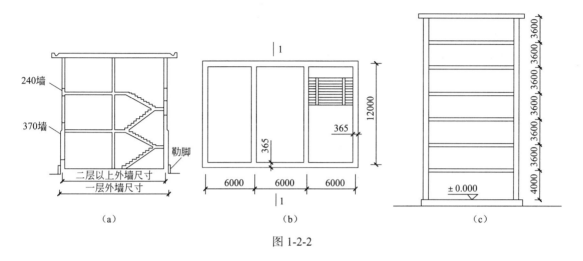

图 1-2-2

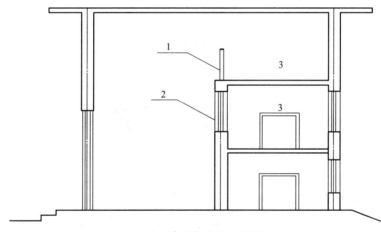

图 1-2-3　建筑物内的局部楼层
1—围护设施；2—围护结构；3—局部楼层

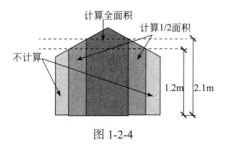

图 1-2-4

【例 1-2-3】如图 1-2-5 所示为某建筑的平面和剖面示意图，试计算该建筑物的建筑面积。

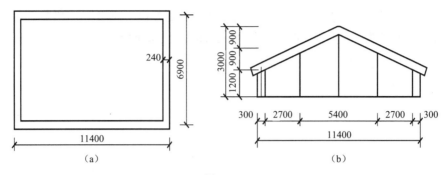

图 1-2-5

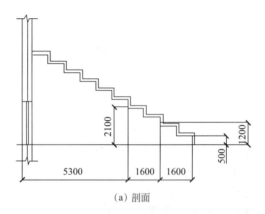

(a) 剖面

(b) 实物图

图 1-2-6

有部分坡屋顶结构净高在 2.1m 以上，部分在 1.2～2.1m，则其建筑面积为：
$$S=5.4\times(6.9+0.24)+(2.7+0.3)\times(6.9+0.24)\times0.5\times2=59.98\ (m^2)$$

（4）对于场馆看台下的建筑空间，结构净高在 2.10m 及以上的部位应计算全面积；结构净高在 1.20m 及以上至 2.10m 以下的部位应计算 1/2 面积；结构净高在 1.20m 以下的部位不应计算建筑面积。室内单独设置的有围护设施的悬挑看台，应按看台结构底板水平投影面积计算建筑面积。有顶盖无围护结构的场馆看台应按其顶盖水平投影面积的 1/2 计算面积。详见图 1-2-6。

（5）地下室、半地下室应按其结构外围水平面积计算。结构层高在 2.20m 及以上的，应计算全面积；结构层高在 2.20m 以下的，应计算 1/2 面积。

注：计算建筑面积时，不应包括由于构造需要所增加的面积，如无顶盖采光井、立面防潮层、保护墙等厚度所增加的面积，如图 1-2-7 所示。

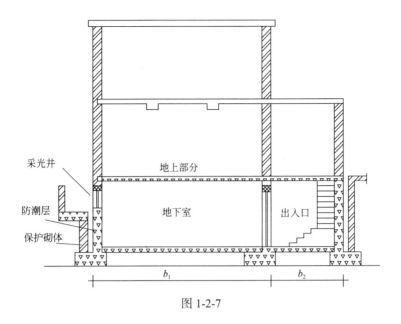

图 1-2-7

【例 1-2-4】计算如图 1-2-8 所示地下室的建筑面积。

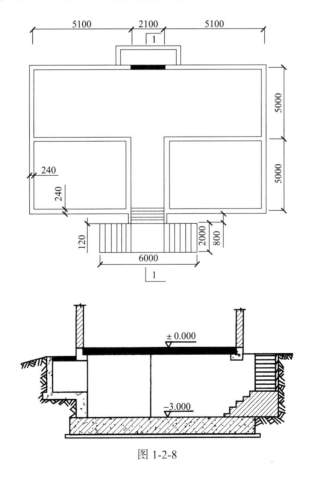

图 1-2-8

解：$S=$ 地下室建筑面积 + 出入口建筑面积

地下室建筑面积 =（12.30+0.24）×（10.00+0.24）=128.41（m²）
出入口建筑面积 =2.10×0.80+6.00×2.00=13.68（m²）
S =128.41+13.68=142.09（m²）

（6）出入口外墙外侧坡道有顶盖的部位，应按其外墙结构外围水平面积的 1/2 计算面积。

注：出入口坡道分有顶盖出入口坡道和无顶盖出入口坡道，出入口坡道的挑出长度为顶盖结构外边线至外墙结构外边线的长度；顶盖以设计图纸为准，对后增加及建设单位自行增加的顶盖等，不计算建筑面积。顶盖不分材料种类（如钢筋混凝土顶盖、彩钢板顶盖、阳光板顶盖等）。如图 1-2-9 所示。

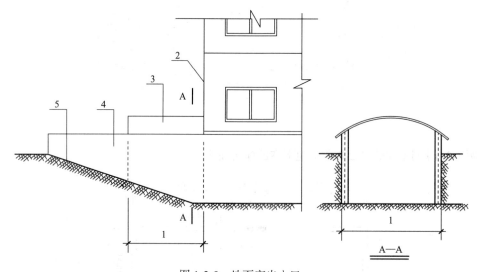

图 1-2-9　地下室出入口

1—计算 1/2 投影面积部分；2—主体建筑；3—出入口顶盖；4—封闭出入口侧墙；5—出入口坡道

（7）建筑物架空层及坡地建筑物吊脚架空层，应按其顶板水平投影计算建筑面积。结构层高在 2.20m 及以上的，应计算全面积；结构层高在 2.20m 以下的，应计算 1/2 面积。

注：架空层是指仅有结构支撑而无外围结构的开敞空间层。

本条既适用于建筑物吊脚架空层、深基础架空层的建筑面积计算，也适用于目前部分住宅、学校教学楼等工程在底层架空或在二楼以上某个甚至多个楼层架空，作为公共活动、停车、绿化等空间的建筑面积计算。架空层中有围护结构的建筑空间按相关规定计算。见图 1-2-10 ~ 图 1-2-12。

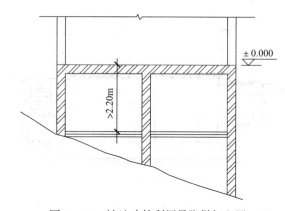

图 1-2-10　坡地建筑利用吊脚做架空层

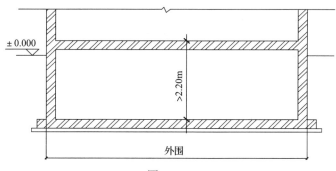

图 1-2-11

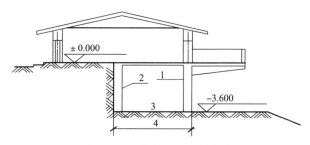

图 1-2-12　建筑物吊脚架空层
1—柱；2—墙；3—吊脚架空层；4—计算建筑面积部位

（8）建筑物的门厅、大厅应按一层计算建筑面积，门厅、大厅内设置的走廊应按走廊结构底板水平投影面积计算建筑面积。结构层高在 2.20m 及以上的，应计算全面积；结构层高在 2.20m 以下的，应计算 1/2 面积。

【例 1-2-5】如图 1-2-13 所示，求大厅、回廊的建筑面积。

$S_{大厅}=(15-0.24)\times(10-0.24)=144.06$（m²）

$S_{回廊}=(15-0.24)\times(10-0.24)-(15-0.24-1.6\times2)\times(10-0.24-1.6\times2)$ 或 $S=(15-0.24)\times1.6\times2+(10-0.24-1.6\times2)\times1.6\times2=68.22$（m²）

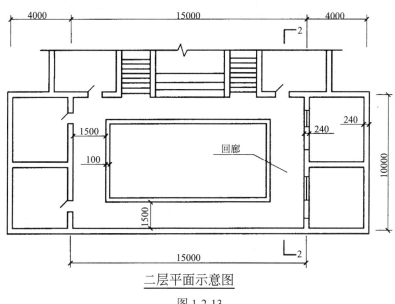

图 1-2-13

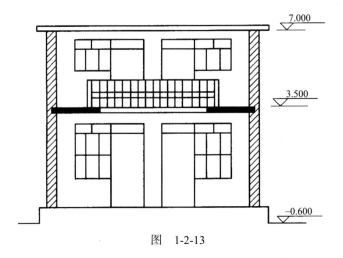

图 1-2-13

（9）对于建筑物间的架空走廊，有顶盖和围护设施的（图1-2-14），应按其围护结构外围水平面积计算全面积；无围护结构、有围护设施的（图1-2-15），应按其结构底板水平投影面积计算1/2面积。

注：架空走廊即专门设置在建筑物二层或二层以上，作为不同建筑物之间水平交通的空间。

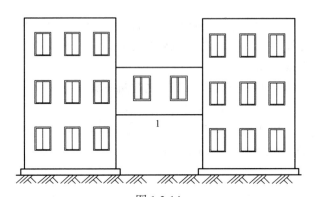

图 1-2-14
有围护结构的架空走廊：1—架空走廊

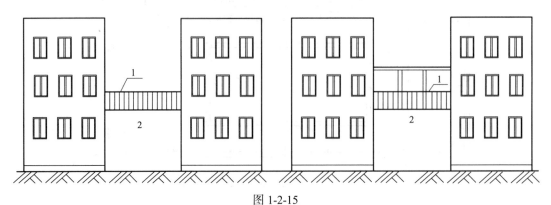

图 1-2-15
无围护结构的架空走廊：1—栏杆；2—架空走廊

【例 1-2-6】求图 1-2-16 所示的架空走廊的面积。

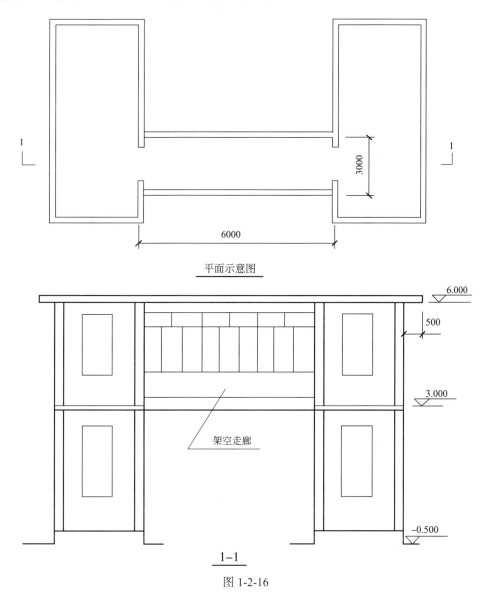

图 1-2-16

解：架空走廊的建筑面积：
$$S = (6 - 0.24) \times (3 + 0.24) = 18.66 \text{ (m}^2\text{)}$$

（10）对于立体书库、立体仓库、立体车库，有围护结构的，应按其围护结构外围水平面积计算建筑面积；无围护结构、有围护设施的，应按其结构底板水平投影面积计算建筑面积。无结构层的应按一层计算，有结构层的应按其结构层面积分别计算。结构层高在 2.20m 及以上的，应计算全面积；结构层高在 2.20m 以下的，应计算 1/2 面积。如图 1-2-17、图 1-2-18 所示。

注：起局部分隔、储存等作用的书架层、货架层或可升降的立体钢结构停车层均不属于结构层，故该部分分层不计算建筑面积。

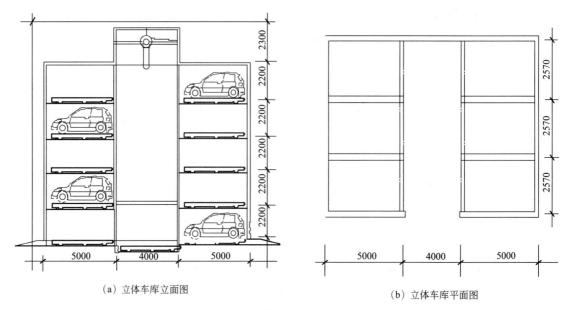

(a) 立体车库立面图　　　　　　　　　　(b) 立体车库平面图

图　1-2-17

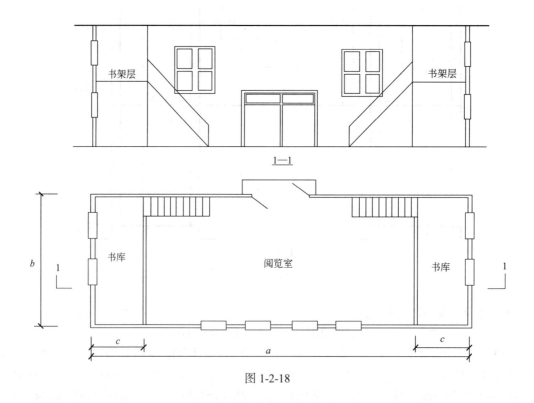

图 1-2-18

（11）有围护结构的舞台灯光控制室，应按其围护结构外围水平面积计算（图1-2-19和图1-2-20）。结构层高在2.20m及以上的，应计算全面积；结构层高在2.20m以下的，应计算1/2面积。

（12）附属在建筑物外墙的落地橱窗，应按其围护结构外围水平面积计算。结构层高在2.20m及以上的，应计算全面积；结构层高在2.20m以下的，应计算1/2面积。

（13）窗台与室内楼地面高差在0.45m以下且结构净高在2.10m及以上的凸（飘）窗（图

1-2-21），应按其围护结构外围水平面积计算 1/2 面积。

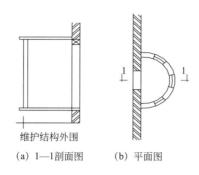

图 1-2-19

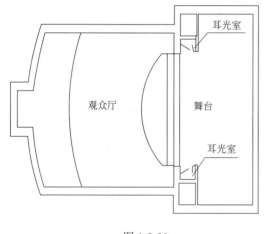

图 1-2-20

图 1-2-21

（14）有围护设施的室外走廊（挑廊），应按其结构底板水平投影面积计算 1/2 面积；有围护设施（或柱）的檐廊，应按其围护设施（或柱）外围水平面积计算 1/2 面积。

注：檐廊是指建筑物挑檐下的水平交通空间，是附属于建筑物底层，外墙有屋檐作为顶盖，其下部一般有柱或栏杆、栏板等的水平交通空间。挑廊指挑出建筑物外墙的水平交通空间。如图 1-2-22 所示。

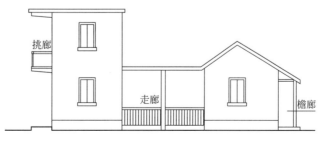

图 1-2-22 走廊、檐廊

（15）门斗（图 1-2-23）应按其围护结构外围水平面积计算建筑面积，且结构层高在 2.20m 及以上的，应计算全面积；结构层高在 2.20m 以下的，应计算 1/2 面积。

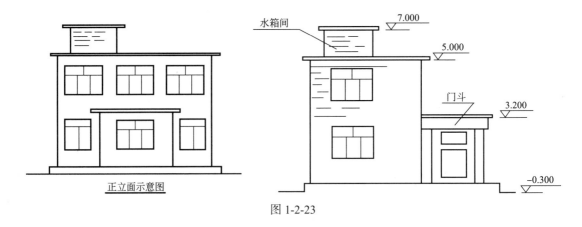

图 1-2-23

（16）门廊（图1-2-24）应按其顶板的水平投影面积的1/2计算建筑面积；有柱雨篷应按其结构板水平投影面积的1/2计算建筑面积；无柱雨篷的结构外边线至外墙结构外边线的宽度在2.10m及以上的，应按雨篷结构板的水平投影面积的1/2计算建筑面积。

注：a.门廊指建筑物入口前有顶棚的半围合空间，是在建筑物出入口，无门、三面或二面有墙，上部有板（或借用上部楼板）围护的部位。

b.雨篷指建筑物出入口上方为遮挡雨水而设置的部件，是建筑物出入口上方、凸出墙面、为遮挡雨水而单独设立的建筑部件。雨篷划分为有柱雨篷（包括独立柱雨篷，多柱雨篷，柱墙混合支撑雨篷、墙支撑雨篷）和无柱雨篷（悬挑雨篷）。如凸出建筑物，且不单独设立顶盖，利用上层结构板（如楼板、阳台底板）进行遮挡，则不视为雨篷，不计算建筑面积。对于无柱雨篷，如顶盖高度达到或超过两个楼层时，也不视为雨篷，不计算建筑面积。出挑宽度，是指雨篷结构外边线至外墙结构外边线的宽度，弧形或异形时，取最大宽度。

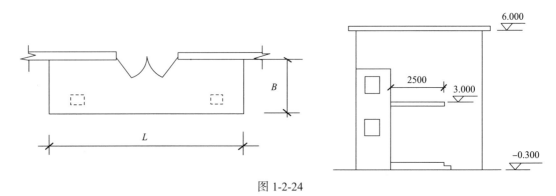

图 1-2-24

（17）设在建筑物顶部的、有围护结构的楼梯间、水箱间、电梯机房等（图1-2-25），结构层高在2.20m及以上的应计算全面积；结构层高在2.20m以下的，应计算1/2面积。

（18）围护结构不垂直于水平面的楼层，应按其底板面的外墙外围水平面积计算。结构净高在2.10m及以上的部位，应计算全面积；结构净高在1.20m及以上至2.10m以下的部位，应计算1/2面积；结构净高在1.20m以下的部位，不应计算建筑面积，如图1-2-26所示。

（19）建筑物的室内楼梯、电梯井（图1-2-27）、提物井、管道井、通风排气竖井、烟道，应并入建筑物的自然层计算建筑面积。有顶盖的采光井应按一层计算面积，且结构净高在2.10m及以上的，应计算全面积；结构净高在2.10m以下的，应计算1/2面积。

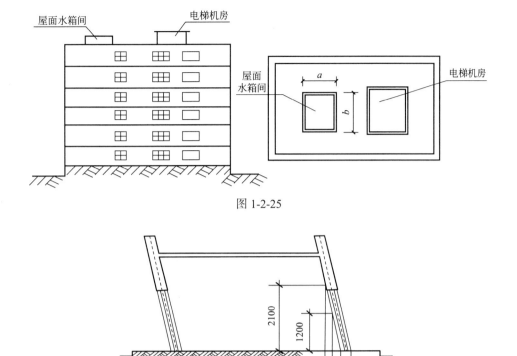

图 1-2-25

图 1-2-26
1—计算 1/2 建筑面积部位；2—不计算建筑面积

注：建筑物的楼梯间层数按建筑物的层数计算。有顶盖的采光井包括建筑物中的采光井和地下室采光井（图 1-2-28）。

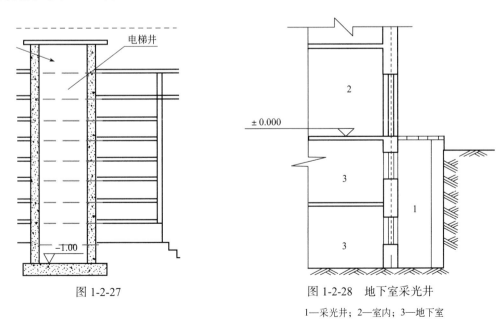

图 1-2-27

图 1-2-28 地下室采光井
1—采光井；2—室内；3—地下室

（20）室外楼梯（图1-2-29）应并入所依附建筑物自然层，并应按其水平投影面积的1/2计算建筑面积。

注：层数为室外楼梯依附的楼层数，即梯段部分投影到建筑物范围的层数。利用室外楼梯下部的建筑空间不得重复计算建筑面积；利用地势砌筑的为室外踏步，不计算建筑面积。

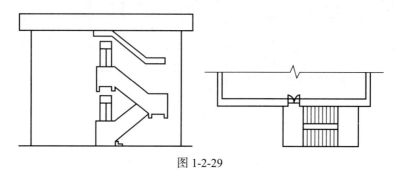

图1-2-29

（21）在主体结构内的阳台，应按其结构外围水平面积计算全面积；在主体结构外的阳台，应按其结构底板水平投影面积计算1/2面积（图1-2-30）。

注：建筑物的阳台，不论其形式如何，均以建筑物主体结构为界分别计算建筑面积。

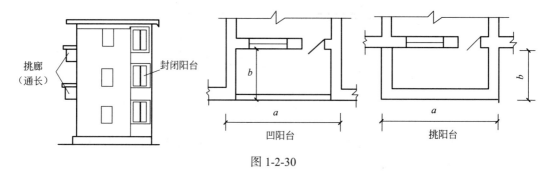

图1-2-30

（22）有顶盖无围护结构的车棚、货棚、站台、加油站、收费站等，应按其顶盖水平投影面积的1/2计算建筑面积。

【例1-2-7】求图1-2-31所示的站台的建筑面积。

有顶盖无围护结构站台的建筑面积为：$S=7\times12\times1/2=42$（m^2）

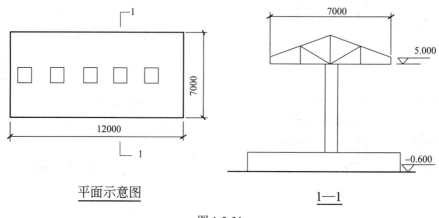

图1-2-31

（23）以幕墙作为围护结构的建筑物，应按幕墙外边线计算建筑面积。

注：幕墙以其在建筑中所起的作用和功能来区分，直接作为外墙起围护作用的幕墙，按其外边线计算建筑面积；设置在建筑物墙体外起装饰作用的幕墙，不计算建筑面积。

（24）建筑物的外墙外保温层（图1-2-32），应按其保温材料的水平截面积计算，并计入自然层建筑面积。

注：建筑物外墙外侧有保温隔热层的，保温隔热层以保温材料的净厚度乘以外墙结构的外边线长度按建筑物的自然层计算建筑面积，其外墙外边线长度不扣除门窗和建筑物外的已计算建筑面积构件（如阳台、室外走廊、门斗、落地橱窗等部件）所占长度。当建筑物外已计算面积的构件有保温隔热层时，其保温隔热层也不再计算建筑面积。外墙是斜面者按楼面楼板处的外墙外边线长度乘以保温材料的净厚度计算。外墙外保温以沿高度方向满铺为准，某层外墙外保温铺设高度未达到全部高度时（不包含阳台室外走廊、门斗、落地橱窗、雨篷、飘窗等），不计算建筑面积。保温隔热层的建筑面积是以保温隔热材料的厚度来计算，不包含抹灰层、防潮层、保护层（墙）的厚度。

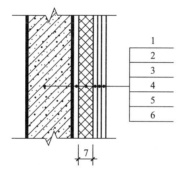

图1-2-32　建筑外墙外保温
1—墙体；2—黏结胶浆；3—保温材料；4—标准网；
5—加强网；6—抹面胶浆；7—计算建筑面积部位

（25）与室内相通的变形缝，应按其自然层合并在建筑物建筑面积内计算。对于高低联跨的建筑物（图1-2-33），当高低跨内部连通时，其变形缝应计算在低跨面积内。

注：与室内相通的变形缝，是指暴露在建筑物内，在建筑物内可以看得见的变形缝。

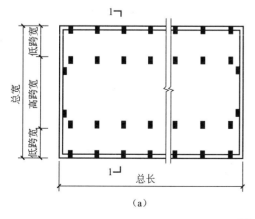 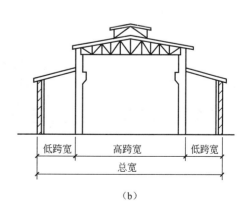

(a)　　　　　　　　　　　　　　(b)

图1-2-33

（26）对于建筑物内的设备层、管道层、避难层等有结构层的楼层（图1-2-34），结构层高在2.20m及以上的，应计算全面积；结构层高在2.20m以下的，应计算1/2面积。

注：虽然设备层、管道层的具体功能与普通楼层不同，但在结构及施工消耗上并无本质区别，设备、管道楼层归为自然层。

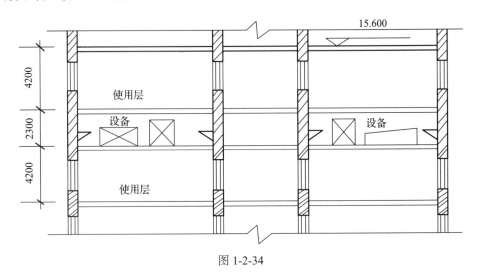

图1-2-34

2. 下列项目不应计算建筑面积

（1）与建筑物内不相连通的建筑部件。

注：指的是依附于建筑物外墙外不与户室开门连通，起装饰作用的敞开式挑台（廊）、平台，以及不与阳台相通的空调室外机搁板（箱）等设备平台部件。

（2）骑楼、过街楼底层的开放公共空间和建筑物通道。

注：骑楼指建筑底层沿街面后退且留出公共人行空间的建筑物（图1-2-35）。过街楼指跨越道路上空并与两边建筑相连接的建筑物（图1-2-36）。

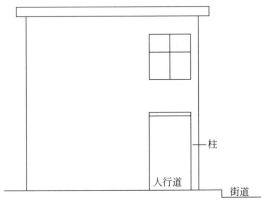

图1-2-35　骑楼

（3）舞台及后台悬挂幕布和布景的天桥、挑台等。

（4）露台、露天游泳池、花架、屋顶的水箱及装饰性结构构件。

（5）建筑物内的操作平台（图1-2-37）、上料平台、安装箱和罐体的平台。

图 1-2-36 过街楼

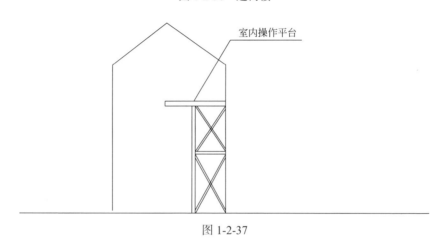

图 1-2-37

（6）勒脚、附墙柱、垛、台阶、墙面抹灰、装饰面、镶贴块料面层、装饰性幕墙（图 1-2-38），主体结构外的空调室外机搁板（箱）、构件、配件，挑出宽度在 2.10m 以下的无柱雨篷和顶盖高度达到或超过两个楼层的无柱雨篷。

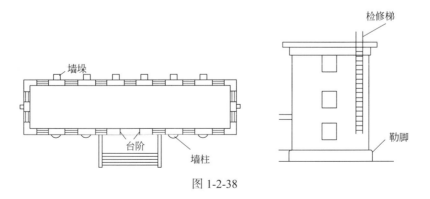

图 1-2-38

（7）窗台与室内地面高差在 0.45m 以下且结构净高在 2.10m 以下的凸（飘）窗，窗台与室内地面高差在 0.45m 及以上的凸（飘）窗。

（8）室外爬梯、室外专用消防钢楼梯。

(9)无围护结构的观光电梯。

(10)建筑物以外的地下人防通道,独立的烟囱、烟道、地沟、油(水)罐、气柜、水塔、贮油(水)池、贮仓、栈桥等构筑物。

习 题

1. 计算图 1-2-39 建筑面积。

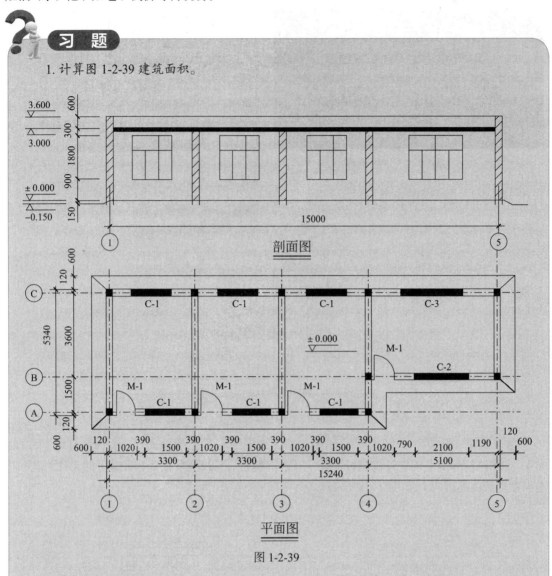

图 1-2-39

2. 某建筑物为一栋七层框架结构房屋,并利用深基础架空层作贮藏层,层高为 2.2m,外围水平面积为 1234.12m²,第一层层高为 6m,其他各层为 3.0m,外墙厚均为 300mm(包括保温层),一至五层外墙轴线尺寸为 20m×60m,六、七层 10m×60m,一至三层有室外楼梯,室外楼梯每层水平投影面积 15m²,第一层有有柱雨篷,雨篷外边距外墙结构外边线宽 2.5m,雨篷顶盖水平投影面积 40.5m²,试求建筑物建筑面积。

实训二

1. 实训目的:通过多层房屋建筑面积工程量计算实例,熟悉建筑施工图,掌握建筑面积计算规则。

2. 实训任务：根据非地震地区多层房屋建筑施工图，完成给定图纸的计算。

（1）计算一层、二层房屋建筑面积；

（2）计算楼梯间、雨篷、阳台建筑面积；

（3）指出图纸中哪些不计算建筑面积。

3. 背景资料：

（1）多层房屋部分建筑施工图；

（2）该施工图除标高外，其余均以毫米计；

（3）内外墙均采用M7.5机制红砖，M5混合砂浆，墙体未注明者均为240mm。

4. 实训要求：

（1）学生在教师的指导下，独立完成各训练项目；

（2）工程量计算正确，项目内容完整；

（3）提交统一规定的工程量计算书。

项目三

工程量的计算方法

 学习目标

（1）了解工程量的概念；
（2）熟悉工程量的计算规律与计算要求；
（3）工程量的计算步骤与顺序；
（4）运用统筹法计算工程量。

任务1　工程量计算概述

一、任务说明

（1）熟悉工程量的概念、计算原则、计算规律；
（2）掌握如何计算工程量的方法。

二、任务分析

工程预算造价主要取决于两个因素：一是工程量；二是工程单价。为正确编制工程预算，这两个因素缺一不可。工程量计算的准确与否将直接影响工程直接费，进而影响整个的预算造价。因此，计算时必须严格依据国家的《房屋建筑与装饰工程工程量计算规范》（GB 50854—2013）、各省、市《建筑工程计价定额》、《装饰工程计价定额》的计算规则，科学地、有步骤地进行计算。

计算工程量是编制建筑工程工程量清单、施工图预算的基础工作，是计价文件的重要组成部分。

1. 工程量的概念

工程量是以规定的物理计量单位或自然计量单位表示建筑各个分部分项工程或结构构件的实物数量的多少。

物理计量单位：长度、面积、体积、质量，即 m、m^2、m^3、kg。

自然计量单位：个、根、樘、套。

工程量分为清单工程量和定额工程量两种。

清单工程量——依据《房屋建筑与装饰工程工程量计算规范》(GB 50854-2013)的工程量计算规则列项、计算。

定额工程量——依据《建筑工程计价定额》、《装饰工程计价定额》的计算规则列项、计算。

2. 工程量的计算原则

（1）工程量计算的项目必须以现行的工程量清单计算规范或消耗量定额一致；

（2）工程量计算单位必须同现行工程量清单计算规范或消耗量定额项目单位一致；

（3）工程量计算规则必须同现行工程量清单计算规范或消耗量定额项目规定的计算规则一致；

（4）工程量计算式要力求简单明了，按一定次序排列；

（5）计算的精度要求：以个、项为单位的取整，以立方米、平方米为单位的保留两位小数，以吨为单位的保留3位小数。

3. 工程量的计算规律

工程量计算单位一般按分项工程的形状特征和变化规律来确定：

（1）凡物体的长、宽、高三个度量都变化时，应采用立方米为计量单位。如土方、砖石、混凝土；

（2）当物体厚度一定，长宽变化，宜采用平方米为计量单位。如门窗、楼地面面层；

（3）当物体截面面积一定，长宽变化，应以延长米为计量单位。如管道、装饰线；

（4）当物体体积一定，重量价格差异大，应以重量为计量单位。如金属结构；

（5）有些分项工程以个、组、座、套等自然计量单位计算。如灯具。

4. 工程量的计算要求

（1）工程量计算应采取表格形式，清单编码或定额编号要正确，项目名称要完整，单位要用国际单位制表示，应与清单计算规范或消耗量定额中各个项目的单位一致，还要在工程量计算表中列出计算公式，以便于计算和审查。

（2）工程量计算必须在熟悉和审查图纸的基础上进行，要严格按照清单或定额规定的计算规则，结合施工图纸所注位置与尺寸进行计算，数字计算要精确。在计算过程中，小数点要保留3位，汇总时位数的保留应按有关规定的要求确定。

（3）工程量计算要按一定的顺序计算，防止重复和漏算，要结合图纸，尽量做到结构按分层计算；内装饰按分层分房间计算；外装饰按分立面或按施工方案的要求分段计算。

（4）计算底稿要整齐，数字清楚，数值准确，切忌草率零乱，辨认不清。工程量计算表是预算的原始单据，计算时要考虑可修改和补充的余地，一般每一个分部工程计算完后，可留一部分空白。

5. 工程量的计算依据

（1）施工图纸、图集；

（2）建筑安装计价定额；

（3）施工合同、招投标文件；

（4）经审定的施工组织设计；

（5）其他相关资料。

6. 工程量的计算步骤

（1）熟悉图纸、基数的计算；

（2）工程项目列项：根据清单计算规范或计价定额，按施工图纸把整个建筑划分到分项工程；

（3）列出分项工程量计算式：严格按图纸所注部位、尺寸、数量依据工程量计算规则列出计算式；

（4）演算计算式；

（5）整理、复核；

（6）工程量的计算顺序：工程量的计算顺序按个人习惯不同可按施工顺序计算、按清单或定额顺序计算、按统筹顺序计算、同一张图纸一般应先横后竖，从上到下、从左至右。可以按轴线编号顺序，也可按构件编号分类依次进行计算。

正确的工程量计算顺序既可以节省看图时间，加快计算进度，又可避免漏算、重复计算。

任务2 统筹法计算工程量

一、任务说明

（1）熟悉统筹法的概念和基本要点；
（2）掌握基数的计算和应用。

二、任务分析

1. 统筹法的概念

统筹法是按照事物内部固有的规律性，逐步、系统、全面地解决问题的一种方法。利用统筹法原理计算工程量，就是利用工程量计算中各分部分项工程量计算之间的固有规律和相互之间的依赖关系来计算工程量，这样可以节约时间、提高工效，并准确地计算出工程量。

2. 统筹法计算工程量的基本要点

统筹法计算工程量的基本要点是：统筹程序、合理安排；利用基数、连续计算；一次算出、多次应用；结合实际、灵活机动。

（1）统筹程序、合理安排：打破施工或定额顺序，找到各数据间的内在联系，合理安排计算顺序，尽量利用已经计算完成的成果，减少重复计算。

（2）利用基数、连续计算：基数的计算包括以下几个内容：

1）四线：

$L_{中}$：建筑平面图中设计外墙中心线的总长度。

$L_{内}$：建筑平面图中设计内墙净长线的长度。

$L_{外}$：建筑平面图中外墙外边线的总长度。

$L_{净}$：建筑基础平面图中内墙混凝土基础或垫层的净长度。

2）两面：

$S_{底}$：建筑物底层的建筑面积。

$S_{房}$：建筑平面图中房心净面积。

3）一册：

工程量计算手册（造价手册）。

（3）一次算出、多次应用，见表1-3-1。

表 1-3-1　不同部位的基数计算

基数	部位	计算公式
$L_外$	散水	$S=(L_外+4×散水宽)×散水宽$
	墙脚明沟（暗沟）	$L=L_外+8×散水宽+4×明沟（暗沟）宽$
	外墙脚手架	$S=L_外×墙高$
	外墙抹灰、装饰	$S=L_外×墙高$
	挑檐	$V=(L_外+4×挑檐宽)×挑檐断面积$
$L_中$	外墙基槽	$V=L_中×基槽断面积$
	外墙基础垫层	$V=L_中×垫层断面积$
	外墙基础	$V=L_中×基础断面积$
	外墙体积	$V=(L_中×墙高-门窗面积)×墙厚$
	外墙圈梁	$V=L_中×圈梁断面积$
	外墙基础防潮层	$S=L_中×墙厚$
$L_内$	内墙基础	$V=L_内×基础断面积$
	内墙体积	$V=(L_内×墙高-门窗面积)×墙厚$
	内墙圈梁	$L_内×圈梁断面积$
	内墙基础防潮层	$S=L_内×墙厚$
$S_底$	平整场地	首层面积
	室内回填土	$V=(S_底-墙结构面积)×厚度×墙厚$
	地面垫层	$V=(S_底-墙结构面积)×厚度×墙厚$
	地面面层	$S=S_底-墙结构面积$
	顶棚面抹灰	$S=S_底-墙结构面积$
	屋面防水卷材	$S=S_底-女儿墙结构面积+四周卷起面积$
	屋面找坡层	$S=(S_底±女儿墙结构面积)×平均厚度$

（4）结合实际、灵活机动。由于建筑工程结构造型、各楼层的面积大小以及它的墙厚、基础断面、砂浆标号、各部位的装饰标准等都可以不同，因此运用统筹法计算工程量就不能只用一个"线"、"面"基数进行计算，在具体计算中要结合设计图纸情况，根据需要，灵活机动地具体划分线段和楼层，采用分线段，分楼层的方法进行计算。

在土建工程计算工程量编制预算中常用的方法有：

1）分段计算方法。实例中毛石基础砌体工程包括不同的基础断面，计算工程量时就必须分别按不同的断面分别计算。其长度数据就应当分别乘以各自相应的断面，即分段计算。

2）分层计算法。如果计算多层土建工程的工程量，其各楼层的建筑面积不同时，或者即使各楼层面积都相同，但为了按层进行工料分析、编制施工预算，下达班组任务，备工备料等，则均可采用上述类同的办法，以"分层"、"分线段"、"分面"计算各项目工程量来解决。

3）增减计算法。在一个分项工程中，遇有局部外型尺寸或构造不同时，为了便于利用基数连续计算，可先视其为相同进行计算，然后再加上或减去局部不同部分的工程量。

如一个单位工程各楼层地面面积相同，地面结构构造除底层厕所间为瓷砖（块料面层）地面外，其余均为水泥砂浆抹面。这样即可先按没有瓷砖地面的相同情况（全部按水泥砂浆）计算抹面工程量，然后减去厕所间瓷砖地面部分的工程量，即增减计算法。

再如统筹图中地面面层项目中的计算，其计算公式为地面防潮层楼梯间，也是运用增减计算法。

4）用"线"和"面"基数代不上，串不起来，不能用基数计算工程量的计算项目，可采用"查手册"计算工程量的方法：利用这种方法计算工程量就是根据施工图所示，照图点数，然后查"手册"中相适应的工程量数据进行计算。但必须预先编好"手册"，而且要计算的项目在"手册"本中是有数据可查的，才能使用。

三、任务实施

基数的计算公式：

在砖混结构中有：

（1）$L_外$（外墙外边线）= 外墙定位轴线长 + 外墙定位轴线至外墙外侧距离 = $L_中$ +（4 × 外墙厚）

（2）$L_中$（外墙中线）= 外墙定位轴线长 + 外墙定位轴线至外墙中线距离 = $L_外$ −（4 × 外墙厚）

（3）$L_内$（净长线）= 内墙定位轴线长 − 定位轴线至所在墙体内侧距离

（4）$L_净$ = 内墙轴线尺寸 − 2 × 轴线尺寸到外墙垫层内侧宽

（5）$S_底$ = 总长 × 总宽

（6）$S_房$ = 底层建筑面积 − 墙面积 = $S_底$ −（$L_中$ × 外墙厚 + $L_内$ × 内墙厚）

【例1-3-1】按图1-3-1计算四线两面。

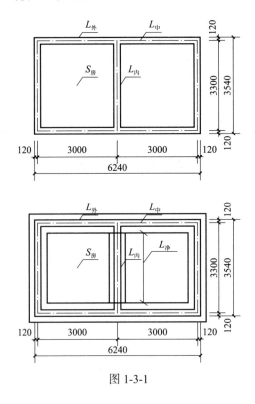

图1-3-1

四、任务结果

解：$L_外$ =（6.24+3.54）× 2 = 19.56（m）

$L_中$ =（3.00 × 2+3.30）× 2 = 18.60（m）

$L_内$ = 3.30 − 0.24 = 3.06（m）

$L_{净} = 3.30 - 1.50 = 1.80$ (m)

$S_{底} = 6.24 \times 3.54 = 22.09$ (m²)

$S_{房} = (3.00 \times 2 - 0.24 \times 2) \times 3.30 - 0.24 = 16.89$ (m²)

任务3　分项工程列项

一、任务说明

（1）了解工程列项目的；

（2）能够正确列项。

二、任务分析

在计算工程量时，同学们最迷惑的不是怎么算，而是到底该计算什么？先算什么，后算什么？然后再按规则一一计算。把一个建筑物从大到小按清单或定额逐项划分就叫分项工程列项。做工程量，首先要做的就是分项工程列项。

1. 分项工程列项的目的

分项工程列项的目的就是在头脑中形成一个完整建筑物的计算程序，一个系统的思路，计算工程量时不漏项、不重项，知道一套图纸该先算什么，后算什么，总共应算哪些内容。

2. 工程项目的划分

要做的是单位工程的工程造价。

一个建筑物是不能直接算它的工程造价的，必须把它由大到小、由粗到细的逐项分解，即把单位工程先分解为分部工程，再把每一个分部工程分解为分项工程。分项工程是工程量计算中最基本的构成要素。一般把一个建筑物划分到分项工程为止。把分项工程逐项列出，就是分项工程列项。

3. 列项步骤

（1）列项第一步：分层计算。

任何建筑物都可以按图1-3-2所示的方法进行分层，做预算必须有层的概念。

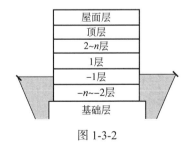

图1-3-2

（2）列项第二步：把建筑物划分到分部工程。

一个建筑物先分解为土石方工程——基础工程——砌筑工程——钢筋混凝土工程——屋面工程——楼地面工程——门窗工程——装饰工程——措施项目等几大块分部工程。

（3）列项第三步：每一个分部工程再按图纸、按建筑类型细分为若干分项工程。

1）土石方工程一般包括平整场地、挖沟槽、挖基坑、挖土方、回填土、土石方运输等。

2）基础工程一般包括基础垫层、基础（砖基础、混凝土带型基础、独立柱基础、筏板式基础、桩基础、桩承台）、基础梁、承台梁、地圈梁等。钢筋混凝土构件又分为支模板、绑钢筋、浇混凝土三项。

3）砌筑工程主要是墙体和一些零星构件，墙体按不同材料、不同厚度、不同部位、不同强度等级分类。

如一层外墙、一层内墙、二层外墙、二层内墙、二层隔墙，三层……

4）钢筋混凝土工程一般先分为预制、现浇混凝土，再按构件划分为基础、柱（矩形柱、异形柱）、梁（基础梁、矩形梁、异形梁、圈梁、过梁）、直形墙、有梁板、无梁板、平板、拱板、薄壳板、栏板、天沟、挑檐板、雨篷、阳台、楼梯、压顶、台阶、散水、坡道等其他构件。

如一层框架柱、二层框架柱……一层框架梁、一层非框架梁、二层框架梁……

一层 110 厚板、一层 100 厚板、二层板……

5）屋面一般按层次划分：在图纸上找到屋面详图，按图上所列的层次由下至上分层计算，一般可分为找平层、找坡层、保温层、防水层等，按材料不同分别计算，如图 1-3-3 所示。

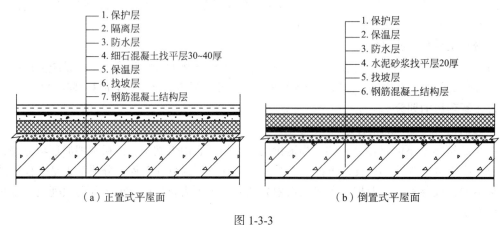

(a) 正置式平屋面 　　　　　　(b) 倒置式平屋面

图 1-3-3

6）楼地面一般按地面材料不同分房间计算，每一种房间按图纸详图中的地面构造分别列项：碎砖三合土垫层、炉渣垫层、细石混凝土垫层、面层，如图 1-3-4 所示。

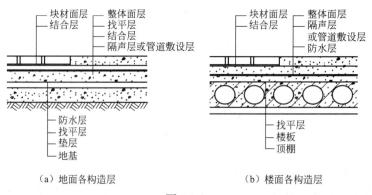

(a) 地面各构造层 　　　　　　(b) 楼面各构造层

图 1-3-4

7）门窗工程一般看门窗表和平面图、剖面图，按门窗名称、种类不同分别列项，如图 1-3-5 所示。

门窗数量及门窗规格一览表

编号	名称	规格尺寸 /mm		数量					备注
		宽	高	一层	二层	三层	四层	总计	
M3021	玻璃门	3000	2100	1				1	详见立面
M1021	夹板门	1000	2100	20	20	20	20	80	详见立面
C0924	塑钢窗	900	2400	4	4	4	4	16	详见立面
C1524	塑钢窗	1500	2400	4	4	4	4	16	详见立面
C1818	塑钢窗	1800	1800	4	4	4	4	16	详见立面
C2424	塑钢窗	2400	2400	4	4	4	4	16	详见立面

图 1-3-5

8）装饰工程一般分为内墙、外墙、天棚和一些其他部位，同样按部位、按层次分别列项计算。

9）措施项目一般分为模板工程（可在计算梁板柱等混凝土构件时计算，也可在措施项目中单独列项）、脚手架工程、垂直运输、建筑物超高费、大型机械安拆及场外运输、井点降水等，如图 1-3-6 所示。

图 1-3-6

复习思考题

1. 什么是工程量？工程量的计算原则、计算规律是什么？
2. 统筹法计算工程量的基本要点是什么？
3. 什么是三线一面？四线两面？计算公式分别是什么？
4. 分项工程列项的步骤是什么？

习 题

1. 按下图计算三线一面：

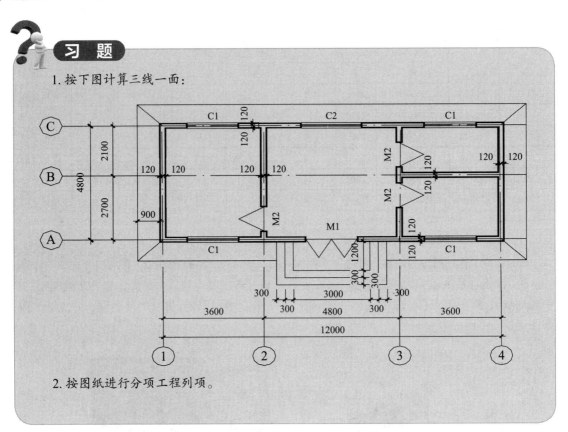

2. 按图纸进行分项工程列项。

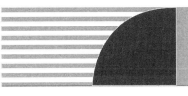

土石方工程

(1) 了解土石方工程应计算的项目；
(2) 熟悉土石方工程量的计算规则；
(3) 正确计算土石方的工程量。

一、土石方工程主要包括项目

土石方工程主要包括项目如图 1-4-1 所示。

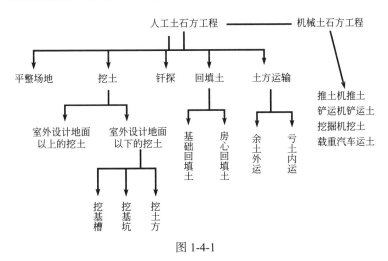

图 1-4-1

二、计算土石方工程量前应确定的资料

(1) 土石方工程土壤及岩石类别的划分，依工程勘测资料与"土壤及岩石（普氏）分类表"对照后确定，见表 1-4-1 和表 1-4-2；

表 1-4-1 土壤分类表

土壤分类	土壤名称	开挖方法
一、二类土	粉土、砂土（粉砂、细砂、中砂、粗砂、砾砂）、粉质黏土、弱中盐渍土、软土（淤泥质土、泥炭、泥炭质土）、软塑红黏土、冲填土	用锹、少许用镐、条锄开挖。机械能全部直接铲挖满载者
三类土	黏土、碎石土（圆砾、角砾）混合土、可塑红黏土、硬塑红黏土、强盐渍土、素填土、压实填土	主要用镐、条锄，少许用锹开挖。机械需部分刨松方能铲挖满载者或可直接铲挖但不能满载者
四类土	碎石土（卵石、碎石、漂石、块石）、坚硬红黏土、超盐渍土、杂填土	全部用镐、条锄挖掘，少许用撬棍挖掘。机械需普遍刨松方能铲挖满载者

表 1-4-2 岩石分类表

岩石分类		代表性岩石	开挖方法
极软岩		1. 全风化的各种岩石 2. 各种半成岩	部分用手凿工具、部分用爆破法开挖
软岩石	软岩	1. 强风化的坚硬岩或较硬岩 2. 中等风化——强风化的较软岩 3. 未风化——微风化的页岩、泥岩、泥质砂岩等	用风镐和爆破法开挖
	较软岩	1. 中等风化——强风化的坚硬岩或较硬岩 2. 未风化——微风化的凝灰岩、千枚岩、泥灰岩、砂质泥岩等	用爆破法开挖
硬质岩	较硬岩	1. 微风化坚硬岩 2. 未风化——微风化的大理岩、板岩、石灰岩、白云岩、钙质砂岩等	用爆破法开挖
	坚硬岩	未风化——微风化的花岗岩、闪长岩、辉绿岩、玄武岩、安山岩、片麻岩、石英岩、石英砂岩、硅质砂岩、硅质石灰岩等	用爆破法开挖

（2）地下水位标高及排（降）水方法；
（3）土方、沟槽、基坑挖（填）起止标高、施工方法及运距；
（4）岩石开凿、爆破方法、石渣清运方法及运距；
（5）其他有关资料。

三、土方工程的计算顺序

统筹法中，一般先计算平整场地、挖土方，然后计算垫层、基础、基梁等室外地坪以下埋设物，再计算回填土、土石方运输等。

任务 1　平整场地的计算

一、任务说明

（1）掌握平整场地工程量计算规则；
（2）正确计算平整场地工程量。

二、任务分析

1. 平整场地的概念

平整场地就是在土方开挖前，对施工场地高低不平的部位进行平整工作。

平整场地：厚度不大于 ±0.3m 的土方就地挖、填、运、找平，如图 1-4-2 所示。
竖向布置：厚度大于 ±0.3m 的土方挖、填、运、找平。

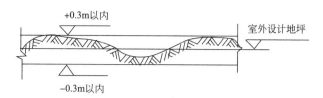

图 1-4-2

2. 平整场地工程量的计算

平整场地的工程量清单和定额是一致的，计量单位：m²。

（1）清单计算规则见表 1-4-3。

表 1-4-3 平整场地清单工程量计算规则

项目编码	项目名称	项目特征	计量单位	工程量计算规则	工程内容
10101001	平整场地	土壤类别	m²	按设计图示尺寸，以建筑物首层面积计算	1. 土方挖填 2. 场地找平 3. 场地内运输

（2）定额计算规则：按图示尺寸以建筑物首层建筑面积和构筑物地面投影面积计算。

公式：平整场地 $S = L \times B$

三、任务实施

计算图 1-4-3 平整场地工程量。

平整场地的计算看一层平面图，找到外墙外边线的长和宽。

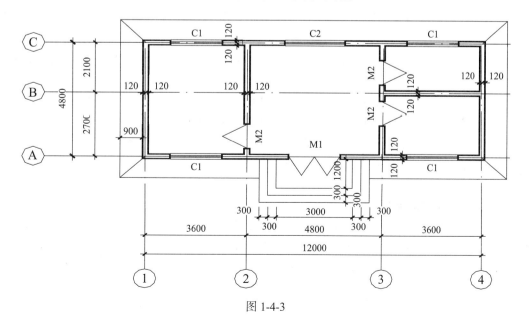

图 1-4-3

四、任务结果

平整场地工程量＝（12+0.12×2）×（4.8+0.12×2）=61.69（m²）

任务2　土方开挖工程量的计算

一、任务说明

（1）掌握土方开挖工程量计算规则；
（2）正确计算土方开挖工程量。

二、任务分析

1. 土方开挖的分类

土方开挖包括人工或机械挖沟槽、挖基坑、挖土方三种。

挖沟槽、挖基坑与挖土方的划分，如图1-4-4所示。

挖沟槽——凡槽底宽度在7m以内，且槽长是宽度的3倍以上的土方。

挖基坑——凡槽底宽度在7m以内，且槽长是宽度的3倍以下的土方。

挖土方——超出沟槽和基坑范围以外的土方。

图 1-4-4

2. 土方与基础的关系

土方开挖的形状与基础类型、基础尺寸、开挖方式、土壤放坡系数、工作面宽度等多个因素相关。

内容包括带形基础、独立基础、满堂基础（包括地下室基础）、设备基础、人工挖孔桩等的挖土方。

带型、条型基础：土方开挖呈条状。土方一般套用挖沟槽。

独立基础：土方开挖呈方形土坑状。土方一般套用挖基坑。

筏板基础：土方开挖面积大，大面积开挖。

箱形基础：面积大、深度深、土方工程量大。

如果是整体大开挖套用挖土方。

3. 土方开挖的计算参数

（1）工作面：根据基础施工的需要，挖土时按基础垫层的双向尺寸向周边放出一定范围的操作面积，作为工人施工时的操作空间，这个单边放出的宽度，就称为工作面，用C表示，如图1-4-5所示。基础施工所需工作面的宽度见表1-4-4。

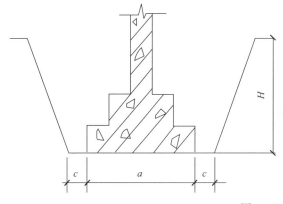 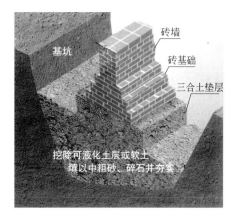

图 1-4-5

表 1-4-4 基础施工所需工作面宽度计算表

基础工程使用的材料	基础底宽每边各增加工作面宽度 /m
砖基础	0.2
浆砌毛石、条石基础	0.15
混凝土基础垫层支模板	0.3
混凝土基础支模板	0.3
基础垂直面做防水层	1（防水面层）

（2）土方边坡与土壁支撑。在基坑开挖时，当基坑较深、地质条件不好时，要采取加固措施，以确保安全施工，常采用放坡、支护来保持土壁稳定，如图 1-4-6 所示。

图 1-4-6 放坡　　　　　　　　图 1-4-7 支护

1）放坡：放坡是施工中常用的一种措施，为防止沟槽或基坑侧壁坍塌，当土方开挖超过一定深度后，将上口开挖宽度增大，将土壁做成一定坡度的斜坡，称为放坡，见图 1-4-7。

土方边坡的坡度用坡度系数表示：坡度系数 $K=B/H$，如图 1-4-8 所示。

坡度系数与土壤类别和挖土深度、施工方法相关。

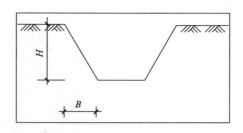

图 1-4-8

计算挖沟槽、基坑、土方工程量需放坡时,放坡系数按表 1-4-5 的规定计算。

表 1-4-5 放坡系数表

土壤类别	放坡起点/m	人工挖土	机械挖土	
			在坑内作业	在坑上作业
一、二类土	1.20	1:0.5	1:0.33	1:0.75
三类土	1.50	1:0.33	1:0.25	1:0.67
四类土	2.00	1:0.25	1:0.10	1:0.33

注:沟槽、基坑中土壤类别不同时,分别按其放坡起点、放坡系数,依不同土壤厚度加权平均计算。

2)支挡土板:土方开挖为避免土方量过大或受到施工现场的限制时,可以采取支护方法,浅基础开挖采用设挡土板即土壁支撑的支护方式之一,如图 1-4-9 所示。

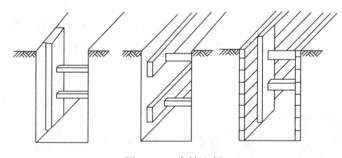

图 1-4-9 支挡土板

挖沟槽、基坑需支挡土板时,其宽度按图示沟槽、基坑底宽单面加 10cm,双面加 20cm 计算。挡土板面积按槽、坑垂直支撑面积计算,支挡土板后,不得再计算放坡。

4. 土方开挖工程量计算规则

(1)清单工程量计算规则见表 1-4-6。

表 1-4-6 土方开挖清单工程量计算规则

项目编码	项目名称	项目特征	计量单位	工程量计算规则	工作内容
010101002	挖一般土方	1. 土壤类别 2. 挖土深度 3. 弃土运距	m³	按设计图示尺寸以体积计算	1. 排地表水 2. 土方开挖 3. 围护(挡土板)及拆除 4. 基底钎探 5. 运输
010101003	挖沟槽土方			按设计图示尺寸以基础垫层底面积乘以挖土深度计算	
010101004	挖基坑土方				

续表

项目编码	项目名称	项目特征	计量单位	工程量计算规则	工作内容
010101005	冻土开挖	1. 冻土厚度 2. 弃土运距	m³	按设计图示尺寸开挖面积乘厚度以体积计	1. 爆破 2. 开挖 3. 清理 4. 运输
010101006	挖淤泥、流砂	1. 挖掘深度 2. 弃淤泥、流砂距离		按设计图示位置、界限以体积计算	1. 开挖 2. 运输

（2）定额工程量计算规则：

1）挖一般土方按设计图示尺寸考虑工作面、放坡系数和挖土深度以挖掘前的天然密度实体积计算。

2）挖沟槽、基坑土方按设计图示尺寸以基础底面积考虑工作面、放坡系数和挖土深度以天然密度实体积计算。

3）冻土开挖按设计图示尺寸开挖面积乘以厚度以天然冻土体积计算。

4）挖淤泥、流砂按设计图示位置、界限以天然形态体积计算。

5）管沟土方按设计图示尺寸以管底垫层或管外径（无管底垫层）考虑工作面、放坡系数和挖土深度乘管道中心线长度（不扣除各类井的长度）以天然密实体积计算，井的土方并入。

6）一般挖土深度以设计室外地坪标高为准计算，地下室墙基沟槽以地下室挖土底面标高为准计算，管沟挖土深度按自然地坪平均标高至管沟地面平均标高计。

注：计算放坡时，在交接处的重复工程量不予扣除，原槽、坑作基础垫层时，放坡自垫层上表面开始计算。挖冻土不计算放坡。

挖土方体积均以挖掘前的天然密实体积为准计算。如遇有必须以天然密实体积折算时，可按表 1-4-7 所列数值换算。

表 1-4-7 土方体积换算表

虚方体积	天然密实度体积	夯实后体积	松填体积
1.00	0.77	0.67	0.83
1.30	1.00	0.87	1.08
1.50	1.15	1.00	1.25
1.20	0.92	0.80	1.00

三、任务实施

1. 挖沟槽工程量的计算

（1）挖沟槽计算公式：按沟槽的横截面面积 × 槽长，以 m³ 计算。

1）不放坡和不支挡土板（图 1-4-10）：

$$V = (B+2C) \times H \times L$$

2）由垫层下表面放坡（图 1-4-11）：

$$V = (B+2C+KH) \times H \times L$$

3）由垫层上表面放坡（图 1-4-12）：

$$V = B \times H_1 L + (B+KH_2) \times H_2 \times L$$

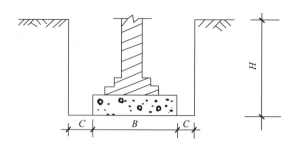

图 1-4-10 不放坡和不支挡土板

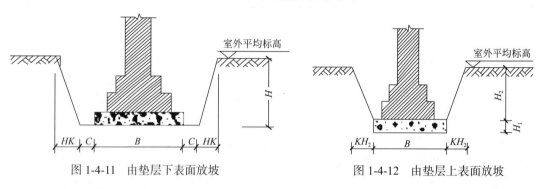

图 1-4-11 由垫层下表面放坡　　　图 1-4-12 由垫层上表面放坡

4）支双面挡土板（图 1-4-13）：

$$V = (B+2C+0.2) \times H \times L$$

5）支单面挡土板，一面放坡（图 1-4-14）：

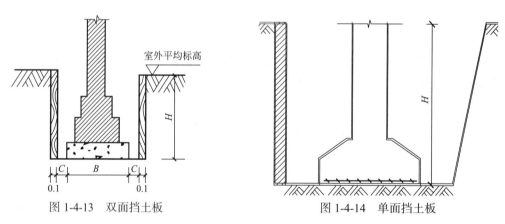

图 1-4-13 双面挡土板　　　图 1-4-14 单面挡土板

$$V = (B+2C+0.1) \times H + 0.5KH^2 \times L$$

式中　V——地槽挖土体积；

　　　B——垫层底面宽度；

　　　C——工作面宽度，按施工组织设计规定计算，如无规定，可按表 1-4-4 取值；

　　　H——挖土深度，以室外设计地坪为计算起点，沟槽底面至设计室外地坪；

　　　H_1——垫层厚度；

　　　H_2——室外设计地坪至基础底面高度；

　　　L——地槽长度，其长度的计算：外墙按图示尺寸的中心线长；内墙按图示基础底面之间净长度计算；

　　　K——放坡系数，见表 1-4-5；

0.2——两侧挡土板的厚度；

0.1——一侧挡土板的厚度。

挖沟槽的平面图示例如图1-4-15所示。

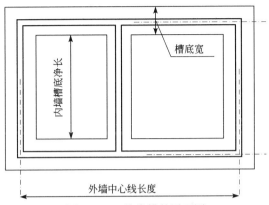

图1-4-15 挖沟槽的平面图

（2）挖沟槽的计算实例：某建筑基础平面、剖面图如图1-4-16所示，计算挖沟槽工程量。

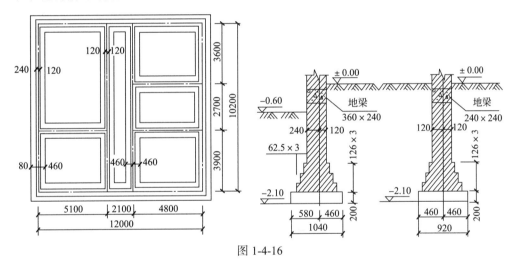

图1-4-16

解：① 基数计算

$L_{外} = (11.88+10.38) \times 2 = 44.52$（m）

$L_{中} = 44.52 - 4 \times 0.36 = 43.08$（m）

$L_{内} = (4.8 - 0.12 \times 2) \times 4 + (9.9 - 0.12 \times 2) \times 2 = 37.56$（m）

$S_{底} = 11.88 \times 10.38 = 123.31$（m²）

② 工程量计算

挖沟槽：$V = (B+2C) \times H \times L$

外墙挖沟槽：$V_{外} = (1.0+2 \times 0.3) \times 1.1 \times 43.08 = 75.82$（m³）

内墙挖沟槽净长：

$L_{净} = (9.9 - 0.44 \times 2 - 0.3 \times 2) \times 2 + (4.8 - 0.44 - 0.45 - 0.3 \times 2) \times 4 = 16.84 + 13.24 = 30.08$（m）

内墙挖沟槽 $V_{内} = (0.9+0.3 \times 2) \times 1.1 \times 30.08 = 49.63$（m³）

挖沟槽工程量共计125.45m³。

2. 挖基坑（挖土方）的工程量

挖土方按设计图示尺寸考虑工作面、放坡系数和挖土深度，以天然密实体积计算。

（1）挖基坑（土方）计算公式：

1）自垫层下表面放坡：$V = (A+2C+KH) \times (B+2C+KH) \times H + 1/3 K^2 H^3$

2）自垫层上表面放坡：$V = (A_1+2C+KH_2) \times (B_1+2C+KH_2) \times H_2 + 1/3 K^2 H^3_2 + AB H_1$

3）不放坡、不支挡土板：方形和长方形 $V = (A+2C)(B+2C) \times H$

注：A、B ——垫层的长和宽；

A_1、B_1 ——基底的长和宽；

C ——工作面；

H ——挖土深度；

H_1 ——垫层厚；

H_2 ——室外地坪至垫层上表面高；

K ——放坡系数。

挖基坑的示意图和实景图如图 1-4-17 和图 1-4-18 所示。

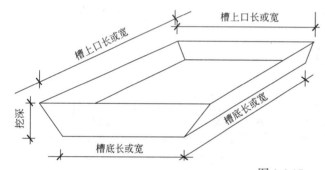

图 1-4-17

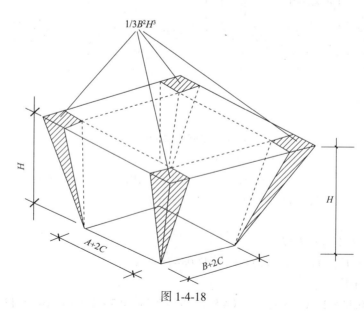

图 1-4-18

（2）挖基坑的计算实例：如图 1-4-19 所示，室外地坪 −0.3m，共 10 个基坑，计算挖基坑的土方工程量。

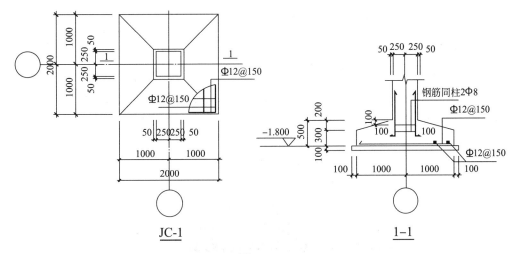

JC-1   1—1

图 1-4-19

解：基坑挖土深度 1.8+0.1－0.3=1.6（m），应放坡，K=0.33；工作面：C=300。

自垫层上表面放坡：$V = (A_1+2C+KH_2) \times (B_1+2C+KH_2) \times H_2+1/3K^2H_2^3+AB H_1$

=（2+2×0.3+0.33×1.5）×（2+2×0.3+0.33×1.5）×1.5+1/3×0.33²×1.5³+2.2×2.2×0.1

=14.98（m³）

因为共 10 个基坑，所以土方工程量为 14.98×10=149.8（m³）。

3. 机械挖土方

按施工组织设计规定计算工程量，施工组织设计无规定，均按下列规定计算：大开挖土方：按机械 98%，人工 2%；非大开挖：按机械 95%，人工 5% 计算。

机械挖土方中的人工挖土部分按相应定额项目人工乘以系数 2。

4. 碾压工程量的计算

建筑场地原土碾压以面积计算，填土碾压按图示填土厚度以体积计算。

5. 石方工程

（1）人工凿岩石，区别石质按设计图示尺寸以立方米计算。

（2）爆破岩石，区别石质按设计按图示尺寸以立方米计算，其沟槽、基坑深度、宽度允许超挖量：次坚岩 0.2m；特坚岩 0.15m。超挖部分岩石并入岩石挖方量内计算。

（3）预裂爆破按设计图示以钻孔总长度计算。

6. 人工挖孔桩挖土、石方工程

（1）按桩长乘以设计截面面积（含护壁）以体积计算。

（2）挖淤泥流砂层按该层实际厚度乘以设计截面面积以体积计算。

（3）扩大头预算工程量按图示尺寸以体积计算，结算按实际体积计算。

任务 3　回填土、土方运输工程量计算

一、任务说明

（1）掌握回填土、土方运输工程量计算规则；

（2）正确计算回填土、土方运输工程量。

二、任务分析

1. 回填土工程量的计算

（1）回填土的分类：回填土按回填部位不同分为基础回填土、房心回填土、管道回填土和场地回填土，如图1-4-20所示。

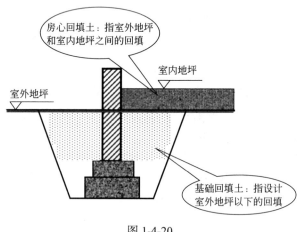

图 1-4-20

1）基础回填土。基础回填土是指基础工程完工后，将槽、坑四周未做基础部分进行回填至室外设计标高。基础回填土指设计室外地坪以下的土方回填。

2）室内回填土（房心回填土）。室内回填土（房心回填土）是指由室外设计地坪填至室内地坪垫层地面标高的夯填土。

房心回填土与基础回填土的划分：室内外高差在0.6m以内时，以室外地坪标为界；室内外高差超过0.6m以外时，以-0.600m标高为界，以上为房心回填土，以下为基础回填土。

（2）回填土工程量计算：

1）回填土体积均以回填后的夯实土或松填土体积为准计算。

2）沟槽、基坑回填土，以挖方体积减去设计室外地坪以下埋设砌筑物（包括基础垫层、基础等）体积计算。

$$V = V_{挖土} - V_{室外设计地坪以下被埋设的基础和垫层}$$

3）管道回填，以挖方体积减去管道所占体积计算。

$$V = V_{挖土} - V_{管道}$$

4）房心回填土，按主墙之间的面积乘以回填土厚度计算。

$$V = 室内净面积 \times (室内外高差 - 面层厚 - 垫层厚 - 找平层厚)$$

$$室内净面积 = (底层建筑面积 - 主墙所占面积)$$

$$= S_{底} - (L_{中} \times 外墙厚度 + L_{内} \times 内墙厚度)$$

5）场地回填以回填面积乘以回填平均厚度计算。

$$V = 回填土面积 \times 平均厚度$$

2. 土石方运输工程

（1）土方开挖后，把不能用于回填或用于回填后多余的土运至指定地点，称为余土外运；或是所挖土方量不能满足回填土的用量，需从购土地点将外购土运到现场，称为取土运输。

（2）土石方运输工程量的计算：

1）场内余土外运体积按以下计算式计算：

余土外运体积 = 挖土体积 – 回填土体积 / 夯（松）填系数（0.87/1.08）

2）场外取土内运体积按以下计算式计算：

场外取土体积 = 回填土体积 – 挖土体积 × 夯（松）填系数（0.87/1.08）

挖土体积 = 所有挖土体积之和。

回填土体积 = 基础回填土 + 室内回填土 + 其他零星回填土

三、任务实施

按图 1-4-21 计算工程量：已知设计室外地坪以下垫层体积 2.86m³，砖基础体积 15.85m³。① 基数计算；② 平整场地；③ 人工挖沟槽，垫层下表面放坡，二类土；④ 基础回填土；⑤ 室内回填土；⑥ 土方运输。

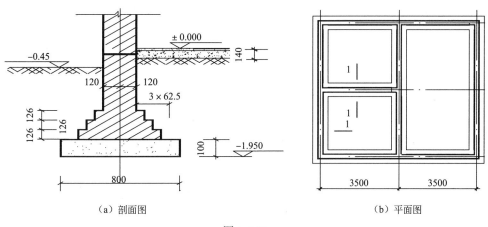

（a）剖面图　　　　　　（b）平面图

图 1-4-21

四、任务结果

1. 基数计算：$L_{外}$ = [（3.5+3.5+0.12×2）+（3.3+3.3+0.12×2）]×2 = 28.16（m）

$L_{中}$ = $L_{外}$ – 4×0.24 = 27.2（m）

$L_{内}$ = （3.5 – 0.24）+（6.6 – 0.24）= 9.62（m）

$L_{净}$ = （3.5 – 0.8）+（6.6 – 0.8）= 8.5（m）

$S_{底}$ = （3.5+3.5+0.12×2）×（3.3+3.3+0.12×2）= 49.52（m²）

$S_{房}$ = $S_{底}$ – （$L_{中}$+$L_{内}$）×0.24 = 49.52 – （27.2+9.62）×0.24 = 40.68（m²）

2. 平整场地：首层建筑面积：$S_{底}$ = 49.52（m²）

3. 人工挖沟槽：二类土，挖土深度 = 1.95 – 0.45 = 1.5（m），需要放坡，坡度系数 K = 0.5，垫层下表面放坡：$(B+2C+KH)H(L_{中}+L_{净})$

　　= （0.8+2×0.3+0.5×1.5）×1.5×（27.2+8.5）= 115.13（m³）

4. 基础回填土：$V = V_{挖土} – V_{室外设计地坪以下被埋设的基础和垫层}$

$$=115.13-2.86-15.8=96.47 (m^3)$$

5. 室内回填土：$S_{房}$×（室内外高差-地坪厚）=40.68×（0.45-0.14）=12.61（m³）
6. 土方运输：土方运输体积＝挖土体积－回填土体积÷夯填系数

$$=115.13-（96.47+12.61）÷0.87=-10.25（m^3）$$

复习思考题

1. 简述平整场地的概念与工程量的计算。
2. 简述人工挖沟槽、基坑、土方的区别，计算公式分别是什么？
3. 回填土包括哪几类？如何计算？
4. 土方运输的计算公式是什么？

实训三

1. 实训目的

通过多层框架结构建筑物土方工程量计算实例，掌握土石方工程量的计算规则、计算方法与流程，使学生能够熟练按图纸计算土石方工程量。

2. 实训任务

根据计量与计价实战教程中给定的图纸，完成以下工程量计算。

1）计算综合楼和一号办公楼的挖基坑和挖沟槽的工程量；
2）计算综合楼和一号办公楼的大开挖土方工程量；
3）教师给定垫层、基础工程量，学生计算综合楼和一号办公楼的基础回填土和室内回填土的工程量；
4）计算土石方运输工程量。

3. 实训流程

1）任务书的下发；
2）学生分组，按图纸计算，教师答疑；
3）学生自评、小组互评与教师评价；
4）任务成果的修改与上交。

4. 实训要求

1）学生在教师的指导下，独立完成各训练项目；
2）工程量计算正确，项目内容完整；
3）提交统一规定的工程量计算书。

基础工程

 学习目标

(1) 了解基础的类型与构成;
(2) 熟悉各种基础工程量计算规则;
(3) 各种基础工程量计算规则;
(4) 正确计算基础项目工程量。

 知识储备

基础指的是工程结构物地面以下的部分结构构件,它承受建筑物的全部荷载,用来将上部结构荷载传给地基,是房屋的重要组成部分。基础工程包括基础垫层、基础等,如图 1-5-1 所示。

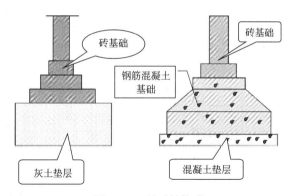

图 1-5-1 基础的构成

基础按构造形式可分为(带型)条形基础、独立基础、满堂基础和桩基础。满堂基础又分为筏形基础和箱形基础。

基础按受力性能可分为刚性基础和柔性基础。

条形(带形)基础——材料一般为砖石、混凝土或钢筋混凝土。

独立基础——材料一般为钢筋混凝土。

满堂基础——材料一般为钢筋混凝土。

桩基础——材料一般为钢筋混凝土,也有砂石桩、钢板桩等。

任务 1　基础垫层工程量计算

一、任务说明

(1)掌握基础垫层的工程量计算规则;
(2)正确计算基础垫层工程量。

二、任务分析

基础垫层是指承受并传递基础荷载至地基上的构造层。建筑工程中一般常用的基础垫层有灰土、砂、碎砖、混凝土钢筋混凝土等。

1. 垫层工程量计算规则

清单工程量与定额工程量计算规则见表 1-5-1。

表 1-5-1　垫层工程量计算规则

	计量单位	工程量计算规则
清单工程量	m^3	按设计图示尺寸以体积计算
定额工程量	m^3	按图示尺寸底面积乘以垫层厚以体积计算。

2. 垫层工程量计算公式

(1)条形(带型)基础垫层 = 垫层断面面积 × 垫层长
　　　　　　　　　　　= 垫层宽 × 垫层厚 × 垫层长

垫层长:外墙按外墙中心线,内墙按设计垫层净长线。

(2)独立(满堂)基础垫层 = 设计长度 × 设计宽度 × 设计厚度 × 个数。

三、任务实施

按图 1-5-2 求基础垫层:

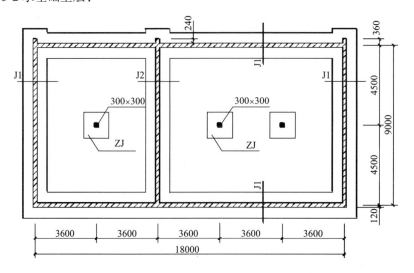

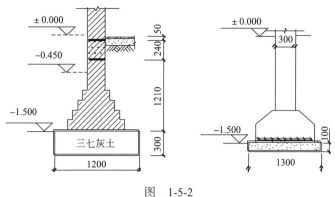

图 1-5-2

四、任务结果

解：（1）条形基础 3:7 灰土垫层：

$1.2 \times 0.3 \times \{[(9+1.8) \times 2+0.24 \times 3]+(9-1.2)\}=22.51$（m³）

（2）独立基础垫层：$1.3 \times 1.3 \times 0.1 \times 3=0.51$（m³）

任务2 砖基础工程量计算

一、任务说明

（1）掌握砖基础工程量计算规则；
（2）按图纸正确计算砖基础工程量。

二、任务分析

1. 基础与墙身的划分

（1）基础与墙身采用同一种材料时，以设计室内地面为界（有地下室的，以地下室室内设计地面为界），以下为基础，以上为墙身，如图 1-5-3（a）和图 1-5-3（b）所示。

（2）基础与墙身使用不同材料时，若两种材料的交界处在设计室内地面 ±300mm 以内时，以交界处为分界线，若超过 ±300mm 时，以设计室内地面为分界线，如图 1-5-3（c）所示。

（3）砖、石围墙，以设计室外地坪为界，以下为基础，以上为墙身。

2. 砖石基础工程量的计算

（1）砖石基础工程量计算规则：砖石基础工程量清单和定额工程量计算规则一致。

砖基础工程量计算规则：按设计图示尺寸以体积计算。包括附墙垛基础宽出部分体积，扣除地梁（圈梁）、构造柱所占体积，不扣除基础大放脚T形接头处的重叠部分以及嵌入基础的钢筋、铁件、管道、基础防潮层和单个面积在 0.3m² 以内孔洞所占体积，靠墙暖气沟的挑砖不增加。

（2）砖石基础工程量计算公式：

砖石基础工程量 = 基础断面面积 × 基础长度

计算公式：$V = S_{外墙基础断面} \times L_{中} + S_{内墙基础断面} \times L_{内} - V_{扣除} + V_{增加}$

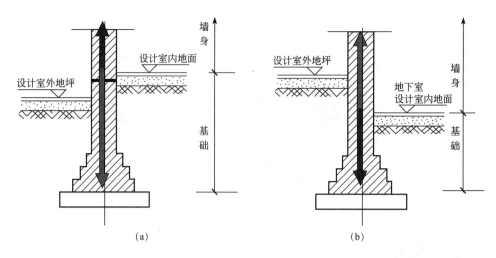

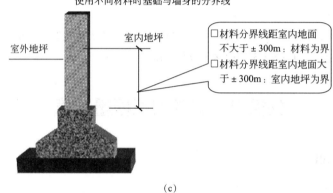

使用不同材料时基础与墙身的分界线

(c)

图1-5-3 基础与墙身的划分

1）基础断面面积 = 基础墙厚 ×（基础高度 + 折加高度）

或：基础断面面积 = 基础墙厚 × 基础高 + 大放脚增加断面面积

2）基础墙厚：见表1-5-2。

表1-5-2 基础墙厚表

砖数（厚度）	1/4砖	1/2砖	3/4砖	1砖	1.5砖	2砖	2.5砖	3砖
计算厚度/mm	53	115	180	240	365	490	615	740

3）砖基础折加高度、大放脚增加断面面积（图1-5-4和图1-5-5）通常查表得到，见表1-5-3。

表1-5-3 等高、不等高砖基础大放脚折加高度和大放脚增加断面积表

放脚层数	折加高度/m								增加断面/m²	
	1/2砖（0.115）		1砖（0.24）		1½砖（0.365）		2砖（0.49）			
	等高	不等高	等高	不等高	等高	不等高	等高	不等高	等高	不等高
一	0.137	0.137	0.066	0.066	0.043	0.043	0.032	0.032	0.0158	0.0158
二	0.411	0.342	0.197	0.164	0.129	0.108	0.096	0.08	0.0473	0.0394
三			0.394	0.328	0.259	0.216	0.193	0.161	0.0945	0.0788
四			0.656	0.525	0.432	0.345	0.321	0.253	0.1575	0.126
五			0.984	0.788	0.647	0.518	0.482	0.38	0.2363	0.189
六			1.378	1.083	0.906	0.712	0.672	0.53	0.3308	0.2599

续表

放脚层数	折加高度 /m								增加断面 /m²	
	1/2 砖（0.115）		1 砖（0.24）		1½ 砖（0.365）		2 砖（0.49）			
	等高	不等高	等高	不等高	等高	不等高	等高	不等高	等高	不等高
七			1.838	1.444	1.208	0.949	0.90	0.707	0.441	0.3465
八			2.363	1.838	1.553	1.208	1.157	0.90	0.567	0.4411
九			2.953	2.297	1.942	1.51	1.447	1.125	0.7088	0.5513
十			3.61	2.789	2.372	1.834	1.768	1.366	0.8663	0.6694

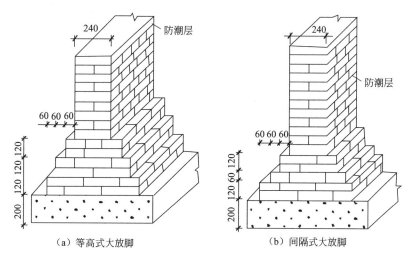

图 1-5-4　砖基础大放脚的两种形式

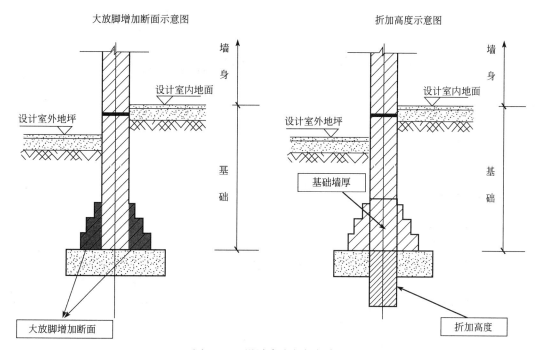

图 1-5-5　设计高度与折加高度

三、任务实施

计算图 1-5-6 砖基础工程量。

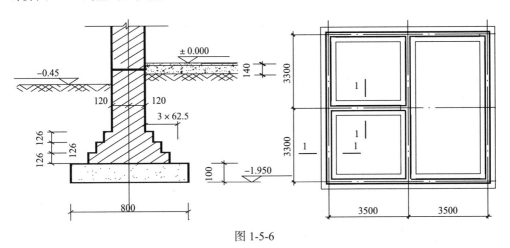

图 1-5-6

四、任务结果

解：砖基础的工程量计算公式：（基础高 + 折加高）× 基础墙厚 ×（$L_\text{中}$+$L_\text{内}$）

基础高：砖基础、砖墙，基础与墙身的分界线是室内地坪，基础高 =1.95 − 0.1=1.85（m）

折加高：三步大放脚，等高式，一砖墙，折加高 =0.394m

基础墙厚：0.24m

$$L_\text{中} = （3.5 \times 2+3.3 \times 2）\times 2=27.2（m）$$

$$L_\text{内} = （3.3 \times 2 - 0.24）+（3.5 - 0.24）=9.62（m）$$

砖基础工程量 =（1.85+0.394）× 0.24 ×（27.2+9.62）=19.83（m³）

任务 3 带形混凝土基础工程量计算

一、任务说明

（1）掌握带形混凝土基础工程量计算规则；

（2）按图纸正确计算带形混凝土基础工程量。

二、任务分析

1. 带形混凝土基础的形状

带形混凝土基础其外形呈长条状（图 1-5-7），断面形式一般有梯形、阶梯形和矩形等，如图 1-5-8 所示。带形基础可分为有梁式带形基础和无梁式带形基础。

2. 带形混凝土基础工程量计算规则

清单工程量：按设计图示尺寸以体积计算。

定额工程量：现浇建筑物混凝土除另有规定外，均按设计图示尺寸以体积计算，不扣除钢筋、预埋铁件、螺栓，不扣除

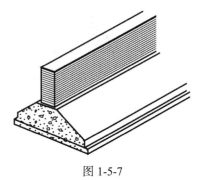

图 1-5-7

伸入承台基础的桩头所占的体积，不扣除单个面积不大于 $0.3m^2$ 的柱、垛以及孔洞所占体积。

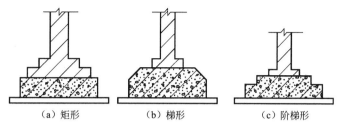

图 1-5-8 带形基础

3. 带形混凝土基础计算公式

带形混凝土基础体积可按断面面积乘以计算长度计算：

其计算公式表达为：$V = S \times L$

其中：①断面面积（S）：按图示尺寸计算；

②计算长度（L）：外墙取外墙中心线长度，内墙取基础净长线长度。

（1）断面为矩形：如图 1-5-8（a）所示，断面面积 S 计算式为：

$$S = B \times h$$

式中　B——基底宽度；

　　　h——基础高度。

外墙长取外墙中心线长（$L_{中}$），内墙取基础底面之间净长度（$L_{内基底净}$），则外墙带形基础体积为：

$$V_{外} = S \times L_{中} = B \times h \times L_{中}$$

内墙带形基础体积为：

$$V_{内} = S \times L_{内基底净} = B \times h \times L_{内基底净}$$

（2）断面为锥形：如图 1-5-8（b）所示，断面面积 S 计算式为：

$$S = S_1 + S_2 = B \times h_1 + (B+b) \times h_2 / 2$$

式中　h_1——矩形部分高度；

　　　h_2——梯形部分高度；

　　　B——基底宽度；

　　　b——基顶宽度。

（3）断面为带肋锥形：有肋带形混凝土基础，肋高宽比不大于 4∶1 的，按有肋带形基础计算；肋高宽比大于 4∶1 的，其基础底板按板式基础计算，以上部分按墙相应定额项目计算。

如图 1-5-9 所示。

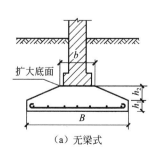
（a）无梁式

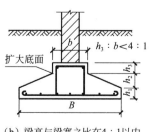
（b）梁高与梁宽之比在4∶1以内

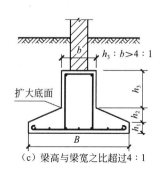
（c）梁高与梁宽之比超过4∶1

图 1-5-9

断面面积 S 计算式为：

当肋高与肋宽之比在 4∶1 以内：$S=S_1+S_2+S_3=B \times h_1+1/2(b+B) \times h_2+b \times h_3$

当肋高与肋宽之比在 4∶1 以外：$S=S_1+S_2=B \times h_1+1/2(b+B) \times h_2$

式中　h_1——矩形部分高度；

　　　h_2——梯形部分高度；

　　　B——基底宽度；

　　　b——基顶宽度。

三、任务实施

带形基础如图 1-5-10 所示，试计算混凝土工程量。

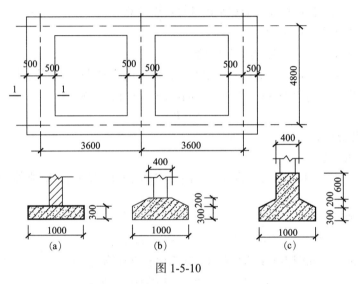

图 1-5-10

四、任务结果

解：带型基础混凝土工程量计算公式 = 断面面积 × 基础长

（1）断面面积：$S_a=1 \times 0.3=0.3$（m²）

　　　　　　　$S_b=1 \times 0.3+(1+0.4) \times 0.2=0.58$（m²）

　　　　　　　$S_c=1 \times 0.3+(1+0.4) \times 0.2+0.6 \times 0.4=0.82$（m²）

（2）基础长：外墙 $L_{中}=(3.6 \times 2+4.8) \times 2=24$（m）

　　　　　　　内墙 $L_{净}=4.8-0.5 \times 2=3.8$（m）

图（a）断面基础工程量 $=0.3 \times (24+3.8)=8.34$（m³）

图（b）断面基础工程量 $=0.58 \times (24+3.8)=16.12$（m³）

图（c）断面基础工程量 $=0.82 \times (24+3.8)=22.80$（m³）

任务 4　独立基础工程量计算

一、任务说明

（1）掌握独立基础工程量计算规则；

（2）按图纸正确计算独立基础工程量。

二、任务分析

1. 独立基础的形状

独立基础如图 1-5-11 所示，是指现浇钢筋混凝土柱下的单独基础。独立基础有阶梯形、四棱锥台形和杯形基础等，如图 1-5-12 所示。独立基础与柱现浇成一个整体，其分界以基础扩大顶面为界。

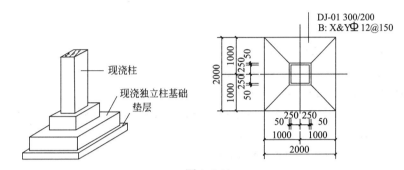

图 1-5-11

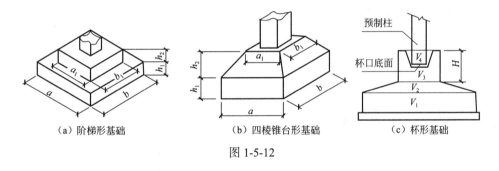

（a）阶梯形基础　　　（b）四棱锥台形基础　　　（c）杯形基础

图 1-5-12

2. 独立基础的工程量计算规则

按设计图示尺寸以体积计算。基础扩大面顶面以下部分的实体体积以单个体积乘以个数。

3. 独立基础工程量计算公式

（1）阶梯形基础：如图 1-5-12（a）所示，工程量可划分成几个规则立方体相加。计算公式：

$$V=abh_1+a_1b_1h_2$$

（2）四棱锥台形基础：如图 1-5-12(b) 所示，工程量为长方体体积加上四棱锥台形体积之和。计算公式：

$$V=abh_1+h_2/6[ab+(a+a_1)(b+b_1)+a_1b_1]$$

（3）杯形基础：如图 1-5-12（c）所示，工程量为下部长方体体积加上中间四棱台体积，再加上上部短柱体积，再减掉杯口空心体积。计算公式：

$$V=V_1+V_2+V_3-V_4$$

三、任务实施

1. 计算图 1-5-13 独立基础混凝土的工程量（10 个）。

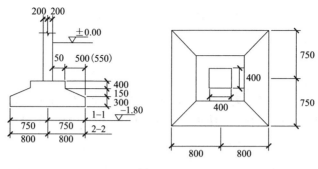

图 1-5-13

解：独立基础由三个立方体相加：
下部长方体体积 =1.6×1.5×0.3=0.72（m³）
中部棱台体积 = $h_2/6 \times [ab + (a+a_1)(b+b_1) + a_1b_1]$
= 0.15/6 × [1.6×1.5 + (1.6+0.5)×(1.5+0.5)+ 0.5×0.5]
=0.17（m³）
上部长方体体积 =0.5×0.5×0.4=0.1（m³）
独立基础工程量 $V=V_1+V_2+V_3$=0.72+0.17+0.1=0.99（m³）
10 个基础 =0.99×10=9.9（m³）

2. 计算图 1-5-14 杯形基础工程量

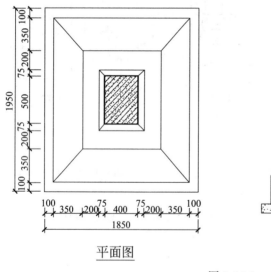
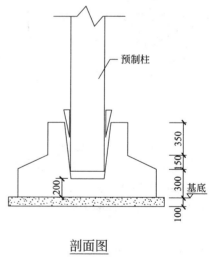

平面图　　　　　　　剖面图

图 1-5-14

解：工程量为下部长方体体积加上中间四棱台体积，再加上上部短柱体积再减掉杯口空心体积。

计算公式：$V=V_1+V_2+V_3-V_4$

V_1= 1.65×1.75×0.3=0.87（m³）
V_2= 0.15/6 × [1.65×1.75 + (1.65+0.95)×(1.75+1.05)+0.95×1.05]=0.2（m³）
V_3= 1.05×0.95×0.35=0.35（m³）
V_4= 0.6/6 × [1.05×0.95 + (1.05+0.65)×(0.95+0.55)+ 0.65×0.55]=0.46（m³）

V= 0.87+0.2+0.35 − 0.46=0.96（m³）

任务 5　满堂基础工程量的计算

一、任务说明

（1）掌握满堂基础工程量计算规则；
（2）正确计算满堂基础工程量。

二、任务分析

1. 满堂基础的概念

满堂基础又称筏形基础，是指由成片的钢筋混凝土板支撑着整个建筑物。这种基础适用于设有地下室或软弱地基及有特殊要求的建筑，满堂基础按构造可分为无梁式（板式）、有梁式（片筏式）和箱式满堂基础，如图 1-5-15 所示。

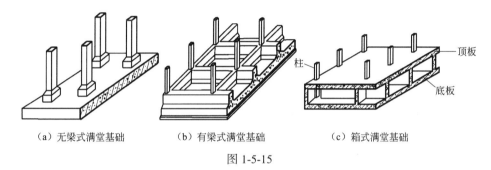

（a）无梁式满堂基础　　　（b）有梁式满堂基础　　　（c）箱式满堂基础

图 1-5-15

2. 满堂基础的工程量计算规则

（1）无梁式满堂基础相当于倒转的无梁楼板，其工程量按板的体积计算，套用无梁式满堂基础定额项目。如果有扩大或锥形柱脚（墩）时，其工程量并入板的体积内。

（2）有梁式满堂基础相当于倒置的肋形楼板或井字梁楼板，其工程量是把板和梁的工程量合并，以立方米为单位套用有梁式满堂基础定额项目。

（3）箱式满堂基础是上有顶盖、下有底板、中间有纵横墙板连接、四壁封闭的整体基础（混凝土地下室）。它应分别按无梁式满堂基础（底板）、柱、墙、梁、板的有关规定计算，分别套用相关定额项目。

3. 满堂基础的工程量计算公式

（1）无梁式满堂基础工程量：V= 基础底板 + 柱墩体积；
（2）有梁式满堂基础工程量：V= 基础底板体积 + 梁体积；
（3）箱式满堂基础应分别按无梁式满堂基础、墙、梁、板的有关规定套用相应定额项目计算。

任务 6　桩基础工程量计算

一、任务说明

（1）掌握桩基础工程量计算规则；

（2）正确计算桩基础工程量。

二、任务分析

1. 桩基础的概念

桩基础是用承台、承台梁把沉入土中的若干个单桩的顶部联系起来的一种基础。

2. 桩基础的分类

（1）桩基础由承台和桩身两部分组成，按承台位置高低分：高承台桩和低承台桩。

（2）桩基础分群桩基础与单桩基础，如图 1-5-16 所示。

（3）按桩体材料分：砂桩、木桩、灰土桩、碎石桩、混凝土桩、钢桩（钢管桩、钢板桩）等。

按施工方法分：预制桩——锤击沉法、静力压沉桩等；

灌注桩——人工挖孔桩、钻孔灌注桩、沉管灌注桩、复打混凝土灌注桩等。

（4）桩承台：桩承台分为带型桩承台和独立式桩承台两类，带型桩承台基础又叫承台梁，把单桩或独立式承台基础连接起来。独立式桩承台把群桩基础连接起来。

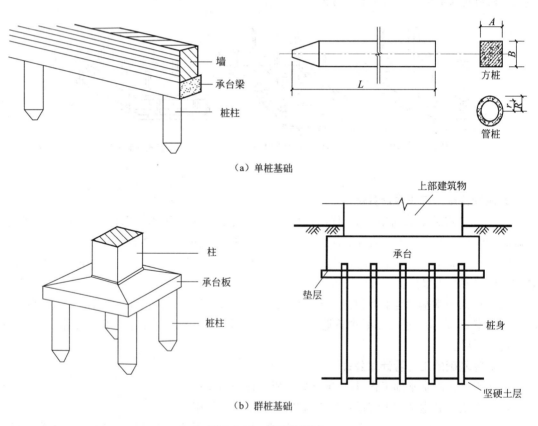

图 1-5-16 桩基的组成

三、任务实施

桩基础的工程量计算：

1. 承台

（1）承台的工程量计算规则：按设计图示尺寸以体积计算。不扣除深入承台基础的桩头所占体积。

（2）承台的工程量计算公式：

1）带型桩承台：DL

$$V_{承台} = S_{承台} \times L_{中} \quad 外墙$$

$$V_{承台} = S_{承台} \times L_{承台净长线} \quad 内墙$$

2）独立桩承台：$V = $ 单个体积 $\times$ 承台个数

【例1-5-1】计算图1-5-17桩基承台基础的混凝土工程量（30个）。

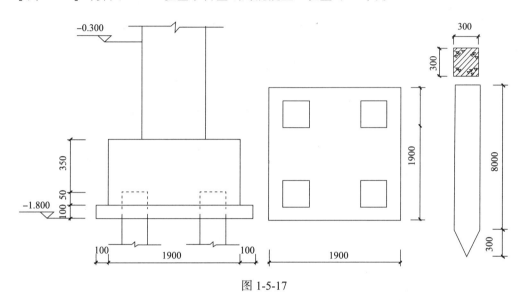

图1-5-17

解：承台基础工程量：

$$V_{承台} = 1.9 \times 1.9 \times (0.35+0.05) \times 30$$
$$= 43.32 \, (m^3)$$

2. 桩

（1）预制桩：预制桩应计算项目：①桩制作（桩混凝土、桩钢筋、模板）；②桩运输；③打桩（压桩）；④接桩；⑤送桩（桩头截断）；⑥凿桩头等。

1）桩制作：

①预制桩混凝土工程量计算规则：预制钢筋混凝土方桩制作、打桩、压桩及管桩制作，按设计桩截面积乘以桩长（包括桩尖）以实体积计算。预制钢筋混凝土管桩打桩、压桩，按设计桩截面积（包括空心部分）乘以桩长（包括桩尖）以体积计算。

②工程量计算公式：单桩体积乘以根数。

a. 方桩体积：

$$V = La^2$$

式中 L——设计全长，包括桩尖（不扣减桩尖虚体积）；
a——方桩边长。

b. 管桩体积：$V = \dfrac{1}{4}\pi d^2 L$（包括空心）；

式中 d——管桩直径。

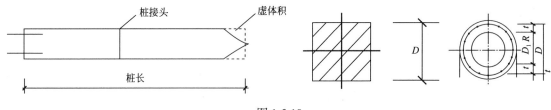

图 1-5-18

2）桩运输：工程量与桩制作相同。按构件长度不同分类套取定额。

3）打桩（压桩）：工程量与桩制作相同，按施工方法，采用机械，按打入深度不同，分别计算。

【例 1-5-2】某综合楼采用 $ZH_{30-7.5}$ 预制钢筋混凝土方桩，共 168 根，求桩制作、桩运输、打桩。

解：依题意，桩长 7.5m，桩边长 0.3m，查图集得桩尖长：0.35m。

预制钢筋混凝土桩制作：单桩体积乘以根数：

$$0.3 \times 0.3 \times (7.5+0.35) \times 168 = 0.71 \text{ (m}^3\text{)}$$

桩运输：同上，为 $0.71 m^3$

打桩：同上，为 $0.71 m^3$

4）接桩：当一根桩的长度达不到设计规定的深度，所以需要将预制桩一根一根的连接起来，继续向下打，直至打入设计的深度为止。将已打入的前一根桩顶端与后一根桩的下端相连接在一块的过程叫接桩。

定额按电焊接桩、硫磺胶泥锚接两种方法考虑，如图 1-5-19 所示。

工程量：电焊接桩：按设计要求以个计算；

硫磺胶泥接桩：按桩断面以平方米计算。

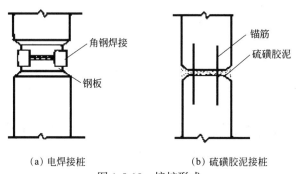

(a) 电焊接桩　　　　(b) 硫磺胶泥接桩

图 1-5-19　接桩形式

5）送桩：打桩过程中如果要求将桩顶面打到低于桩架操作平台以下，或打入自然地坪以下时，由于桩锤不能直接触击到桩头，就需要另用一根冲桩（送桩），放在桩头上，将桩锤的冲击力传给桩头，使桩打到设计位置，然后将送桩去掉，这个施工过程叫送桩，如图 1-5-20 所示。

① 送桩工程量计算规则：送桩按桩截面面积乘以送桩长度（即打桩架底至桩顶面高度或自桩顶面至自然地面另加 0.5m）计算。

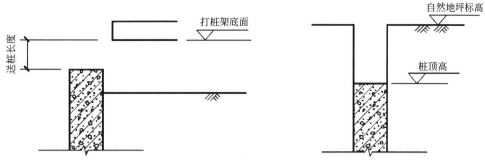

图 1-5-20 送桩

② 送桩工程量计算公式:

$$V=a^2 L_{送}$$

式中 a——桩边长;

$L_{送}$——送桩长度。

【例 1-5-3】按图 1-5-21 计算接桩、送桩工程量。

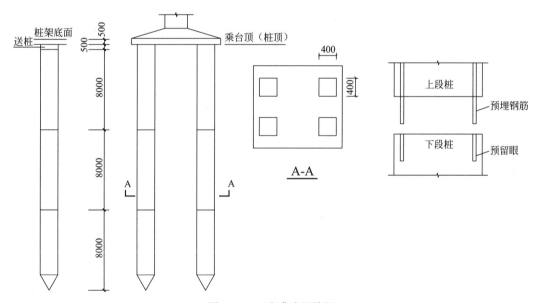

图 1-5-21 硫磺胶泥接桩

解:接桩工程量 $0.4 \times 0.4 \times 4 \times 2 = 1.28$ (m³)

送桩工程量 $0.4 \times 0.4 \times (0.5+0.5) \times 4 = 0.64$ (m³)

6)桩头截断按个计算,凿桩头按体积计算。

凿桩头:按设计桩截面乘以桩头长度以体积计算。桩头按凿桩头长度在 0.5m 以内考虑,桩头长度超过 0.5m 时,先执行截桩定额。

(2)灌注桩

1)打孔灌注桩,按下列规定计算:

① 砂桩、碎石桩的体积,按设计规定的桩长乘以设计桩径截面面积计算。

② 扩大桩的体积按单桩体积乘以次数计算。

③ 打孔先埋入预制混凝土桩尖，再灌注混凝土，灌注桩按设计长度（自桩尖顶面至桩顶面高度）乘以设计桩径截面面积计算，如图 1-5-22 所示。

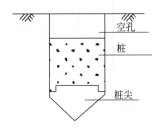

图 1-5-22　预制桩尖

2）钻孔灌注桩、震动沉管灌注桩、钻孔高压注浆桩按设计桩长加 0.25m，再乘以设计桩截面面积计算。

$$工程量\ V = (L_{桩} + 0.25) \times \pi D_{外}^2 / 4$$

3）灌注混凝土桩的钢筋笼制作根据设计规定，按钢筋混凝土章节相应项目以吨计算。

4）人工挖孔桩（图 1-5-23）：

① 挖孔桩灌注混凝土，按图示尺寸以立方米计算。有混凝土护壁的项目，定额分列了护壁混凝土和桩芯混凝土的含量，其强度等级与定额不符时，允许换算。

$$桩壁混凝土工程量 = L_{桩壁} \times \pi D_{外}^2 / 4$$
$$桩芯混凝土工程量 = L_{桩芯} \times \pi d_{内}^2 / 4$$

② 喷射砂浆护壁，按孔壁垂直投影面积以平方米计算。其桩孔灌注混凝土，使用无混凝土护壁项目。

$$工程量\ V = L_{桩} \times \pi D_{外}^2 / 4$$

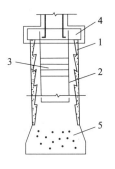

1—现浇混凝土护壁；
2—主筋；
3—箍筋；
4—桩帽；
5—灌注桩混凝土

图 1-5-23　人工挖孔桩

5）钻孔泥浆运输工程量，按钻孔体积计算。

6）旋喷桩按设计桩长（包括桩尖，不扣除桩尖虚体积）乘以桩截面面积计算。

7）喷粉桩按设计图示尺寸以桩长（包括桩尖）计算。

8）灌注桩要求复打时，按复打深度沉管外径尺寸以体积计算。

9）导墙土方量和混凝土量按施工组织设计以实体积计算。

10）地下连续墙成槽土方量和混凝土量按设计图示墙中心线长乘厚度乘槽深以体积计算。

11）地基强夯按设计图示处理范围以面积计算。

12）锚杆钻孔、灌浆按图示孔深计算，锚杆制作安装按图示重量计算。

13）土钉支护按图示重量计算。

14）喷射混凝土按图示支护面积计算。

复习思考题

1. 砖基础的工程量计算规则是什么？
2. 带形混凝土基础工程量的计算规则是什么？
3. 独立混凝土基础工程量计算规则是什么？
4. 桩基础的工程量计算规则是什么？
5. 桩承台的工程量计算规则是什么？

实训四

1. 实训目的

通过多层框架结构建筑物基础工程计算实例，掌握独立基础和桩基础工程量的计算方法和计算流程。使学生能够熟练按图纸计算土石方工程量。

2. 实训任务

根据计量与计价实战教程中给定的图纸，完成以下工程量计算。

1）计算综合楼的桩基础、桩承台和垫层的工程量；

2）计算一号办公楼的独立基础和基础垫层工程量。

3. 实训流程

1）任务书的下发；

2）学生分组，按图纸计算，教师答疑；

3）学生自评、小组互评与教师评价；

4）任务成果的修改与上交。

4. 实训要求

1）学生在教师的指导下，独立完成各训练项目；

2）工程量计算正确，项目内容完整；

3）提交统一规定的工程量计算书。

项目六

混凝土工程

 学习目标

（1）了解混凝土工程有哪些构件；
（2）正确识读结构施工图；
（3）掌握混凝土工程定额量与清单量的计算规则；
（4）按图纸正确计算混凝土各构件工程量。

 知识储备

混凝土及钢筋混凝土工程主要包括各种现浇和预制的柱、梁、板、楼梯、阳台、雨篷等以及预应力梁、板、屋架等分项工程。无论现浇、预制、预应力工程都是按"模板工程、钢筋工程、混凝土工程"三部分分别列项计算。

现浇构件混凝土工程量的计算：

现浇建筑物混凝土除另有规定外，均按设计图示尺寸以立方米计算，不扣除钢筋预埋铁件和螺栓，不扣除伸入承台基础的桩头所占体积，不扣除单个面积小于等于 $0.3m^2$ 的柱、垛以及孔洞所占体积。

预制构件混凝土工程量的计算：

预制混凝土构件制作、运输、安装工程量均按图示尺寸实体体积以立方米计算，不扣除构件内钢筋、铁件及小于 $0.3m \times 0.3m$ 以内孔洞面积。预制混凝土构件安装定额综合考虑了构件接头灌缝的因素。

任务1　柱混凝土工程量计算

一、任务说明

（1）掌握柱混凝土工程量计算规则；
（2）按图纸正确计算柱混凝土工程量。

二、任务分析

1. 柱混凝土工程量计算规则

现浇混凝土柱的工程量清单和定额一致,《计价定额》将现浇混凝土柱分为矩形柱（断面周长 1.2m 以内、1.8m 以内和 1.8m 以外）、圆形柱（直径 0.5m 以内、0.5m 以外）、异形柱和构造柱。应分开计算、分开套定额

柱混凝土工程量按图示断面面积乘以柱高以体积计算。

（1）有梁板的柱高（图 1-6-1），应自柱基上表面（或楼板上表面）至上一层楼板上表面之间的高度计算。

（2）无梁板的柱高（图 1-6-1），应自柱基上表面（或楼板上表面）至柱帽下表面之间的高度计算。

（3）框架柱（图 1-6-2）的柱高应自柱基上表面（或楼板上表面）至柱顶高度计算。

（4）构造柱（图 1-6-2）按全高计算，与砖墙嵌接部分的体积并入柱身体积内计算。

（5）依附柱上的牛腿和升板的柱帽，并入柱身体积内计算。

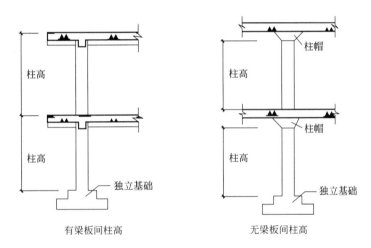

图 1-6-1　柱高的确定

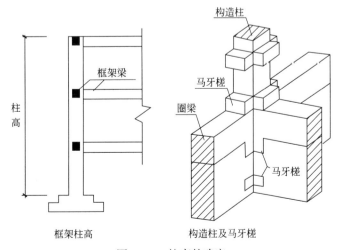

图 1-6-2　柱高的确定

2. 现浇混凝土柱工程量的计算公式

（1）框架柱：KZ1、KZ2…依次计算

$$V=a^2h \times n$$

式中 a——柱边长（在柱平面布置图中查找）；

　　 h——柱高；

　　 n——柱个数。

（2）构造柱：有榫构造柱。常用构造柱的断面形式一般有5种，即L形拐角、T形接头、十字形交叉和长墙中的"一字形"、墙端部，如图1-6-3所示。

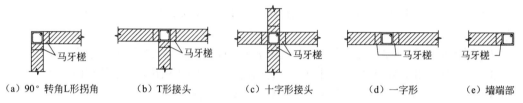

(a) 90°转角L形拐角　　(b) T形接头　　(c) 十字形接头　　(d) 一字形　　(e) 墙端部

图1-6-3　构造柱断面形式

构造柱计算公式：

单面有榫：

$$V=(b_{构造柱边长}+0.03) \times b_{构造柱边长} \times H$$

双面有榫：

$$V=(b_{构造柱边长}+0.03 \times 2) \times b_{构造柱边长} \times H$$

三面有榫：

$$V=(b_{构造柱边长}+0.03 \times 3) \times b_{构造柱边长} \times H$$

四面有榫：

$$V=(b_{构造柱边长}+0.03 \times 4) \times b_{构造柱边长} \times H$$

当墙厚为240墙时，4种形式的构造柱计算断面积可得表1-6-1的计算值，供计算时查用。

表1-6-1　构造柱计算断面积（$S_{断面}$）

构造柱形式	咬接边数	柱断面积/m²	计算断面积/m²
端部	1		0.0648
一字形	2		0.072
L形	2	0.24×0.24=0.0576	0.072
T形	3		0.0792
十字形	4		0.0864

三、任务实例

1. 计算框架柱混凝土工程量

柱号	标高/m	$b \times h$/mm（圆柱直径D）	b_1/mm	b_2/mm	h_1/mm	h_2/mm	角筋	角筋	b边一侧中部筋	h边一侧中部筋	箍筋类型号	箍筋	备注
KZ1	-0.030～19.470	750×700	375	375	150	550	24Φ25				1(5×4)	φ10@/200	
	19.470～37.470	650×600	325	325	150	450		4φ22	5φ22	4φ20	1(5×4)	φ10@/200	
	37.470～59.070	550×500	275	275	150	350		4φ22	5φ22	4φ20	1(5×4)	φ8@100/200	

解：KZ1 混凝土工程量：

[(0.75 × 0.7) × (19.47+0.03) + (0.65 × 0.6) × (37.47−19.47) + (0.55 × 0.5) × (59.07−37.47)] × 6
= 0.525 × 19.5+0.39 × 18+0.275 × 21.6=10.2375+7.02+5.94=23.2（m³）

2. 计算图 1-6-4 柱混凝土工程量

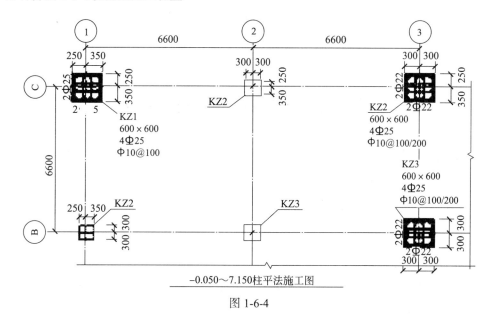

图 1-6-4

解：KZ1 = 0.6 × 0.6 × (7.15 + 0.05) × 1 = 2.60（m³）
　　KZ2 = 0.6 × 0.6 × (7.15 + 0.05) × 3 = 7.78（m³）
　　KZ3 = 0.6 × 0.6 × (7.15 + 0.05) × 2 = 5.2（m³）

3. 如图 1-6-5 所示的构造柱，A 形 5 根，B 形 10 根，C 形 12 根，D 形 24 根，总高 26m，混凝土为 C25。计算构造柱现浇混凝土工程量。

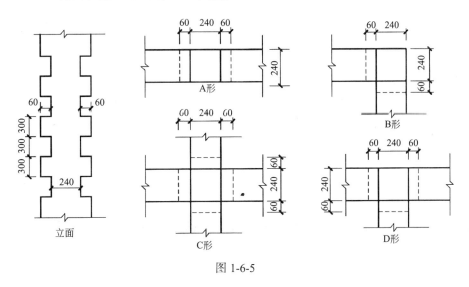

图 1-6-5

解：1. 计算芯柱混凝土工程量：柱边长 0.24m，高 26m。

$$V = 0.24 \times 0.24 \times 26 \times (5+10+12+24)$$
$$= 76.38 \ (m^3)$$

2. 计算马牙槎混凝土工程量：A 形两面出槎，B 形两面出槎，C 形四面出槎，D 形三面出槎。

$$V_{马牙槎} = 0.03 \times 墙厚 \times 马牙槎出槎个数 \times 构造柱高$$
$$= 0.03 \times 0.24 \times (2 \times 5+2 \times 10+4 \times 12+3 \times 24) \times 26$$
$$= 28.08 \ （m^3）$$

3. 构造柱混凝土的工程量：76.38+28.08=104.46（m³）

任务2　梁混凝土工程量计算

一、任务说明

（1）掌握梁混凝土工程量计算规则；
（2）按图纸正确计算梁混凝土工程量。

二、任务分析

1. 现浇混凝土梁的类别

现浇混凝土梁（图 1-6-6）项目分为基础梁、矩形梁、异形梁、圈梁、过梁、弧形梁和拱形梁，按梁的类别、强度等级分开计算，分开套定额。

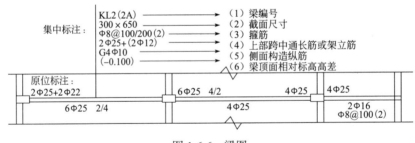

图 1-6-6　梁图

2. 现浇混凝土梁混凝土工程量的计算

现浇混凝土梁的清单工程量和定额工程量一致。均按设计图示尺寸以体积计算，伸入墙内的梁头、梁垫并入梁体积内计算。不扣除构件内钢筋、预埋铁件所占体积。

$$梁工程量 = 梁的截面面积 \times 梁长 + 梁垫体积$$

（1）梁的长度：梁与柱连接时，梁长算至柱侧面。次梁与主梁连接时，次梁算至主梁侧面。伸入墙内的梁头应包括在梁的长度内计算，如图 1-6-7、图 1-6-8 所示。

（2）梁头处的现浇梁垫并入梁体积内计算。

（3）圈梁与过梁连接者，分别套用圈梁、过梁定额，其过梁长度按门、窗洞口外围宽度两端共加 0.5m 计算。

三、任务实施

现浇混凝土梁工程量的计算实例：

柱截面尺寸 400mm×400mm，04 轴线到柱边 0.075m，按图 1-6-9 计算 KL3 的混凝土工程量。

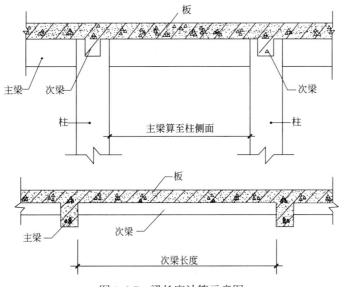

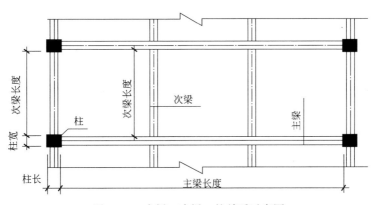

图 1-6-7 梁长度计算示意图

图 1-6-8 主梁、次梁、柱关系示意图

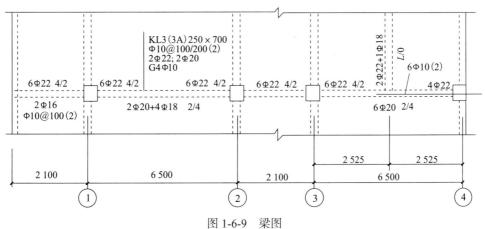

图 1-6-9 梁图

四、任务结果

解：KL3 的混凝土工程量 = 梁截面积 × 梁长
= 0.25 × 0.7 × （2.1+6.5+2.1+6.5+0.075-4 × 0.4）
= 2.74（m³）

任务 3　板混凝土工程量计算

一、任务说明

（1）掌握板混凝土工程量计算规则；
（2）按图纸正确计算板混凝土工程量。

二、任务分析

现浇混凝土板的定额子目有：① 现浇有梁板（板厚 100mm 以内、板厚 100mm 以外）；② 现浇无梁板；③ 现浇平板（板厚 100mm 以内、板厚 100mm 以外）；④ 现浇拱形板；⑤ 现浇薄壳板。

板混凝土清单工程量和定额工程量一致，均按设计图示尺寸以体积计算，不扣除单个面积不大于 0.3m² 的柱、垛以及孔洞所占体积。

1. 有梁板

（1）有梁板的概念：有梁板是指带有梁（含主、次梁）并与板构成一体的板，在框架结构中梁板通常一次浇筑成型，如图 1-6-10 所示。

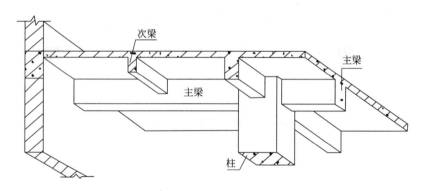

图 1-6-10　有梁板示意图

（2）有梁板工程量的计算：

1）有梁板混凝土计算规则：有梁板（包括主梁、次梁与板）按梁、板体积之和计算。有梁板中梁两侧板厚不同时，按两侧各占 1/2 计算。

2）有梁板混凝土计算公式（图 1-6-11）：

$V_{有梁板} = V_{板} + V_{梁} =$ 板长 × 板宽 × 板厚 + 梁长 × 梁宽 × （梁高 − 板厚）

$V = (S_{现浇板面积} - S_{大于0.3m^2孔洞}) \times h_{板厚} + V_{板下梁}$

或 $V = (S_{梁间板净空面积} - S_{大于0.3m^2孔洞}) \times h_{板厚} + V_{梁}$

$V_{主梁及次梁} =$ 主梁长度 × 主梁宽度 × 肋高 + 次梁净长度 × 次梁宽度 × 肋高

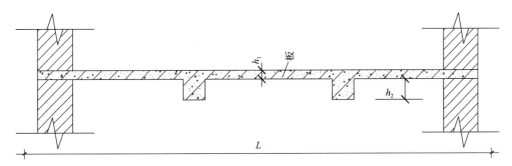

图 1-6-11 有梁板工程量计算示意图

（3）实例：按图 1-6-12 计算有梁板混凝土工程量。

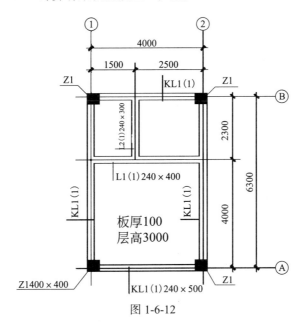

图 1-6-12

解：板工程量：（6.3+0.12×2）×（4+0.12×2）×0.1=2.773（m³）
　　梁工程量：KL1①-②轴：（4+0.28×2）×0.24×（0.5-0.1）×2=0.660（m³）
KL1Ⓐ-Ⓑ轴：（6.3-0.28×2）×0.24×（0.5-0.1）×2=1.102（m³）
L1：（4-0.12×2）×0.24×（0.4-0.1）=0.271（m³）
L2：（2.3-0.12×2）×0.24×（0.3-0.1）=0.099（m³）
梁的工程量 = 0.660 + 1.102 + 0.271 + 0.099 = 2.132（m³）
有梁板混凝土工程量 = 板工程量 + 梁工程量 = 2.773 + 2.132 = 4.91（m³）

2. 无梁板

（1）无梁板的概念：无梁板是指不带梁，直接用柱头支承的板，等厚的平板直接支承在柱上，分为有柱帽和无柱帽两种，荷载直接由板传递给柱子，如图 1-6-13 所示。

（2）无梁板工程量的计算：

1）无梁板混凝土计算规则：无梁板混凝土工程量清单计算方法同定额工程量。按板与柱帽体积之和计算。板伸入墙内的板头并入板体积内。

2）无梁板混凝土计算公式（图 1-6-14）：

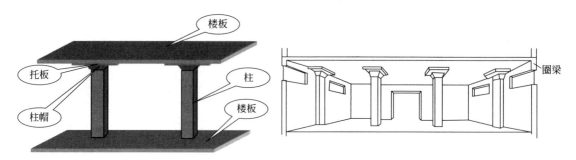

图 1-6-13 无梁板

$$V=(S_{\text{现浇板面积}}-S_{\text{大于0.3m}^2\text{孔洞}})\times h_{\text{板厚}}+V_{\text{柱帽}}$$

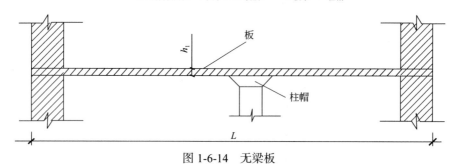

图 1-6-14 无梁板

（3）实例：

按图 1-6-15 计算无梁板的混凝土工程量。

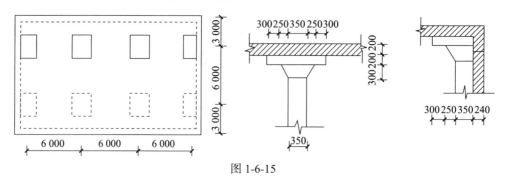

图 1-6-15

解：无梁板的混凝土工程量=板+柱帽=板长×板宽×板厚+柱帽（一个长方体，一个四棱台）

板工程量=（6×3+0.35+0.24×2）×（3×2+6）×0.2=45.19（m³）

柱帽工程量={[1.45×1.45×0.2+（0.35×0.35+0.85×0.85+0.35×0.85）×0.3/3]×4+0.9×1.45×0.2×4+[0.35×0.35×0.6×0.85+（0.35+0.6）×（0.35+0.85）]×0.3×4}=3.54（m³）

总工程量=45.19+3.54=48.73（m³）

3.平板

（1）平板是指无柱、梁，直接由墙承重的板，当房间尺度较小时，板上不设梁，楼板上载荷直接靠楼板传给墙体。平板常在砖混结构中，局部有小梁。板直接搁置在墙或预制梁上，包括楼面板下的架空小梁（局部板下有），不包括圈梁体积。

（2）平板混凝土工程量的计算：

1）平板混凝土工程量计算规则：按图示尺寸以体积计算。
2）平板混凝土工程量计算公式（图 1-6-16）：

$$V = (S - S_{大于0.3m^2孔洞}) \times h_{板厚} + V_{小梁}$$

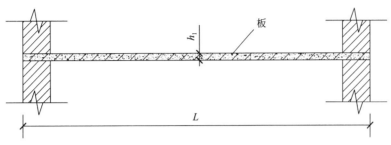

图 1-6-16 平板

4. 其他与板有关工程量计算规则：

（1）不同类型板连接时，均以墙的中心线为界。

（2）现浇钢筋混凝土挑檐天沟与板（包括屋面板、楼板）连接时（图 1-6-17），以外墙皮为分界线，与圈梁（包括其他梁）连接时（图 1-6-18），以梁外侧面为分界线。

（3）伸入墙内的板头并入板体积内计算。

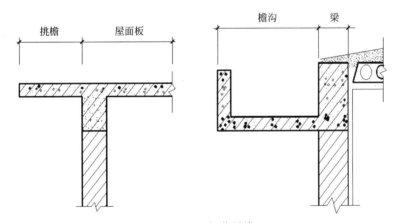

图 1-6-17 板分界线

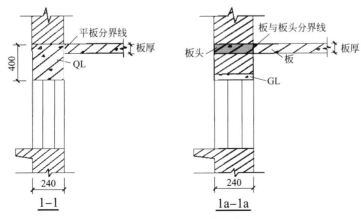

图 1-6-18 平板分界线

任务4 其他构件混凝土工程量计算

一、任务说明

（1）掌握其他混凝土构件工程量计算规则；
（2）正确计算其他混凝土构件工程量。

二、任务分析

1. 现浇混凝土墙

（1）现浇混凝土墙的类别

1）清单中的分类：现浇混凝土墙包括直形墙、弧形墙、短肢剪力墙、挡土墙四项。短肢剪力墙是指截面厚度不大于300mm、各肢截面高度与厚度之比的最大值大于4但不大于8的剪力墙；各肢截面高度与厚度之比的最大值不大于4的剪力墙按柱项目编码列项。

2）定额中的分类：《计价定额》将现浇混凝土墙分为现浇直形挡土墙、地下室墙（毛石混凝土、混凝土），现浇直形墙、电梯井壁（墙厚100mm以内、200mm以内、300mm以内、300mm以外），现浇直形短肢剪力墙3个子目。

多肢混凝土墙墙厚不大于0.3m，最长肢截面高厚比不大于4执行异形柱；最长肢截面高厚比介于4~8执行短肢剪力墙；最长肢截面高厚比大于8执行普通混凝土墙。

（2）现浇混凝土墙的工程量计算规则：现浇混凝土墙的清单工程量计算规则与定额工程量计算规则一致，均按设计图示尺寸以体积计算，扣除门窗洞口及单个面积大于0.3m²的孔洞所占体积，墙垛及突出墙面部分并入墙体体积计算。

1）钢筋混凝土墙、电梯井壁按图示尺寸以体积计算，应扣除门窗（框外围面积）洞口及大于0.3m²的孔洞所占体积。

2）墙垛（附墙柱）、暗柱、暗梁及墙突出部分并入墙体积计算。

3）单面支模的混凝土墙执行现浇混凝土挡土墙。

（3）现浇混凝土墙工程量计算公式：

外墙：$V = h_{墙厚} \times (L_{中} \times H_{墙高} - S_{门窗洞口、0.3m^2以上的孔洞})$

内墙：$V = h_{墙厚} \times (L_{内净长} \times H_{墙高} - S_{门窗洞口、0.3m^2以上的孔洞})$

h——墙厚，按设计图纸确定；

L——墙长，外墙按$L_{中}$，内墙按$L_{内}$（有柱算至柱侧面）；

H——墙高，从基础上表面算至墙顶。

2. 现浇混凝土楼梯

（1）现浇混凝土楼梯工程量计算规则（图1-6-19）：现浇混凝土楼梯清单工程量计算规则和定额工程量计算规则相同，清单量等于定额量。

整体楼梯（直形楼梯、弧形楼梯）包括休息平台、平台梁、斜梁及楼梯板的连接梁，按楼梯水平投影面积计算（当整体楼梯与现浇楼板无梯梁连接时，以楼梯的最后一个踏步边缘加0.3m为界计算，独立楼梯间按楼梯间净面积计算），不扣除宽度小于0.5m的楼梯井，伸入墙内部分不另增加。

（2）现浇混凝土楼梯工程量计算公式：

1）直形楼梯：

当$C \leqslant 500mm$时，整体楼梯的工程量$S = BL \times (n-1)$

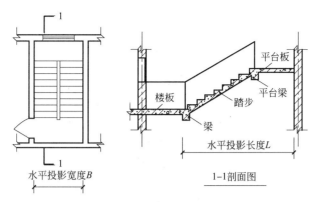

图 1-6-19 楼梯

当 $C > 500\text{mm}$ 时,整体楼梯的工程量 $S = (BL-CX) \times (n-1)$

式中 S——楼梯的面积;
B——楼梯间净宽;
L——楼梯间长度（从外墙里皮至梯梁外侧）;
X——楼梯井长度;
C——楼梯井宽度;
n——建筑物的层数（上人屋面通常取 n）。

2）弧形楼梯：

$$S = \pi(R^2 - r^2) \times \frac{\alpha}{360}$$

式中 S——弧形楼梯水平投影面积;
R——弧形楼梯水平投影外半径;
r——弧形楼梯水平投影内半径;
α——弧形楼梯转角角度。

（3）实例：

（1）建筑物为 4 层，计算如图 1-6-20 所示现浇钢筋混凝土整体楼梯的混凝土工程量。

解：楼梯混凝土工程量：$C=160\text{mm}$。

当 $C \leq 500\text{mm}$ 时，整体楼梯的工程量 $S = BL \times (n-1)$
$= (3.6-0.12 \times 2) \times (1.22-0.12+0.2+2.4+0.2) \times (4-1)$
$= 39.31（\text{m}^2）$

（2）计算如图 1-6-21 所示螺旋楼梯的混凝土工程量。

解：根据公式，弧形螺旋楼梯混凝土工程量

$$S = \pi(9^2 - 6^2) \times \frac{90}{360} = 35.33（\text{m}^2）$$

3. 雨篷、阳台（图 1-6-22）

（1）清单工程量计算规则是按设计图示尺寸以墙外部分体积计算。包括伸出墙外的牛腿和雨篷反挑檐的体积。

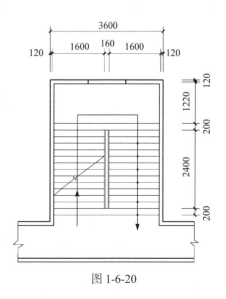

图 1-6-20

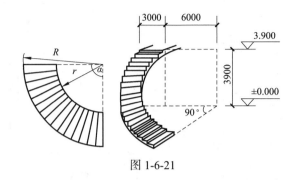

图 1-6-21

（2）定额工程量计算规则是阳台、雨篷按设计图示尺寸以墙外部分体积计算，伸出墙外的牛腿合并计算。带反挑檐的雨篷其檐总高超过 0.2m 时，反挑檐执行栏板项目。

有柱、梁的门厅雨篷，按有梁板以立方米计算，柱按相应定额以立方米计算。

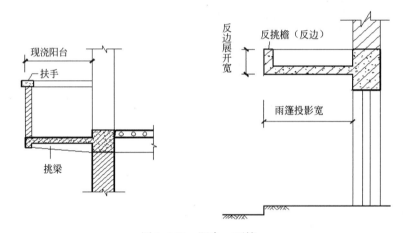

图 1-6-22　阳台、雨篷

【例 1-6-1】按图 1-6-23 计算雨篷混凝土工程量。

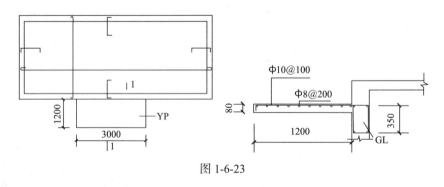

图 1-6-23

解：雨篷混凝土工程量 $=1.2 \times 3 \times 0.08=0.288$（m³）

4. 其他构件工程量计算规则

（1）满堂基础、有梁板工程量均应扣除后浇带体积，后浇带工程量按设计图示尺寸以体积计算。

（2）栏板、扶手均按图示尺寸以体积计算。

（3）台阶、池槽按实体积计算，如台阶与平台连接时，其分界线以最上层踏步外沿加0.3m计算。

（4）小型构件指体积不大于0.05m³的构件，按实体积计算。

（5）商品混凝土、现场搅拌站搅拌混凝土搅拌、运输、泵送工程量均按现浇混凝土构件相应计算规则计算。

（6）地沟

1）适用于钢筋混凝土及混凝土的现浇无肋地沟的底壁、顶，不论地沟断面为何种形式均按本定额计算。

2）沟壁与底的分界以底板上表面为界。沟壁与顶的分界以顶板的下表面为界，均按实体积计算，八字角部分并入沟壁工程量内。

复习思考题

1. 现浇混凝土柱的工程量计算规则是什么？
2. 柱高度如何确定？
3. 现浇混凝土柱的工程量计算规则是什么？
4. 梁长度如何确定？
5. 现浇混凝土板有几类？工程量如何计算？
6. 现浇混凝土楼梯的工程量如何计算？

实训五

1. 实训目的

通过多层框架结构建筑物混凝土工程量计算实例，掌握混凝土主要构件工程量的计算规则、计算方法和流程，使学生能够按图纸熟练计算混凝土构件工程量。

2. 实训任务

根据计量与计价实战教程中给定的图纸，完成以下工程量计算。

1）计算综合楼的框架柱、地梁、有梁板、楼梯的工程量；

2）计算一号办公楼的框架柱、地梁、有梁板、楼梯的工程量。

3. 实训流程

1）任务书的下发；

2）学生分组，按图纸计算，教师答疑；

3）学生自评、小组互评与教师评价；

4）任务成果的修改与上交。

4. 实训要求

1）学生在教师的指导下，独立完成各训练项目；

2）工程量计算正确，项目内容完整；

3）提交统一规定的工程量计算书。

项目七 钢筋工程

 学习目标

（1）理解钢筋工程量的计算公式；
（2）掌握钢筋保护层厚度取法，弯钩增加长度、弯起钢筋弯曲部分的增加长度、钢筋的锚固和搭接长度的计算；
（3）掌握箍筋工程量的计算公式；
（4）掌握基础、柱钢筋、梁钢筋、板钢筋的钢筋工程量的计算。

任务1 钢筋工程概述

一、任务说明

（1）掌握钢筋工程量计算规则；
（2）正确计算钢筋工程量。

二、任务分析

1. 钢筋工程量计算步骤

（1）确定构件混凝土的强度等级和抗震级别。
（2）确定钢筋保护层的厚度。
（3）计算钢筋的锚固长度 L_a、抗震锚固长度 L_{aE}、钢筋的搭接长度 L_l、抗震搭接长度 L_{lE} 或钢筋接头个数。
（4）计算钢筋的下料长度和重量。

注意：弯钩增加长度、弯起钢筋弯起部分的增加长度、量度差、箍筋长度的简化计算、箍筋根数、钢筋每米重量。

（5）按不同直径和钢种分别汇总现浇构件钢筋重量。
（6）计算或查用标准图集确定预制构件钢筋重量。
（7）按不同直径和钢种分别汇总预制构件钢筋重量。

2. 钢筋工程量计算规则

钢筋清单工程量和定额工程量一致，均应区别现浇、预制、钢筋网片、钢筋笼、预应力钢筋，按不同钢种、规格，分别按设计图示钢（网）中心线长度和固定尺长度引起的搭接长度，乘以钢筋单位理论质量以吨计算。箍筋或分布钢筋等按间距计算的钢筋数量按间距数量向上取整加 1 计算。

钢筋单位理论质量可以计算或查表：

（1）钢筋单位理论质量计算公式：$0.000617 \times d^2$（kg/m），其中 d 为钢筋直径。

（2）钢筋直径每米质量可查表 1-7-1。

表 1-7-1 钢筋单位理论质量表

钢筋直径 / mm	4	6	6.5	8	10	12	14
每米重量 /（kg/m）	0.099	0.222	0.261	0.395	0.617	0.888	1.209
钢筋直径 / mm	16	18	20	22	25	28	30
每米重量 /（kg/m）	1.580	1.999	2.468	2.986	3.856	4.837	5.553

3. 钢筋长度的计算公式

（1）现浇混凝土构件直钢筋长度计算公式：

直钢筋长度 = 构件长度 − 两端保护层 + 弯钩增加长度 + 锚固增加长度 + 钢筋搭接长度

其中：构件长度——按设计图示尺寸计取。

钢筋保护层——以最外层钢筋（包括箍筋、构造筋、分布筋等）的外边缘至混凝土上表面的距离。为了使混凝土结构构件满足耐久性要求和对受力钢筋有效锚固的要求规定保护层最小厚度，混凝土保护层的最小厚度见表 1-7-2。

表 1-7-2 混凝土保护层的最小厚度

环境类别	板、墙 /mm	梁、柱 /mm
一	15	20
二 a	20	25
二 b	25	35
三 a	30	40
三 b	40	50

注：1. 混凝土强度等级不大于 C25 时，表中保护层数值增加 5mm。
2. 钢筋混凝土基础宜设置混凝土垫层，基础中钢筋的混凝土保护层厚度应从垫层顶面算起，且不应小于 40mm。
3. 环境类别：
一类：室内干燥环境；永久的无侵蚀性静水浸没环境。
二类 a：室内潮湿环境；非严寒和非寒冷地区的露天环境；非严寒和非寒冷地区与无侵蚀性的水或土壤直接接触的环境；寒冷和严寒地区的冰冻线以下与无侵蚀性的水或土壤直接接触的环境。
二类 b：干湿交替环境；水位频繁变动环境，严寒和寒冷地区的露天环境；严寒和寒冷地区的冰冻线以上与无侵蚀性的水或土壤直接接触的环境。
三类 a：严寒和寒冷地区冬季水位冰冻区环境；受除冰盐影响环境；海风环境。
三类 b：盐渍土环境；受除冰盐作用环境；海岸环境。
四类：海水环境。
五类：受人为或自然的侵蚀性物质影响的环境。

弯钩增加长度——应根据钢筋弯钩形状来确定。弯钩弯曲的角度常有 90°（直弯钩）、135°（斜弯钩）和 180°（半圆弯钩）三种，如图 1-7-1 所示。

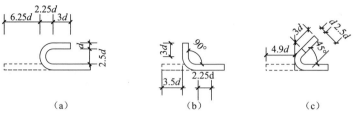

弯钩增加长度：半圆弯钩为 6.25d；直弯钩为 3.5d；斜弯钩为 4.9d。

图 1-7-1

钢筋锚固长度——指纵向钢筋伸入混凝土支座（墙、柱、梁）的长度。钢筋锚固长度应按设计图纸规定计算，设计无规定时，按结构规范规定计算。

钢筋搭接长度——除发、承包双方另有约定外，钢筋定长尺寸一律按 9m 计算。

钢筋的搭接形式有手工绑扎、焊接连接和机械连接三种；焊接连接分电弧焊、闪光对焊和电渣压力焊；机械连接分为锥螺纹连接和直螺纹连接。电渣压力焊和机械连接均按个计算。

搭接长度的计算公式：

$$搭接长度 = 搭接头个数 \times 钢筋的一个搭接长度$$

式中　搭接头个数 = 计算搭接长度的钢筋下料长度 /9 − 1。

纵向受拉钢筋的绑扎搭接长度见表 1-7-3。

表 1-7-3　纵向受拉钢筋的绑扎搭接长度

纵向钢筋搭接接头面积百分率 /%	≤ 25	50	100
非抗震	$l_l = 1.2l_a$	$l_l = 1.4l_a$	$l_l = 1.6l_a$
抗震	$l_{lE} = 1.2l_{aE}$	$l_{lE} = 1.4l_{aE}$	$l_{lE} = 1.6l_{aE}$

圈梁和构造柱中，纵向钢筋的绑扎搭接长度为 35d。

（2）弯起钢筋长度计算公式：

弯起钢筋长度 = 构件图示尺寸 − 两端保护层 + 弯曲部分的增加长度 + 弯钩增加长

弯曲部分的增加长度是指钢筋弯曲部分斜边长度与水平长度的差值，即 $S-L$，如图 1-7-2 所示。

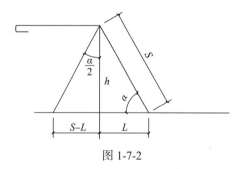

图 1-7-2

弯起钢筋弯起部分增加的长度见表 1-7-4。

表 1-7-4　弯起钢筋弯起部分增加长度表

弯起角度	30°	45°	60°
斜长 S	2h	1.414h	1.155h
水平长 L	1.732h	h	0.577h

续表

增加长度 S-L	0.268h	0.414h	0.578h
说明	板用	梁高 H < 0.8m 时	梁高 H ≥ 0.8m 时
备注	表中的 h 为板厚或梁高减去板或梁两端保护层后的高度		

（3）分布筋钢筋长度计算公式：

$$分布筋钢筋长度 = 钢筋单根设计长 \times 根数$$
$$钢筋根数 = 钢筋分布距离 / 钢筋间距 + 1$$

（4）箍筋长度计算公式：

箍筋分为单肢箍、双肢箍、多肢箍等，如图 1-7-3 所示。

$$箍筋下料长度 = 单根箍筋下料长度 \times 配箍范围内箍筋根数$$

1）单根箍筋的下料长度按下式计算：

① 多肢箍筋长度计算公式（m）：

90° 弯钩：$2(B+H) - 8C + 15.7d$（11G101）；$2(B+H) - 8C + 23.7d$（03G101）；

135° 弯钩：$2(B+H) - 8C + 18.5d$（11G101）；$2(B+H) - 8C + 26.5d$（03G101）；

② 单肢箍筋（拉筋）长度计算公式（m）：

90° 弯钩：$2(B-C) + 10.7d$（11G101）；$2(B-C) + 18.7d$（03G101）；

135° 弯钩：$2(B-C) + 13.5d$（11G101）；$2(B-C) + 21.5d$（03G101）；

式中　B——构件宽；

　　　H——构件高；

　　　C——混凝土保护层厚；

　　　d——钢筋直径（当构件非抗震时，多肢箍筋每个弯钩长度减 5d，钢筋直径为 6.5mm 时，多肢箍筋每个弯钩长度增加 10mm）。

单肢箍

双肢箍　　四肢箍　　六肢箍

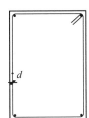

1. 单肢箍仅仅出现在农村房檩条、公园围墙立柱、园廊、架空构件等小工程，抗震框架柱梁不允许使用。
2. 梁类构件宜设计为偶数肢箍，不宜出现奇数肢箍。

图 1-7-3

③ 四肢箍由一个大箍筋，一个小箍筋组成，或由两个小箍筋组成：

大箍筋：周长 − 保护 + 11.9$D \times 2$

小箍筋：$(H+B/3) \times 2 -$ 保护 $+ 11.9D \times 2$

大箍筋 + 小箍筋设计长度 = 周长 − 保护层 + 11.9$D \times 2 + (H+B/3) \times 2 -$ 保护层 $+ 11.9D \times 2$

两个小箍筋组合设计长度：

$$(H + 2 \times B/3) \times 2 - 保护 + 11.9D \times 2$$

④ 螺旋箍长度计算公式：

$$L = \sqrt{H^2 + \left(\pi D \times \frac{H}{a}\right)^2}$$

2）箍筋根数的计算公式：

$$箍筋根数\ n = \frac{箍筋的配置长度}{箍筋间距@} + 1$$

三、任务实施

按图1-7-4计算梁钢筋工程量，一类环境。

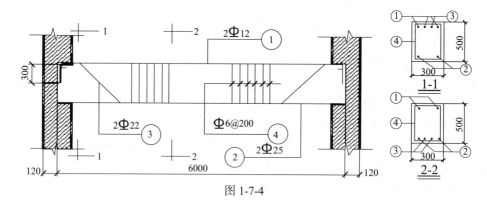

图1-7-4

四、任务结果

解：1. 2φ12 架立筋：

构件长 − 保护层 + 弯钩长 = 6−0.02×2+6.25×0.012×2 = 6.11（m）

2. 梁底受力筋：φ25 =（6 − 0.025×2）×2×3.856 = 46.12（kg）

3. 弯起钢筋：

弯起钢筋 φ22 = [6−0.025×2+0.3×2+0.414×(0.5−0.025×2)×2−0.54×0.022×4−2.07×0.022×2]×2×2.986=40.51（kg）

4. 箍筋：

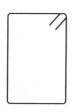

箍筋单根下料长度 =（0.3+0.5）×2−0.027=1.573（m）
箍筋根数 n =（6−0.025×2）/0.2+1=31（根）
箍筋总下料长度 φ6.5=1.573×31×0.261=12.73（kg）

任务2 独立基础钢筋工程量计算

一、任务说明

（1）掌握独立基础钢筋的组成；
（2）正确计算独立基础钢筋工程量。

二、任务分析

1. 独立基础的钢筋构造

独立基础的钢筋构造见表1-7-5。

表1-7-5 独立基础的钢筋构造

钢筋种类	钢筋构造情况			
底板底部钢筋	一般情况	（1）矩形独立基础		
		圆形独立基础	（2）正交配筋	
			（3）放射配筋	
	（4）短向钢筋采用两种配筋			
	长度缩减10%	（5）对称独立基础		
		（6）非对称独立基础		
杯口独基顶部焊接钢筋网	（7）单杯口独基（普通和高杯口）			
	双杯口独基	（8）中间杯壁≥400（普通和高杯口）		
		中间杯壁<400	（9）普通双杯口独基	
			（10）双高杯口独基	
高杯口独基侧壁外侧及短柱钢筋	（11）单高杯口独基			
	（12）双高杯口独基			
多柱独立基础顶部钢筋	双柱独立基础	（13）普通双柱独立基础		
		（14）设基础梁的双柱独立基础		
	（15）四柱独立基础			

2. 独立基础底板钢筋长度的计算公式

这里只学习独立基础底部钢筋的计算，独立基础的底筋分 X 向、Y 向，纵横交错布置。计算方法是先计算单根钢筋长，再计算钢筋根数，相乘得到总长度，再乘以单位理论质量。

部钢筋的计算又分为独立基础底宽小于2500mm和不小于2500mm两种情况。

（1）独立基础底宽小于2500mm时（图1-7-5和图1-7-6）：

X 方向长度：（螺纹钢）$=x-2c$；（圆钢）$=x-2c+6.25d\times 2$

X 方向根数：$\{Y-\min(75, S/2)\times 2\}/S$（取整）$+1$

X 向钢筋总长度 = 单根长 × 根数

Y 方向长度：（螺纹钢）$=y-2c$，（圆钢）$=y-2c+6.25d\times 2$

Y 方向根数：$\{X-\min(75, S/2)\times 2\}/S$（取整）$+1$

Y 向钢筋总长度 = 单根长 × 根数

（2）独立基础底宽≥2500mm时（图1-7-7和图1-7-8）：

X 方向长度：（螺纹钢）$=x\times 0.9$，（圆钢）$=0.9x+6.25d\times 2$

X 方向根数：$\{Y-\min(75, S/2)\times 2\}/S$（取整）$+1$

X 向钢筋总长度 = 单根长 × 根数

Y 方向长度：（螺纹钢）$=y\times 0.9$，（圆钢）$=0.9y+6.25d\times 2$

Y 方向根数：$\{X-\min(75, S/2)\times 2\}/S$（取整）$+1$

Y 向钢筋总长度 = 单根长 × 根数

三、任务实施

计算图 1-7-9 的独立基础钢筋工程量。

四、任务结果

解：XY 方向都是 $\Phi 12@150$ 钢筋，独基保护层 40mm。

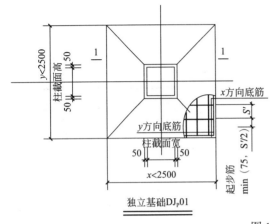

图 1-7-5

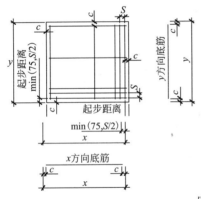
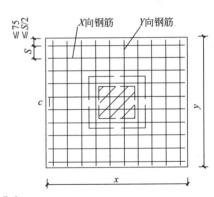

图 1-7-6

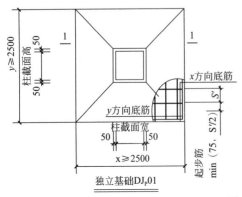
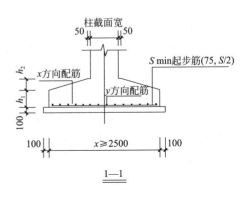

图 1-7-7

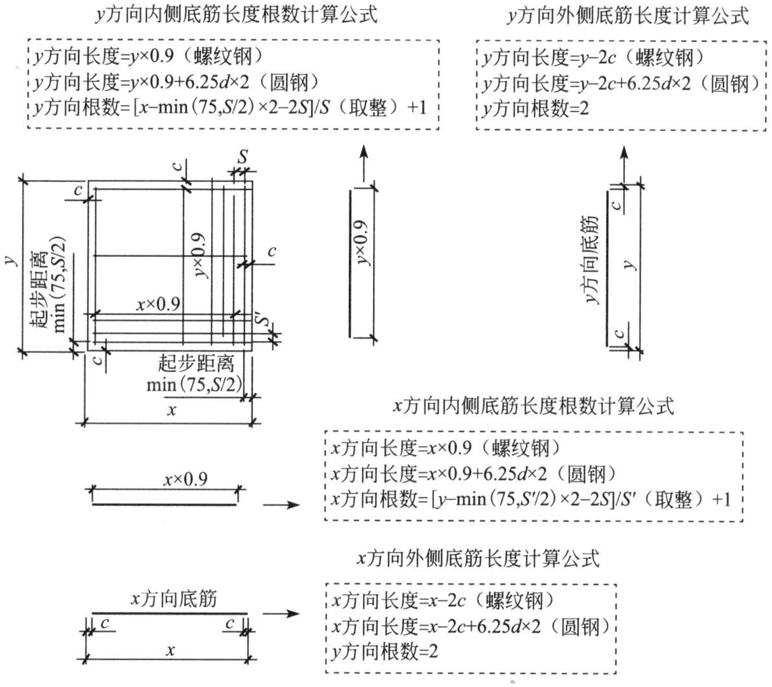

项目七 钢筋工程

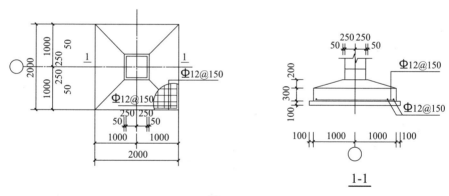

图 1-7-8

图 1-7-9

1. X 方向钢筋长度：（螺纹钢）= 2−0.04 × 2 = 1.92（m）

X 方向根数：{2−min（75，$S/2$）× 2}/S（取整）+1 =（2−0.075 × 2）/0.15+1 = 14（根）

X 向钢筋总长度 = 单根长 × 根数

X 向钢筋总长 = 1.92 × 14 = 26.88（m）

2. Y 方向长度：（螺纹钢）= y−2c = 2−2 × 0.04 = 1.92（m）

Y 方向根数：{X−min（75，$S/2$）× 2}/S（取整）+1 =（2−0.075 × 2）/0.15+1 = 14（根）

Y 向钢筋总长度 = 单根长 × 根数 = 1.92 × 14 = 26.88（m）

3. 独立基础钢筋总长 = 26.88+26.88 = 53.76（m）

Φ12@150 的理论质量是 0.0898kg/m

钢筋工程量：53.76 × 0.089 = 4.78（kg）

任务3 柱钢筋工程量计算

一、任务说明

（1）掌握柱钢筋的组成；
（2）正确计算柱钢筋工程量。

二、任务分析

1.框架柱应计算哪些钢筋量

框架柱应计算的钢筋量见表1-7-6，并如图1-7-10所示。

表1-7-6 框架柱应计算的钢筋量

楼层名称	构件分类	分类细分	计算哪些量	
			名称	单位
基础层	无梁基础	基础板厚小于2000mm	基础插筋、箍筋	长度、根数、重量
		基础板厚大于2000mm		
	有梁基础	基础梁底与基础板底一平		
		基础板顶与基础板顶一平		
-1层			纵筋、箍筋	长度、根数、重量
首层				
中间层				
顶层	中柱			
	边柱			
	角柱			

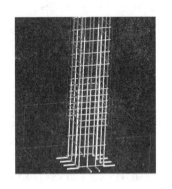

图1-7-10

2.柱钢筋长度的计算公式

钢筋重量 = 钢筋长度 × 根数 × 理论重量

钢筋长度 = 净长 + 节点锚固 + 搭接 + 弯钩（一级抗震）

柱钢筋：主要是纵筋和箍筋两种，分基础层、首层、中间层、顶层四部分计算。

（1）纵筋：

1）基础层：

基础插筋长度 = 基础层层高 − 保护层 + 基础弯折 a + 基础纵筋外露长度 $H_n/3$ + 与上层纵筋搭

接长度 L_{lE}（如焊接时，搭接长度为 0），如图 1-7-11 所示。

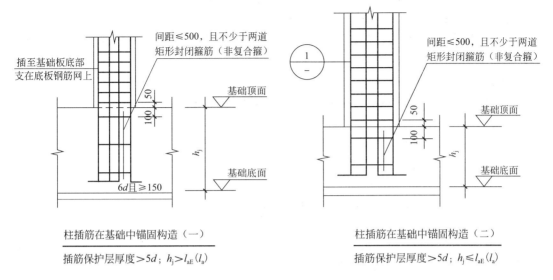

图 1-7-11

2）首层（图 1-7-12）：纵筋长度 = 首层层高 – 首层非连接区 $H_n/3$+max ($H_n/6$, h_c, 500)+ 搭接长度 L_{lE}

3）中间层（图 1-7-12）：

纵筋长度 = 中间层层高 – 当前层非连接区 +（当前层 +1）非连接区 + 搭接长度 L_{lE}

非连接区 =max（$1/6H_n$、500、h_c）

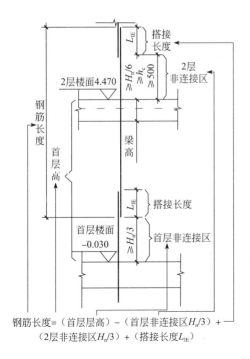
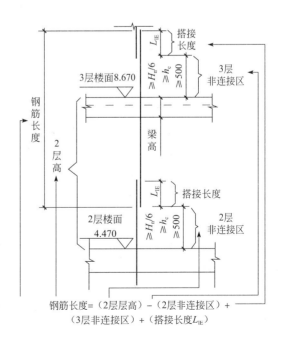

图 1-7-12

4）顶层（图 1-7-13）：

中柱纵筋长度 = 顶层层高 – 顶层非连接区 – 梁高 +（梁高 – 保护层）+12d

非连接区 = max（1/6H_n，500，h_c）

角柱：外侧钢筋长度 = 顶层层高 –max（本层楼层净高 H_n/6，500，柱截面长边尺寸（圆柱直径））– 梁高 +1.5L_{aE}

（2）箍筋（图 1-7-14）：

1）基础层根数 =（基础高度 – 基础保护层）/ 间距 –1

2）首层：

根部根数 =（加密区长度 –50）/ 加密间距 +1

梁下根数 = 加密区长度 / 加密间距 +1

梁高范围根数 = 梁高 / 加密间距

非加密区根数 = 非加密区长度 / 非加密间距 –1

3）中间层：

根部根数 =（加密区长度 –50）/ 加密间距 +1

梁下根数 = 加密区长度 / 加密间距 +1

梁高范围根数 = 梁高 / 加密间距

非加密区根数 = 非加密区长度 / 非加密间距 –1

4）顶层：

根部根数 =（加密区长度 –50）/ 加密间距 +1

梁下根数 = 加密区长度 / 加密间距 +1

梁高范围根数 = 梁高 / 加密间距

非加密区根数 = 非加密区长度 / 非加密间距 –1

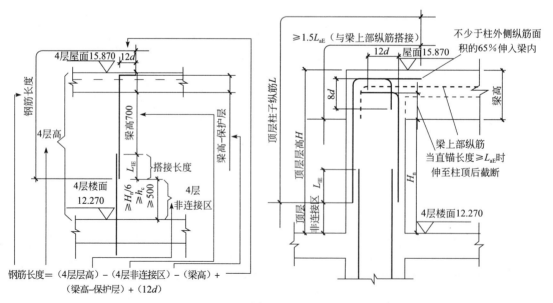

图 1-7-13

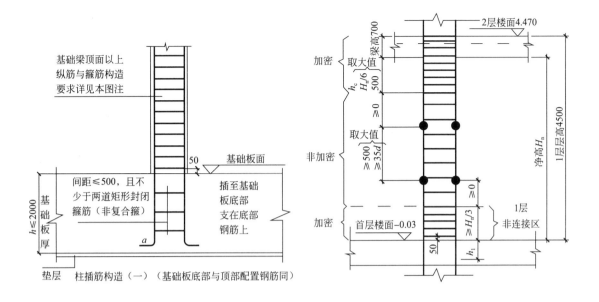

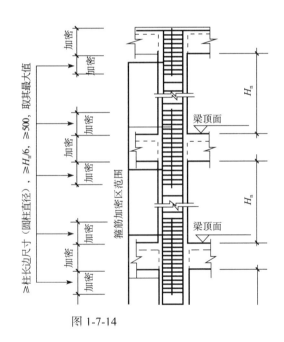

图 1-7-14

任务 4　梁钢筋工程量计算

一、任务说明

（1）掌握框架梁的钢筋组成；
（2）正确计算梁钢筋工程量。

二、任务分析

1. 梁钢筋的组成

梁钢筋的组成如图 1-7-15 和图 1-7-16 所示，梁钢筋平面注写方式如图 1-7-17 ~ 图 1-7-20 所示。梁要计算的钢筋量如图 1-7-21 所示。

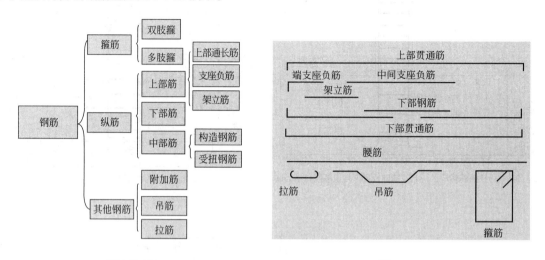

图 1-7-15　　　　　　　　　　　　　　　图 1-7-16

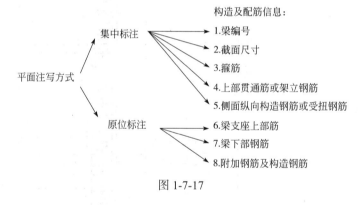

图 1-7-17

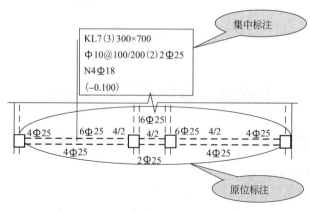

图 1-7-18

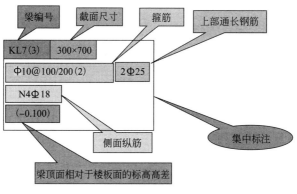

图 1-7-19

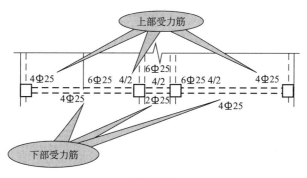

图 1-7-20

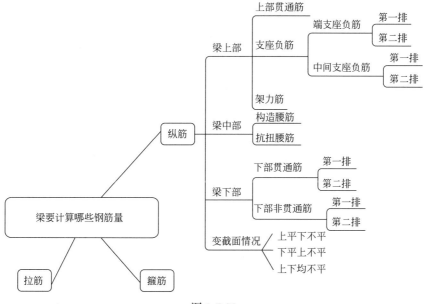

图 1-7-21

2. 常用钢筋计算公式

（1）上部贯通纵筋长度 =（通跨净长 + 两端支座锚固长度 + 搭接长度 × 接头个数）× 根数

（图1-7-22）

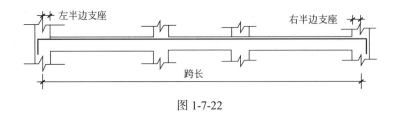

图1-7-22

（2）端支座负筋长度=（端支座锚固长度+伸出支座的长度）×根数（图1-7-23）

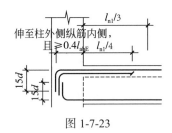

图1-7-23

（3）中间支座负筋长度=中间支座宽度+左右两边伸出支座的长度（图1-7-24）

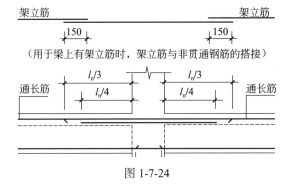

图1-7-24

（4）架立筋长度=每跨净长-左右两边伸出支座的负筋长度+150×2（图1-7-25）

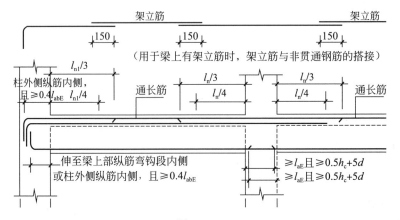

图1-7-25

（5）下部通筋长度 =（通跨净长 + 左支座锚固 + 右支座锚固 + 搭接长度 × 搭接个数）× 根数（图 1-7-26）

图 1-7-26

（6）框架梁下部钢筋 = 净跨长度 +2× 锚固（或 $0.5h_c+5d$）(图 1-7-27）
（注：L_n 净跨长；下部钢筋不分上下排）

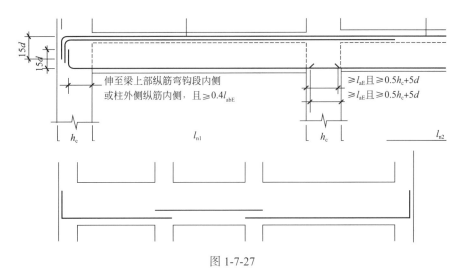

图 1-7-27

（7）侧面纵向构造钢筋长度 = 通跨净长 +15d×（接头数 n+2）(图 1-7-28）
侧面纵向受扭钢筋长度 = 通跨净长 + 左右端支座锚固长度 + 搭接长度 × 接头数 n

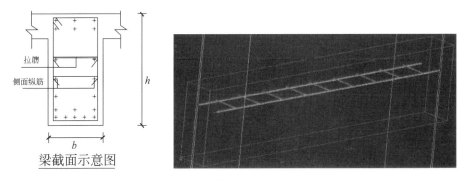

图 1-7-28

（8）拉筋长度 = 梁宽 −2× 保护层 +2×11.9d（图 1-7-29）

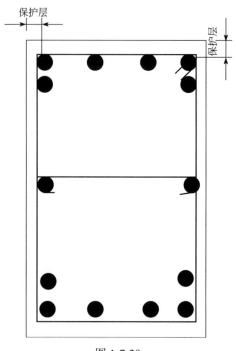

图 1-7-29

（9）吊筋长度 =2× 锚固长度 +2× 斜段长度 + 次梁宽度 +2×50（图 1-7-30）

框梁高度大于 800mm，$\alpha=60°$

框梁高度不大于 800mm，$\alpha=45°$

次梁加筋按根数计算，长度同箍筋长度。

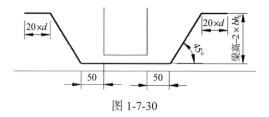

图 1-7-30

（10）箍筋（图 1-7-31）：

箍筋单根长度 = 构件截面周长 $-8×$ 保护层厚度 $+2×11.9d$（$6.9d$）

箍筋根数计算 =2×（加密区长度 –50）/ 加密间距 +（非加密区长度 / 非加密间距 +1）

箍筋长度 = 单根长度 × 根数

一级抗震箍筋根数计算（图 1-7-32）：

加密区根数 =（2× 梁高 –50）/ 加密间距

非加密区根数 =（净跨长 – 左加密区 – 右加密区）/ 非加密间距 +1

总根数 = 加密 ×2+ 非加密

二～四级抗震箍筋根数计算（图 1-7-33）：

加密区根数 =（1.5× 梁高 –50）/ 加密间距

非加密区根数 =（净跨长 – 左加密区 – 右加密区）/ 非加密间距 +1

总根数 = 加密 × 2 + 非加密

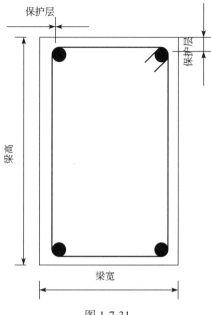

图 1-7-31

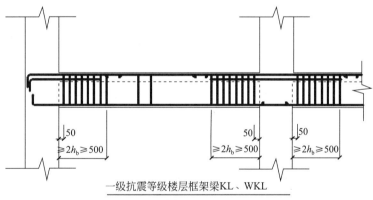

一级抗震等级楼层框架梁KL、WKL

图 1-7-32

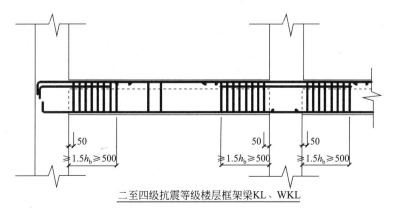

二至四级抗震等级楼层框架梁KL、WKL

图 1-7-33

任务 5 板钢筋工程量计算

一、任务说明

（1）掌握板钢筋的构成与图纸平法识读；
（2）正确计算板钢筋工程量。

二、任务分析

1. 板钢筋的构成

板钢筋的构成如图 1-7-34 和图 1-7-35 所示，板钢筋的布置如图 1-7-36 所示。

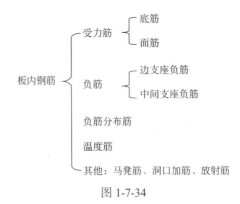

图 1-7-34

图例：

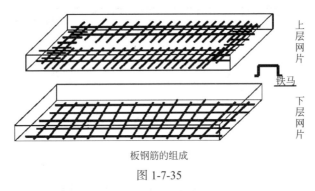

图 1-7-35

图 1-7-36 板钢筋布置

（1）板受力筋：分为水平受力筋、垂直受力筋。自支座边 50mm 起开始按间距布置，如图 1-7-37 所示。

（2）板负筋（扣筋）：分为双标注负筋、单标注负筋、分布筋，如图 1-7-38 所示。

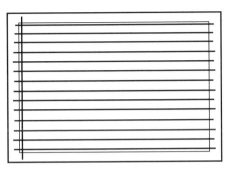

图 1-7-37

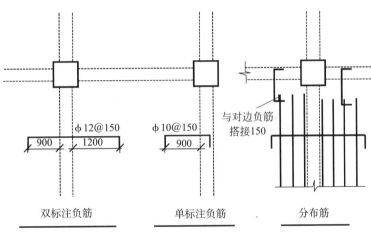

图 1-7-38

（3）板架立筋（分布筋）：如图 1-7-39 所示。

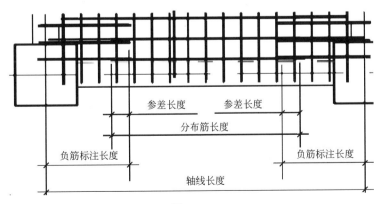

图 1-7-39

2. 平法图纸识读

板平法表示如图 1-7-40 所示。

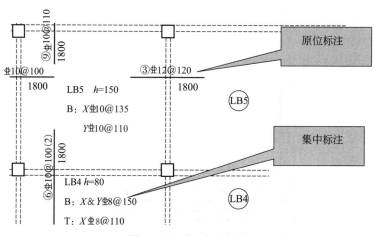

图 1-7-40 板平法表示

各字母含义如下：

LB5——第 5 号楼板；

$h=150$——代表板厚 150mm；

B——顶部；

T——底部；

X 向——水平方向；

Y 向——垂直方向；

B:XΦ10@135

YΦ10@110

代表板底部钢筋沿纵横两个方向布置，X 向是 Φ10，间距 135mm，Y 向是 Φ10，间距 110mm。3 号筋、6 号筋都是上部负筋。

3. 板钢筋工程量计算公式

板钢筋总长 = 单根长 × 根数

（1）板底受力筋：

单根长 = 板净跨 + 伸进长度 + 钢筋弯钩长（$6.25d \times 2$）(图 1-7-41)

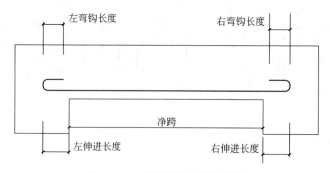

图 1-7-41 板底钢筋长度计算图

根数 =（垂直方向净跨 -0.05×2)/ 间距 +1（图 1-7-42）

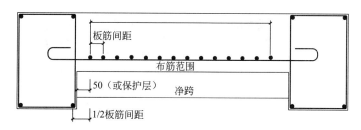

图 1-7-42 板底钢筋根数计算图

总长 = 单根长 × 根数

（2）板上部负筋：

单根长 = 平直段长 + 弯折段长即下弯锚固长（图 1-7-43）

弯折段长 =（板厚 – 板保护层）× 2

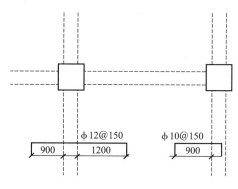

图 1-7-43

根数 =（净长 –0.05 × 2）/ 间距 +1（图 1-7-44）

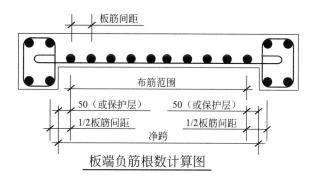

图 1-7-44

（3）分布筋的计算：同样先计算单根钢筋长再计算钢筋根数。

分布筋又叫架立筋，一般为 φ6@200，与负筋搭接 150mm。

单根钢筋长 = 轴线长 – 两侧负筋长 +0.15 × 2（图 1-7-45）

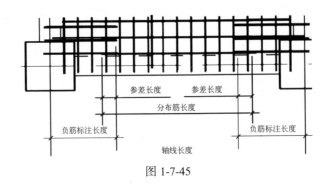

图 1-7-45

分布筋根数 = 负筋板内净长 / 分布筋间距（图 1-7-46）

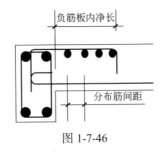

图 1-7-46

三、任务实施

计算图 1-7-47 所示现浇板的钢筋工程量。已知梁的截面尺寸均为 250mm×300mm，混凝土等级 C20。

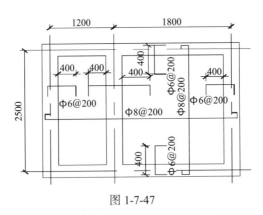

图 1-7-47

四、任务结果

解：现浇板的钢筋工程量

根据表 1-7-2，板的钢筋保护层厚 15mm，梁的钢筋保护层厚 20mm。

（1）板底（下部）钢筋：

1）X 向 φ8@200

单根钢筋长：1.2+1.8+0.25−0.015×2+6.25×0.008×2=3.32（m）

根数：(2.5-0.25-0.05×2)/0.2+1≈12（根）

总长：3.32×12=39.84（m）

2）Y向φ8@200

单根钢筋长：2.5+0.25-0.015×2+6.25×0.008×2=2.82（m）

根数：[(1.2-0.25-0.05×2)/0.2+1]+[(1.8-0.25-0.05×2)/0.2+1]=13（根）

总长：2.82×13=36.66（m）

（2）板负弯矩（上部）钢筋：

1）X向φ6@200

左右两边负筋单根长：平直段长度+弯折段长度=（0.4+0.25-0.020）+（0.08-0.015×2）×2=0.725（m）

中间负筋单根长：平直段长度+弯折段长度=(0.4×2+0.25)+(0.08-0.015×2)×2=1.15（m）

2）Y向根数：(0.4÷0.2+1)×4=12（根）

架立筋总长：0.9×6+1.45×12=22.8（m）

（3）钢筋质量汇总：

φ6钢筋：(31.2+18.85+22.8)×0.222=16.17（kg）

φ8钢筋：(39.84+36.66)×0.395=30.22（kg）

任务6 预应力钢筋、钢丝、钢绞线的计算

一、任务说明

（1）了解预应力构件中钢筋的组成；

（2）熟悉预应力钢筋、钢丝、钢绞线的工程量计算规则。

二、任务分析

在后张法预应力钢筋中，钢筋、钢丝、钢绞线的相关参数计算规则有以下几点：

（1）低碳合金钢筋两端均采用螺杆锚具时，钢筋长度按孔道长度减0.35m计算，螺杆另行计算。

（2）低碳合金钢筋一端采用镦头插片，另一端采用螺杆锚具时，钢筋长度按孔道长度计算，螺杆另行计算。

（3）低碳合金钢筋一端采用镦头插片，另一端采用帮条锚具时，钢筋长度按孔道长度增加0.15m计算；两端采用帮条锚具时，钢筋长度按孔道长度增加0.3m计算。

（4）低碳合金钢筋采用后张混凝土自锚时，钢筋长度按孔道长度增加0.35m计算。

（5）低碳合金钢筋（钢绞线）采用JM、XM、QM型锚具，孔道长度在20m以内时，钢筋长度按孔道长度增加1m计算；孔道长度在20m以外时，钢筋（钢绞线）长度按孔道长度增加1.8m计算。

（6）碳素钢丝束采用锥形锚具时，孔道长度在20m以内时，钢丝束长度按孔道长度增加1m计算；孔道长度在20m以上时，钢丝束长度按孔道长度增加1.8m计算。

（7）碳素钢丝束采用镦头锚具时，钢丝束长度按孔道长度增加0.35m计算。

（8）钢筋电渣压力焊、锥螺纹、冷挤压接头以个计算。

（9）固定预埋螺栓、铁件的支架，固定双层钢筋的铁马凳、垫铁件，按施工组织设计规定计算，套相应定额项目。

（10）无（有）黏结钢绞线计算长度，按现浇混凝土构件外皮长度加张拉端长度。

（11）无（有）黏结钢绞线以每延米实际重量，按吨计算。

（12）植筋工程量区别不同规格以根计算。

（13）现浇空心板内芯管安装工程量区别不同管径按米计算。

复习思考题

1. 钢筋的工程量计算规则是什么？
2. 基础钢筋工程量如何计算？
3. 柱钢筋工程量如何计算？
4. 梁钢筋工程量如何计算？
5. 板钢筋工程量如何计算？

项目八 门窗工程

 **学习目标**

（1）了解门窗的种类；
（2）熟悉门窗的工程量计算规则；
（3）正确计算门窗工程量。

 **知识储备**

一、窗的作用和分类

1. 窗的作用

采光和通风，同时有眺望观景、分隔室内外空间和围护作用，兼有美观作用。

2. 窗的分类

（1）按开启方式分类：固定窗、平开窗、悬窗、立转窗、推拉窗等。
（2）按框料分类：木窗、彩板钢窗、铝合金窗和塑料窗，以及塑钢窗、铝塑窗等复合材料的窗。
（3）按层数分类：单层窗和多层窗。
（4）按镶嵌材料分类：玻璃窗、百叶窗和纱窗等。

二、门的作用与分类

1. 门的作用

主要用途是交通联系和围护，在建筑的立面处理和室内装修中也有着重要作用。

2. 门的分类

（1）按开启方式分类：平开门、弹簧门、推拉门、折叠门、转门、上翻门、升降门、卷帘门等。
（2）按门所用材料分：木门、钢门、铝合金门、塑料门及塑钢门、全玻璃门等。
其中，常用的木门门扇有镶板门、夹板门、拼板门。
（3）按门的功能分：普通门、保温门、隔声门、防火门、防盗门、人防门以及其他特殊要求的门等。

三、分项工程列项

（1）木窗应区分木质窗、木飘窗、木橱窗、木纱窗，分别列项。

木质窗应区分木百叶窗、木组合窗、木天窗、木固定窗、木装饰空花窗等项目，分别列项。

（2）金属窗应区分金属（塑钢、断桥）窗，金属防火窗，金属百叶窗，金属纱窗，金属隔栅窗，金属橱窗，金属飘窗，彩板窗，复合材料窗等，分别列项。

（3）木质门应区分镶板木门、企口木板门、实木装饰门、胶合板门、夹板装饰门、木纱门、全玻门（带木质扇框）、木质半玻门（带木质扇框）等项目，分别列项。

（4）金属门应区分金属平开门、金属推拉门、金属地弹门、全玻门（带金属扇框）、金属半玻门（带扇框）等项目，分别列项。

任务 1　门窗工程量计算

一、任务说明

（1）掌握门窗工程量计算规则；

（2）按图纸正确计算门窗工程量。

二、任务分析

1. 门窗工程量计算规则

（1）各类门窗制作、安装，均按设计图示洞口尺寸以面积计算。

（2）门、窗盖口条、贴脸、披水条，按设计图示尺寸以长度计算，执行木装修项目。

（3）普通窗上部带有半圆窗的工程量应分别按半圆窗和普通窗计算。其分界线以普通窗和半圆窗之间的横框上裁口线为分界线，如图 1-8-1 所示。

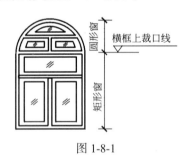

图 1-8-1

（4）卷闸门安装以面积计量，按设计图示洞口尺寸以面积计算。带卷筒罩的按展开面积增加。电动装置安装以套计算，小门安装以个计算，小门面积不扣除。

（5）防盗门、防盗窗、不锈钢隔栅门按框外围面积以面积计算。

（6）成品防火门以设计图示框外围面积计算，防火卷帘门从地（楼）面算至端板顶点乘以设计宽度。

（7）实木门框制作安装以长度计算。实木门扇制作安装及装饰门扇制作按扇外围面积计算。装饰门扇及成品门扇安装按扇计算。

（8）木门扇皮制隔声面层和装饰板隔声面层，按单面面积计算。

（9）不锈钢包门框、门窗套、花岗岩门套、门窗筒子板按展开面积计算。门窗贴脸、窗帘盒、窗帘轨按长度计算。

（10）窗台板按实铺面积计算。

（11）电子感应门及转门按定额尺寸以樘计算。

（12）不锈钢电动伸缩门以樘计算。

（13）厂库房大门、特种门、围墙铁丝大门制作、安装工程量，均按门洞口面积计算。

2. 门窗工程量计算公式

$$门窗工程量 = 洞口宽 \times 洞口高$$

3. 门窗工程量计算步骤

（1）看门窗表，了解门窗种类、数量、规格、尺寸。

（2）对照各层平面图，掌握各层中的门窗位置、尺寸。

（3）按门窗不同种类列项计算。

（4）相同的汇总。

三、任务实施

计算表 1-8-1 的门窗工程量。

表 1-8-1 门窗表

类型	设计编号	洞口尺寸 /mm	数量	图集选用 类型	图集选用 选用型号	备注
普通门	M0921	900×2100	6	单扇平开门		木质门
	M1021	1000×2100	1	单扇平开门		乙级防火门
	M1027	1000×2700	65	单扇平开门		木质门
	M1221	1200×2100	2	双扇平开门		木质门
	M1821	1800×2100	1	双扇平开门		木质门
	M1830	1800×3000	1	双扇平开门		木质门
	M4830	4800×3000	1	地弹门		12mm 钢化玻璃
普通窗	C1118	1100×1800	3		断热铝合金	5+9+5 中空玻璃
	C1518	1500×1800	12		断热铝合金	5+9+5 中空玻璃
	C1805	1800×500	9		断热铝合金	5+9+5 中空玻璃
	C1815	1800×1500	4		断热铝合金	5+9+5 中空玻璃
	C1818	1800×1800	56		断热铝合金	5+9+5 中空玻璃
	C2118	2100×1800	1		断热铝合金	5+9+5 中空玻璃
	C2918	2900×1800	49		断热铝合金	5+9+5 中空玻璃
	C3018	3000×1800	8		断热铝合金	5+9+5 中空玻璃
	C3318	3300×1800	3		断热铝合金	5+9+5 中空玻璃
	C3618	3600×1800	2		断热铝合金	5+9+5 中空玻璃
	C3818	3800×1800	6		断热铝合金	5+9+5 中空玻璃
	C4218	4200×1800	3		断热铝合金	5+9+5 中空玻璃
	ZHC-1	参见建施 -008	1		断热铝合金	5+9+5 钢化中空玻璃
	ZHC-2	参见建施 -008	1		断热铝合金	5+9+5 钢化中空玻璃
弧窗	圆弧组合窗	参见建施 -008	1		断热铝合金	5+9+5 中空玻璃
洞口	DK1524	1500×2400	6			

四、任务结果

解：1. 先在建筑平面图中查找内墙、外墙、不同种类、不同强度等级、不同墙厚的门窗数量，
如：一层外墙：M4830——1樘，M1830——1樘，M1821——1樘，C1118——3樘
　　一层内墙：M1221——2樘，M1027——20樘，M1021——1樘，C1118——6樘，
　　　　　　　C1518——12樘
　　二层外墙：C1818——20樘
　　二层内墙：M0921——6樘，M1027——20樘，C1518——3樘，C1818——20樘……

2. 门窗工程量计算：M0921=0.9×2.1=1.89（m^2）

M1021=1.0×2.1=2.1（m^2）

M1027=1.0×2.7=2.7（m^2）

M1221=1.2×2.1=2.52（m^2）

M1821=1.8×2.1=3.78（m^2）

M1830=1.8×3=5.4（m^2）

M4830=4.8×3=14.4（m^2）

C1118=1.1×1.8=1.98（m^2）

C1518=1.5×1.8=2.7（m^2）

C1805=1.8×0.5=0.9（m^2）

C1818=1.8×1.8=3.24（m^2）

C2918=2.9×1.8=5.22（m^2）

C3018=3×1.8=5.4（m^2）

余下略。

3. 分别汇总计算：

一层外墙：M4830×1+M1830×1+M1821×1+C1118×3
　　　　　=14.4×1+5.4×1+3.78×1+1.98×3=29.52（m^2）

一层内墙：M1221×2+M1027×20+M1021×1+C1118×6+C1518×12
　　　　　=2.52×2+2.7×20+2.1×1+1.98×6+2.7×12=105.42（m^2）

二层外墙：C1818×20=3.24×20=64.8（m^2）

二层内墙：M0921×6+M1027×20+C1518×3+C1818×20
　　　　　=1.98×6+2.7×20+2.7×3+3.24×20=138.78（m^2）

其余略。

任务2　木结构工程量计算

一、任务说明

（1）掌握木结构工程量计算规则；
（2）按图纸正确计算木结构工程量。

二、任务分析

（1）木屋架的制作安装工程量，按以下规定计算：

1）木屋架的制作安装按设计断面竣工木料以体积计算，其后备长度及配制损耗均不另外计算。

2）附属于木屋架的木夹板、垫木及与屋架连接的挑檐木、支撑等，其工程量并入屋架竣工木料体积内计算。

3）木屋架的制作安装区别，不同跨度，其跨度应以屋架上下弦杆的中心线交点之间的长度为准。带气楼的屋架并入相连的屋架体积内计算。

4）木屋架的马尾、折角和正交部半屋架，应并入相连接屋架的体积内计算。

5）钢木屋架的圆木按竣工木料以体积计算。

（2）圆木屋架连接的挑檐木、支撑等为方木时，其方木部分应乘以系数1.7折合圆木并入屋架竣工木料内，单独的方木挑檐，按矩形檩木计算。

（3）檩木按竣工木料以体积计算。简支檩长度按设计规定计算，如设计无规定者，按屋架或山墙中距增加0.2m计算，其接头长度按全部连续檩木总体积的5%计算。檩条托木已计入相应的檩木制作安装项目中，不另计算。

（4）屋面木基层，按屋面的斜面积计算。天窗挑檐重叠部分按设计规定计算，屋面烟囱及斜沟部分所占面积不扣除。

（5）封檐板按图示檐口外围长度计算，博风板按斜长度计算，每个大刀头增加长度0.5m。

（6）木楼梯按水平投影面积计算，不扣除宽度小于0.3m的楼梯井，其踢脚板、平台和伸入墙内部分，不另行计算。

复习思考题

1. 门窗工程量的计算规则是什么？
2. 门窗工程量的计算步骤是什么？

项目九

砌筑工程

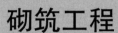

(1) 了解砌筑工程的施工内容；
(2) 熟悉砌筑工程的部位与材料种类；
(3) 掌握砌筑工程的工程量计算规则；
(4) 正确计算砌筑工程的工程量。

墙体是建筑物的重要组成部分。它的作用是承重、围护或分隔空间。墙体按墙体自身受力情况和材料种类分为承重墙和非承重墙，按墙体构造方式分为实心墙、烧结空心砖墙、空斗墙、复合墙。按墙体所在位置一般分为外墙以及内墙两大部分，每部分又各有纵、横两个方向，这样共形成四种墙体，即纵向外墙、横向外墙（又称山墙）、纵向内墙、横向内墙。

砖墙工程量应根据墙厚、砂浆类别、强度等级，分别列项计算，按计算图示尺寸以体积计算。

砖混结构是指建筑物中竖向承重结构的墙、柱等采用砖或者砌块砌筑，横向承重的梁、楼板、屋面板等采用钢筋混凝土结构。也就是说砖混结构是以小部分钢筋混凝土及大部分砖墙承重的结构。砖混结构是混合结构的一种，是采用砖墙来承重。

框架结构是指由梁和柱以刚接或者铰接相连接而成构成承重体系的结构，即由梁和柱组成框架共同抵抗适用过程中出现的水平荷载和竖向荷载。采用框架结构的房屋墙体不承重，仅起到围护和分隔作用，一般用预制的加气混凝土、膨胀珍珠岩、空心砖或多孔砖、浮石、蛭石、陶粒等轻质板材等材料砌筑或装配而成。其主要优点是建筑平面布置灵活，能够较大程度地满足建筑使用的要求。

框架结构与砖混结构主要是承重方式的区别：框架结构的承重结构是梁、板、柱，而砖混结构的住宅承重结构是楼板和墙体。

任务1 砖混结构砖墙工程量计算

一、任务说明

(1) 熟悉砖混结构砖墙工程量计算规则；

（2）正确按图纸计算墙体工程量。

二、任务分析

1. 砖墙工程量计算规则

实心砖墙、多孔砖墙、空心砖墙按设计图示尺寸以体积计算。扣除门窗、洞口、嵌入墙内的钢筋混凝土柱、梁、圈梁、挑梁、过梁及凹进墙内的壁龛、管槽、暖气槽、消火栓箱所占体积，不扣除梁头、板头、檩头、垫木、木楞头、沿椽木、木砖、门窗走头、砖墙内加固钢筋、木筋、铁件、钢管及单个面积在 $0.3m^2$ 以内的孔洞所占的体积。凸出墙面的腰线、挑檐、压顶、窗台线、虎头砖、门窗套的体积也不增加。凸出墙面的砖垛并入墙体体积内计算。

2. 砖石墙体积计算公式

砖石墙体体积 =（墙长 × 墙高 - 门窗洞口面积）× 墙厚 + 应增体积 - 应减体积

（1）墙的长度：外墙长度按外墙中心线计算，内墙长度按内墙净长线计算。

（2）墙身高度：

1）外墙墙身高度（图1-9-1）：斜（坡）屋面无檐口天棚者算至屋面板底；有屋架且室内外均有天棚者，算至屋架下弦底面另加 0.2m；无天棚者算至屋架下弦底加 0.3m，出檐宽度超过 0.6m 时，应按实砌高度计算；平屋面算至钢筋混凝土板底。

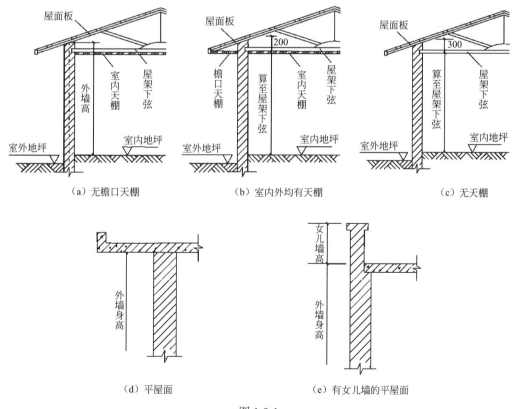

图 1-9-1

2）内墙墙身高度（图1-9-2）：位于屋架下弦者，其高度算至屋架底；无屋架算至天棚底另加 0.1m；有钢筋混凝土楼板隔层者算至板顶，有框架梁时算至梁底面。

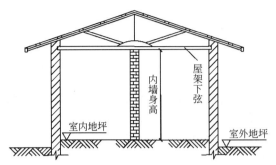
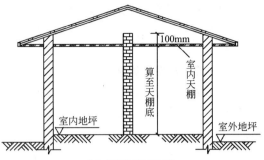

（a）内墙位于屋架下弦　　　　　　　（b）无屋架但有天棚

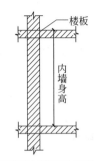
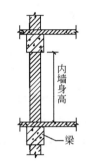

（c）钢筋混凝土楼板隔层间的内墙　　（d）有框架梁的钢筋混凝土隔层

图 1-9-2

3）女儿墙：从屋面板上表面算至女儿墙顶面（如有混凝土压顶时算至压顶下表面）。

4）内、外山墙（图 1-9-3）：按其平均高度计算。

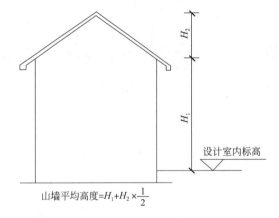

山墙平均高度=$H_1+H_2 \times \dfrac{1}{2}$

图 1-9-3

（3）标准砖墙体厚度按表 1-9-1 的规定计算。

表 1-9-1　标准砖墙体厚度表

砖数（厚度）	1/4 砖	1/2 砖	3/4 砖	1 砖	1.5 砖	2 砖	2.5 砖	3 砖
计算厚度/mm	53	115	180	240	365	490	615	740

（4）应增体积：凸出墙面的砖垛。

（5）应减体积（图1-9-4）：扣除门窗、洞口、嵌入墙身的钢筋混凝土柱、梁、圈梁、挑梁、过梁及凹进墙内的壁龛、管槽、暖气槽、消火栓箱所占体积。

图1-9-4

不扣除梁头、板头、檩头、垫木、木楞头、沿椽木、木砖、门窗走头、砖墙内的加固钢筋、木筋、铁件、钢管及每个面积在0.3m²以下的洞等所占的体积。

突出墙面的腰线、挑檐、压顶、窗台线、虎头砖、门窗套的体积也不增加，如图1-9-5所示。

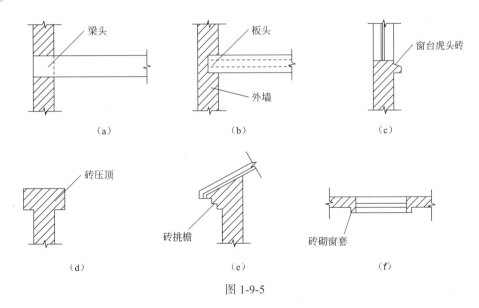

图1-9-5

3.砖混结构墙体工程量计算顺序

（1）先打开建筑施工图的平面图，分层计算$L_{中}$、$L_{内}$；

（2）再打开剖面图和墙身大样详图，计算墙高；

（3）依据门窗表和各层平面图计算门窗工程量，门窗工程量计算完成的可在此分墙的类别、不同墙厚汇总计算；

（4）墙内的混凝土构件也按计算墙体的类别分别汇总计算；

（5）最后把计算的结果代入公式。

三、任务实施

办公室平面图如图 1-9-6 所示：

层高 3.3m，板厚 0.1m，M1=1800mm×2400mm，M2=1000mm×2400mm，C1=1800mm×1800mm，C2=2100mm×1800mm，

外墙 QL=1.61m³，GL=0.61m³，GZ=0.88m³。内墙 QL=0.6m³，GL=0.48m³，

计算墙体工程量。

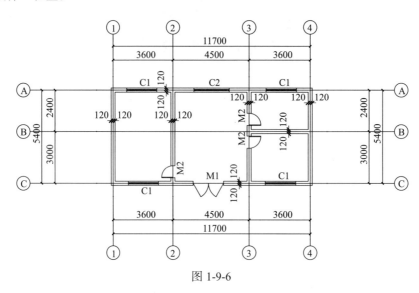

图 1-9-6

四、任务结果

解：1. 先计算 $L_{中}$ =（11.7+5.4）×2=34.2（m）

$L_{内}$ =（5.4-0.24）×2+（3.6-0.24）=13.68（m）

2. 墙高 $H_{外}$ =3m，$H_{内}$ =3+0.1=3.1（m）

3. 门窗：外墙门窗 =4C1+C2+M1=4×（1.8×1.8）+（2.1×1.8）+（1.8×2.4）=21.06（m²）

内墙门窗 =3M2=3×（1×2.4）=7.2（m³）

4. 外墙工程量 =（$L_{中}$ ×$H_{外}$ -$S_{门窗}$）× 墙厚 - 外墙混凝土体积（QL+GL+GZ）

=（34.2×3-21.06）×0.24-（1.61+0.61+0.88）

=16.47（m³）

5. 内墙工程量 =（$L_{内}$ ×$H_{内}$ -$S_{门窗}$）× 墙厚 - 内墙混凝土体积（QL+GL）

=（13.68×3.1-7.2）×0.24-（0.6+0.48）

=7.37（m³）

任务 2　框架结构砖墙工程量计算

一、任务说明

（1）掌握框架结构墙体工程量计算规则；

（2）按图纸正确计算框架结构墙体工程量。

二、任务分析

1. 框架结构墙体工程量计算规则

框架间墙：不分内外墙，按墙体净尺寸以体积计算。

2. 框架间墙体工程量计算公式

公式：（墙净长 × 净高 − 门窗）× 墙厚 − 墙内混凝土体积（过梁、压顶）

墙净长 = 轴线长 − 柱宽

墙净高 = 上下两根框架梁之间宽度 = 板标高 − 梁高

墙宽：按图纸规定。

3. 框架间墙体工程量计算步骤

框架间墙体工程量应分层计算：

（1）先看梁布置图：找到上下两层梁标高，计算墙体净高，上层梁标高 − 梁高；

（2）再看建筑平面图：找到墙所在位置，结合结构梁图，按净高和墙厚的不同分别计算墙体净长；

（3）按净高墙厚不同汇总计算框架间门窗工程量；

（4）把计算完成的数字带入公式，按公式计算框架间墙体工程量。

三、任务实施

如图1-9-7所示，已知柱截面500mm×500mm，梁截面400mm×600mm，板厚100mm，轴线距外墙250mm，计算框架间墙体工程量。

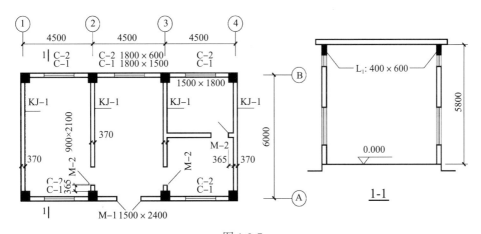

图1-9-7

四、任务结果

解：1.框架间净长：外墙：[（4.5×3−3×0.5）+（6−0.5）]×2=35（m）

内墙：（6−0.5）×2+4.5−（0.12+0.37/2）=15.2（m）

2.净高：5.8−（0.6−0.1）=5.3（m）

3.门窗面积：外墙门窗 =5（C1+C2）+M1=5×[（1.8×1.5）+（1.8×0.6）]+（1.5×2.4）=22.5（m²）

内墙门窗 =3M2=3×（0.9×2.1）=5.67（m³）

4. 外墙工程量 = （净长 × 净高 − 门窗）× 墙厚 = （35 × 5.3−22.5）× 0.365=59.49（m³）
5. 内墙工程量 = （净长 × 净高 − 门窗）× 墙厚 = （15.2 × 5.3−5.67）× 0.365=27.33（m³）

任务 3　其他墙体工程量计算

一、任务说明

（1）掌握其他墙体工程量计算规则；
（2）按图纸正确计算其他墙体工程量。

二、任务分析

（1）空斗墙是用砖侧砌或平、侧交替砌筑成的空心墙体，如图 1-9-8 所示。工程量按图示尺寸以空斗墙外形体积计算。墙角、内外墙交接处、门窗洞口立边、窗台砖、屋檐处的实砌部分并入空斗墙体积内。窗间墙、窗台下、楼板下、梁头下等实砌部分，应另行计算，套零星砌体定额项目。

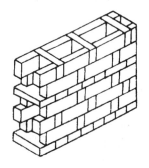

图 1-9-8

（2）空花墙是用砖或者蝴蝶瓦（也叫本瓦）按一定的图案砌筑的镂空的花窗，如图 1-9-9 所示。一般用于古典式围墙、封闭或半封闭走廊、公共厕所的外墙等处，也有大面积的镂空围墙。工程量按设计图示尺寸以空花部分外形体积计算，不扣除空洞部分体积。

图 1-9-9

(3)填充墙按设计图示尺寸以填充墙外形体积计算。

(4)围墙：高度算至压顶上表面（如有混凝土压顶时算至压顶下表面），围墙柱并入围墙体积内。

(5)轻质墙板按图示尺寸以面积计算。

任务4　零星砌体工程量计算

一、任务说明

(1)掌握零星砌体工程量计算规则；

(2)按图纸正确计算零星砌体工程量。

二、任务分析

(1)实心砖柱、多孔砖柱、砌块柱按设计图示尺寸以体积计算。

(2)附墙烟囱、通风道、垃圾道按设计图示尺寸以体积计算，并入所依附的墙体积内，扣除孔洞所占体积。

(3)零星砌体按实际图示尺寸以体积计算，不扣除各种孔洞的体积。

(4)砖散水、地坪按设计图示尺寸以面积计算。

(5)砖地沟、明沟按设计图示尺寸以体积计算。

(6)砖砌挖孔桩护壁工程量按实砌体积计算。

(7)砖平拱、钢筋砖过梁按图示尺寸以体积计算。如设计无规定时，砖平拱按门窗洞口宽度两端共加0.1m，乘以高度（门窗洞口宽小于1.5m时，高度为0.24m，大于1.5m时，高度为0.365m）计算；钢筋砖过梁按门窗洞口宽度两端共加0.5m，高度按0.44m计算。

复习思考题

1. 墙体工程量的计算规则是什么？
2. 框架结构和砖混结构墙体计算有什么区别？
3. 其他墙体工程量的计算规则是什么？
4. 零星砌体的工程量如何计算？

实训六

1. 实训目的

通过多层框架结构建筑物墙体工程量计算实例，掌握墙体工程量的计算规则、计算方法和流程，使学生能够按图纸熟练计算墙体工程量。

2. 实训任务

根据计量与计价实战教程中给定的图纸，完成以下工程量计算。

1）计算综合楼墙体工程量；

2）计算一号办公楼墙体工程量。

3. 实训流程

1）任务书的下发；

2）学生分组，按图纸计算，教师答疑；

3）学生自评、小组互评与教师评价；

4）任务成果的修改与上交。

4. 实训要求

1）学生在教师的指导下，独立完成各训练项目；

2）工程量计算正确，项目内容完整；

3）提交统一规定的工程量计算书。

项目十

屋面工程

 学习目标

（1）了解屋面的分类与组成；
（2）熟悉屋面各层次工程量计算规则；
（3）正确计算屋面各层次工程量。

 知识储备

1. 认识屋顶：建筑物分为坡屋顶和平屋顶两种形式，如图 1-10-1 所示。

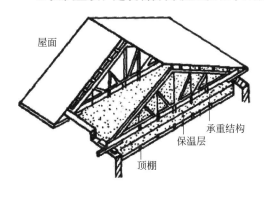
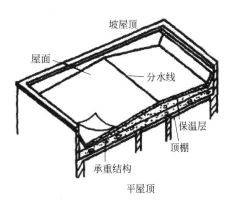

图 1-10-1

2. 两种屋顶屋面：基层以上都由找坡层、隔汽层、保温层、找平层、防水层、隔热层等构造层次组成，如图 1-10-2 所示。在工程量计算时，宜分别按各结构层的不同做法列项，从下向上分层次逐层计算，按设计做法分别套用定额。

3. 屋面各层次工程量计算规则：
（1）找平层：按屋面面积以平方米计算。
（2）隔汽层：按屋面面积以平方米计算。
（3）保温隔热层应区别不同保温隔热材料，除另有规定者外，均按设计实铺厚度以体积计算。

公式：屋面面积 × 设计实铺厚度

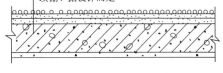

图 1-10-2　屋面的各层次组成

屋面、天棚保温隔热层的厚度按隔热材料（不包括胶结材料）净厚度计算。

（4）屋面找坡层按设计图示面积乘以平均厚度，以立方米计算，如图 1-10-3 所示。不扣除房上烟囱、风帽底座、风道和屋面小气窗等所占体积。

公式：屋面面积 × 找坡层平均厚度 = 设计长度 × 设计宽度 × 平均厚度

屋面找坡层平均厚度 =（屋面宽度 /2× 坡度系数）/2+ 最薄处厚度

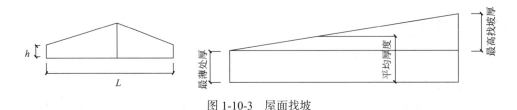

图 1-10-3　屋面找坡

（5）防水层：

1）瓦屋面、金属压型板（包括挑檐部分），按设计图示尺寸以斜屋面计算，均按屋面水平投影面积乘以屋面坡度系数，以面积计算。不扣除房上烟囱、风帽底座、风道、屋面小气窗、斜沟等所占面积，屋面小气窗出檐部分也不增加。

2）膜结构屋面，按设计图示尺寸以需要覆盖的水平投影面积计算。

3）卷材屋面按图示尺寸以面积计算，斜屋顶（不包括平屋顶找坡）按斜面积计算，平屋顶按水平投影面积计算。不扣除房上烟囱、风帽底座、风道、屋面小气窗和斜沟所占面积。屋面的女儿墙、伸缩缝和天窗等处的弯起部分，并入屋面工程量内

4）涂膜屋面的工程量计算同卷材屋面。涂膜屋面的油膏嵌缝、玻璃布盖缝、屋面分格缝以长度计算。

（6）保护层：分不同材料按面积计算。

（7）屋面排水：

1）铁皮排水按图示尺寸以展开面积计算。

2）铸铁、塑料水落管区别不同直径，按设计图示尺寸以长度计算。雨水口、水斗、弯头以个计算。

3）PVC、玻璃钢水落管区别不同直径按设计图示尺寸以长度计算，如设计未标注尺寸，以檐口至设计室外散水上表面垂直距离计算，管件所占位置不扣除。管件以个计算。

任务1 平屋顶屋面工程量计算

一、任务说明

（1）掌握平屋顶各层次的工程量计算规则；
（2）按图纸正确计算各层次工程量。

二、任务分析

（1）计算屋面各层次工程量，首先要看建筑施工图中的屋顶平面图，计算屋面面积；
（2）然后在节点详图中或建筑设计说明中找到屋面各层次的构成；
（3）按工程量计算规则从下向上依次计算。

三、任务实施

屋顶平面图如图1-10-4所示，屋面做法如下：钢筋混凝土楼板；1∶2.5水泥砂浆找平层20mm厚，50mm厚EPS板，保温层100mm厚，炉渣找$i=2\%$坡，最薄处30mm厚，1∶3水泥砂浆找平层20mm厚，刷冷底子油一道，SBS防水层，弯起250mm，计算屋面各层次工程量。

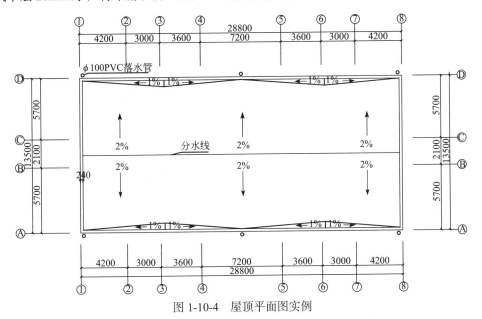

图1-10-4 屋顶平面图实例

四、任务结果

1. 计算屋面面积：屋面各层次的面积计算按实际铺设面积。平屋顶带女儿墙时按底层建筑面积 – 女儿墙面积计算；当平屋顶带挑檐时屋面面积等于底层建筑面积 + 挑檐面积。

图1-10-4屋面是带女儿墙的平屋顶，计算的是去掉女儿墙的净面积。

$$(28.8-0.24)\times(13.5-0.24)=28.56\times13.26=378.71(m^2)$$

2. 从下向上计算各层次工程量：

（1）1∶2.5水泥砂浆找平层20mm厚：工程量即屋面面积 = 378.71（m²）
（2）50mm厚EPS板保温层：工程量按体积计算 = 屋面面积 × 保温层厚度
= 378.71 × 0.05 = 18.94（m²）

（3）炉渣找 i=2% 坡最薄处 30mm 厚：

平均厚度 =（屋面宽度 /2× 坡度系数）/2+ 最薄处厚度 =[（13.5-0.24）/2×2%]/2+0.03=0.16（m）

找坡层工程量 = 屋面面积 × 平均厚度 =378.71×0.16=60.59（m^3）

二次找平和防水层工程量等于屋面水平投影面积与女儿墙弯起部分面积之和。屋面的女儿墙、伸缩缝和天窗等处的弯起部分，按设计图示尺寸并入屋面工程量内计算；设计无规定时，伸缩缝、女儿墙的弯起部分按 250mm 计算（图 1-10-5），天窗弯起部分按 500mm 计算。

（4）1：3 水泥砂浆找平层 20mm 厚：

找平层工程量 = 屋面水平投影面积 + 女儿墙弯起部分面积

女儿墙弯起部分面积 = 女儿墙内周长 × 弯起部分高度

=[（28.8-0.24）+（13.5-0.24）×2]×0.25

=20.91（m^2）

二次找平工程量 = 屋面水平投影面积 + 女儿墙弯起部分面积

=378.71+20.91=399.62（m^2）

（5）刷冷底子油一道，SBS 防水层，弯起 250mm：

SBS 防水层 = 屋面水平投影面积 + 女儿墙弯起部分面积 =378.71+20.91=399.62（m^2）

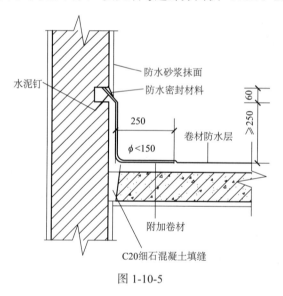

图 1-10-5

任务 2　坡屋顶屋面工程量计算

一、任务说明

（1）坡度系数表的查阅；
（2）正确计算坡屋顶各层次工程量。

二、任务分析

1. 坡屋顶的概念

排水坡度一般大于 10% 的屋顶叫做坡屋顶或斜屋顶。坡屋顶的形式和坡度主要取决于建筑平面、结构形式、屋面材料、气候环境、风俗习惯和建筑造型等因素。常用的屋面铺设材料有平瓦、波形瓦等瓦屋面和一些其他型材屋面，如图1-10-6所示。

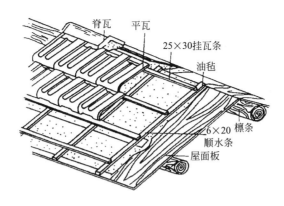

屋面板上挂瓦屋面

图 1-10-6

2. 坡屋顶工程量的计算

坡屋顶的工程量计算方式和平屋顶相同，依然从下向上分层次计算。与平屋顶不同的是坡屋顶的屋面面积是按设计图示尺寸以斜面积计算。不扣除房上烟囱、风帽底座、风道、屋面小气窗、斜沟等所占面积，屋面小气窗出檐部分也不增加。

坡屋顶的斜面面积 = 屋面水平投影面积 × 屋面坡度系数

屋面坡度系数详见屋面坡度系数表（表1-10-1）。

表 1-10-1 屋面坡度系数表

坡 度			延尺系数 C	隅延尺系数 D
B/A ($A=1$)	$B/(2A)$	角度 α		
1	1/2	45°	1.4142	1.7321
0.75		36°52′	1.2500	1.6008
0.70		35°	1.2207	1.5779
0.666	1/3	33°40′	1.2015	1.5620
0.65		33°01′	1.1926	1.5564
0.60		30°58′	1.1662	1.5362
0.577		30°	1.1547	1.5270
0.55		28°49′	1.1413	1.5170
0.50	1/4	26°34′	1.1180	1.5000
0.45		24°14′	1.0966	1.4839
0.40	1/5	21°48′	1.0770	1.4697
0.35		19°17′	1.0594	1.4569
0.30		16°42′	1.0440	1.4457
0.25		14°02′	1.0308	1.4362
0.20	1/10	11°19′	1.0198	1.4283
0.15		8°32′	1.0112	1.4221
0.125		7°8′	1.0078	1.4191
0.100	1/20	5°42′	1.0050	1.4177
0.083		4°45′	1.0035	1.4166
0.066	1/30	3°49′	1.0022	1.4157

屋面坡度有三种表示方法（图1-10-7）：

（1）用屋顶高度与跨度之比（简称高跨比）表示：
$$i=B/(2A)$$

（2）用屋顶高度与半跨之比（简称坡度）表示：
$$i=B/A$$

（3）用屋面的斜面与水平面的夹角（α）表示。

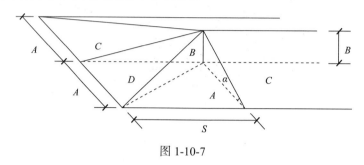

图1-10-7

注：1. 两坡排水屋面的面积为屋面水平投影面积乘以延尺系数C；

2. 四坡排水屋面斜脊长度$=A \times D$（当$S=A$时）；

3. 两坡排水屋面的沿山墙泛水长度$=A \times C$；

4. 坡屋面高度$=B$。

3. 坡屋顶最常用的公式

斜屋面的面积$S=$ 屋面图示尺寸的水平投影面积 × 延尺系数C

不同情况的坡屋顶面积计算公式：

等两坡屋面工程量 = 檐口总宽度 × 外檐总长度 × 延尺系数

等四坡屋面 =（两斜梯形水平投影面积 + 两斜三角形水平投影面积）× 延尺系数

或：等四坡屋面 = 屋面水平投影面积 × 延尺系数

等两坡正山脊工程量 = 檐口总长度 + 檐口总宽度 × 延尺系数 × 山墙端数

等四坡正斜脊工程量 = 檐口总长度 − 檐口总宽度 + 屋面檐口总宽度 × 隅延尺系数 ×2

三、任务实施

某工程如图1-10-8所示，屋面板上铺水泥大瓦，计算工程量。

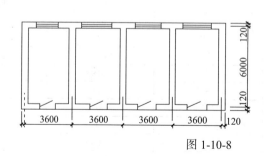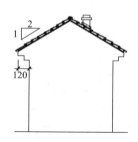

图1-10-8

四、任务结果

解：1. 先计算瓦屋面水平投影面积，即 = 屋面面积 + 挑檐面积。

2. 查屋面坡度系数表 B/A=1/2=0.5，查表 1-10-1，0.5 对应的延尺系数是 1.118。

3. 瓦屋面工程量 =（6.00+0.24+0.12×2）×（3.6×4+0.24）×1.118=106.06（m²）

复习思考题

1. 屋面工程量的计算步骤是什么？
2. 平屋顶工程量的计算规则是什么？
3. 坡屋顶工程量的计算规则是什么？

实训七

1. 实训目的

通过多层框架结构建筑物屋面工程量计算实例，掌握屋面各层次工程量的计算规则、计算方法和流程，使学生熟练计算屋面工程量。

2. 实训任务

根据计量与计价实战教程中给定的图纸，完成以下工程量计算。

1）计算综合楼屋面各层次的工程量；

2）计算一号办公楼屋面各层次工程量。

3. 实训流程

1）任务书的下发；

2）学生分组，按图纸计算，教师答疑；

3）学生自评、小组互评与教师评价；

4）任务成果的修改与上交。

4. 实训要求

1）学生在教师的指导下，独立完成各训练项目；

2）工程量计算正确，项目内容完整；

3）提交统一规定的工程量计算书。

项目十一

楼地面工程

 学习目标

（1）了解楼地面各构造层次的构造；
（2）熟悉楼地面工程工程量计算规则；
（3）正确计算楼地面各层次工程量；
（4）学会计算其他相关项目工程量。

 知识储备

1. 楼地面的概念

楼地面是楼面和地面的总称，其主要构造层次一般为基层、垫层和面层，必要时可增设填充层、隔离层、找平层、结合层等，如图 1-11-1 所示。

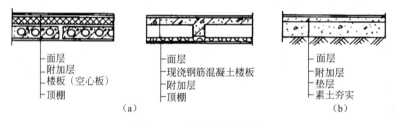

图 1-11-1 楼地面的组成

2. 楼地面各构造层次的材料种类及其作用

（1）基层：指楼板、夯实土基。
（2）垫层：指承受地面荷载并均匀传递给基层的构造层。
常采用三合土、素混凝土、毛石混凝土等材料。
（3）填充层：指在建筑楼地面上起隔声、保温、找坡或敷设暗管、暗线等作用的构造层。
（4）隔离层：指起防水、防潮作用的构造层。
（5）找平层：指在垫层、楼板或填充层上起找平、找坡或加强作用的构造层，一般为水泥砂浆找平层。
（6）结合层：指面层与下层相结合的中间层。

（7）楼地面面层：在结构层上表面起护面、隔声、防水、装饰作用。

3. 楼地面的分类

楼地面按使用材料和施工方法的不同分为整体面层、块料面层、橡塑面层和其他材料面层。

（1）整体面层地面：指在现场用浇筑的方法做成整片的地面。包括水泥砂浆地面、水磨石地面、细石混凝土地面、菱苦土地面等。

（2）块料面层地面：指利用各种人造的或天然的预制块材、板材镶铺在基层上面的楼地面。包括人工块料地面（陶瓷锦砖、陶瓷地砖、玻化砖等）、天然块料地面（大理石、花岗岩等）。

（3）橡塑面层：指用橡胶或塑料等材料铺设而成的地面。包括橡胶板楼地面、橡胶板卷材楼地面、塑料板楼地面、塑料卷材楼地面。

（4）其他材料楼地面：包括地毯、竹木（复合）地板、金属复合地板、防静电活动地板。

任务1　整体楼地面的工程量计算

一、任务说明

（1）按图纸的各层次分项工程列项；
（2）按计算规则计算各层次工程量。

二、任务分析

1. 整体楼地面各层次工程量的计算规则和计算公式

（1）整体面层：按设计图示尺寸以面积计算。扣除凸出地面构筑物、设备基础、室内铁道、地沟等所占面积，不扣除间壁墙及小于 $0.3m^2$ 的柱、垛、附墙烟囱及孔洞所占面积。门洞、空圈、暖气包槽、壁龛的开口部分不增加面积。

在民用建筑中，整体面层通常等于室内主墙间净面积。

计算公式 = 主墙间净长度 × 主墙间净宽度 ± 增减面积

（2）找平层：按图示尺寸以面积计算。

（3）垫层：地面垫层工程量，分层次按地面面积乘以垫层厚度以立方米计算。

计算公式：垫层体积 = 地面面积 × 垫层厚度

（4）地面防水、防潮层：按主墙间净面积以平方米计算。扣除凸出地面的构筑物、设备基础等所占面积，不扣除柱、垛、间壁墙、烟囱以及单个面积在 $0.3\ m^2$ 以内的孔洞所占面积。墙基侧面及墙立面防水、防潮层，不论内墙、外墙，均按设计防水长度乘以高度，以平方米计算。

地面防水、防潮层工程量 = 主墙间净长度 × 主墙间净宽度 ± 增减面积

2. 整体楼地面各层次工程量的计算步骤

（1）在图纸中，建筑设计说明里或室内装修做法表中找到建筑物各房间的楼地面构成；
（2）结合各层平面图、剖面图和节点详图找到需要的尺寸数据；
（3）根据工程量计算规则和公式分类型、分层次计算工程量。

三、任务实施

计算图 1-11-2 楼地面垫层、面层工程量：

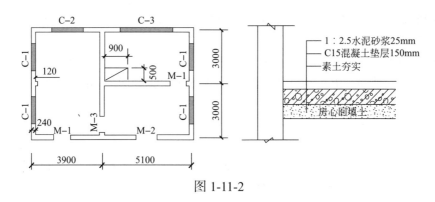

图 1-11-2

四、任务结果

解：1.整体楼地面按主墙间净面积计算：

1∶2.5 水泥砂浆地面

（3.9−0.24）×（3+3−0.24）+（5.1−0.24）×（3−0.24）×2＝47.91（m²）

2.垫层按体积计算：

C15 混凝土垫层　　　　47.91×0.15=7.19（m³）

任务2　块料楼地面的工程量计算

一、任务说明

（1）按图纸的各层次分项工程列项；
（2）按计算规则计算各层次工程量。

二、任务分析

1.块料楼地面各层次工程量的计算规则和计算公式

（1）块料面层：按设计图示尺寸以面积计算。门洞、空圈、暖气包槽、壁龛的开口部分并入相应的工程量内。块料面层通常等于实铺面积。应扣除地面上各种建筑配件所占面层面积。并入门洞、空圈、暖气包槽、壁龛的开口部分的工程量。

　　　　　　　　计算公式：块料面积 = 实铺面积

（2）找平层：按图示尺寸以面积计算。
（3）垫层：地面垫层工程量，分层次按地面面积乘以垫层厚度以立方米计算。

　　　　　　　计算公式：垫层体积 = 地面面积 × 垫层厚度

（4）地面防水、防潮层：按主墙间净面积以平方米计算。扣除凸出地面的构筑物、设备基础等所占面积，不扣除柱、垛、间壁墙、烟囱以及单个面积在 0.3 m² 以内的孔洞所占面积。墙基侧面及墙立面防水、防潮层，不论内墙、外墙，均按设计防水长度乘以高度，以平方米计算。

　　　　地面防水、防潮层工程量 = 主墙间净长度 × 主墙间净宽度 ± 增减面积

2.块料楼地面各层次工程量的计算步骤

（1）在图纸中，建筑设计说明里或室内装修做法表中找到建筑物各房间的楼地面构成；

（2）结合各层平面图、剖面图和节点详图找到需要的尺寸数据；
（3）根据工程量计算规则和公式分类型、分层次计算工程量。

3. 橡塑地面、其他材料地面工程量计算规则

橡塑地面、其他材料地面工程量计算规则同块料楼地面。

三、任务实施

某建筑平面如图 1-11-3 所示，墙厚 240mm，室内铺设 500mm×500mm 中国红大理石，贴相同材质的踢脚线（高 150mm)，试计算大理石地面的工程量。

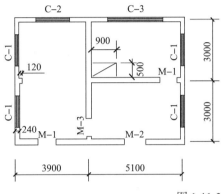

门窗表	
M-1	1000mm×2000mm
M-2	1200mm×2000mm
M-3	900mm×2400mm
C-1	1500mm×1500mm
C-2	1800mm×1500mm
C-3	3000mm×1500mm

图 1-11-3

四、任务结果

解：块料地面工程量 = 室内净面积 − 洞口 + 门开口处 − 垛面积

1. 室内净面积 =（3.9−0.24）×（6−0.24）+（5.1−0.24）×（3−0.24）×2=47.91（m^2）
2. 孔洞：0.5×0.9=0.45（m^2）
3. 门开口处 =（0.9+1×2+1.2）×0.24=0.984（m^2）
4. 垛面积 =0.12×0.24=0.03（m^2）
5. 地面工程量 =47.91−0.45+0.984−0.03=48.41（m^2）

任务3　相关工程工程量计算

一．任务说明

（1）踢脚线工程量的计算；
（2）楼梯装饰工程量的计算；
（3）散水、台阶工程量的计算。

二、任务分析

1. 踢脚线工程量的计算规则

（1）水泥砂浆踢脚线以延长米计算，不扣除门窗洞口及空圈长度，但门洞、空圈和垛的侧壁也不增加。
（2）石材踢脚线、块料踢脚线、现浇水磨石踢脚线、塑料板踢脚线、木质踢脚线、金属踢脚线、防静电踢脚线按长度乘以高度以面积计算，扣除门口，增加侧壁。

（3）成品踢脚线以延长米计算，扣除门口，增加侧壁。

2. 楼梯相关工程量计算规则

（1）整体楼梯（直形楼梯、弧形楼梯）包括休息平台、平台梁、斜梁及楼梯板的连接梁，按设计图示尺寸计算（当整体楼梯与现浇楼板无梯梁连接时，以楼梯的最后一个踏步边缘加0.3m为界计算，独立楼梯间按楼梯间设计图示尺寸计算），不扣除宽度小于0.5m的楼梯井，伸入墙内部分不另增加。

当 $b>500mm$ 时：　　　　$S=(L×B-$ 楼梯井所占面积$)×(n-1)$

当 $b\leqslant 500mm$ 时：　　　$S=(L×B)×(n-1)$

式中　n——有楼梯间的建筑物的层数。

（2）楼梯踢脚线的长度按其水平投影长度乘以系数1.15计算。

（3）楼梯踏步的防滑条工程量，按踏步两端距离减300mm以延长米计算。

$$L=(楼梯踏步宽-300mm)×踏步个数$$

（4）楼梯面层做石材、块料时，楼梯底面的单独抹灰、刷浆的工程量按楼梯水平投影面积乘以系数1.15计算。

（5）楼梯地毯压棍按设计图示数量以套计算，压板以米计算。

（6）栏杆、栏板、扶手均按图示以扶手中心线长度计算，计算扶手时不扣除弯头所占长度。扶手斜长部分的计算方法：按楼梯扶手斜长的水平投影长度乘以系数1.15计算。弯头按个计算。

3. 其他

（1）散水（图1-11-4）分层次从下向上依次计算：面层按面积计算。

散水面积计算公式：　　$S=(L_{外}+4×$ 散水宽 $-$ 台阶长$)×$ 散水宽

（2）明沟（图1-11-4）工程量的计算：明沟按长度计算。

明沟长度的计算公式：　　$L=L_{外}+8×$ 明沟中心线 $+$ 明沟出水延伸长

（3）台阶（图1-11-5）装饰工程量按设计图1-11-5所示尺寸以台阶（包括最上层踏步边沿加300mm）水平投影面积计算，不包括翼墙、花池等。300mm以外部分面积套用相应面层材料的楼地面工程定额子目。

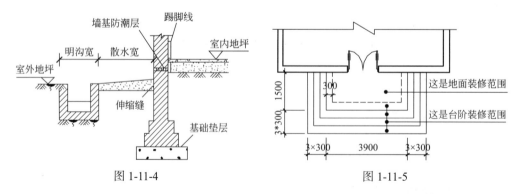

图1-11-4　　　　　　　　　　　图1-11-5

（4）墙基防水、防潮层，外墙按外墙中心线长度，内墙按墙体净长度乘以宽度，以平方米计算。

墙基防水、防潮层工程量 = 外墙中心线长度 × 实铺宽度 + 内墙净长度 × 实铺宽度

（5）变形缝包括建筑物的伸缩缝、沉降缝及抗震缝，适用于屋面、墙面、地基等部位。

涂膜防水的油膏嵌缝、屋面分格缝，按设计图示尺寸以米计算。变形缝与止水带，按设计图示尺寸以米计算。

三、任务实施

某楼梯如图 1-11-6 所示，同走廊连接，墙厚 240mm，梯井 60mm 宽，楼梯满铺芝麻白大理石，试计算其大理石及栏杆、扶手的工程量。

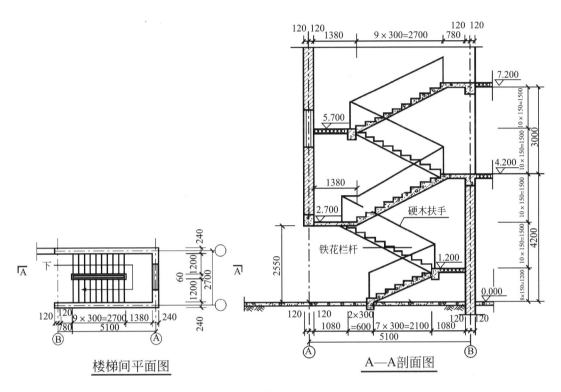

图 1-11-6

四、任务结果

解：1. 计算楼梯工程量：

楼梯工程量 =[（5.1−0.12+0.3）×（2.7−0.24）]×（3−1）+2.1×1.23+1.08×（2.7−0.24）
　　　　　=25.98+5.24=31.22（m²）

2. 栏杆工程量 =[2.1+（2.1+0.6）+0.3×9+0.3×10+0.3×10]×1.15+0.6+（1.2+0.06）+0.06×4
　　　　　　=15.525+0.6+1.26+0.24
　　　　　　=17.63（m）

 复习思考题

1. 整体地面的工程量计算规则是什么？
2. 块料地面的工程量计算规则是什么？
3. 地面垫层的工程量计算规则是什么？
4. 计算楼地面的步骤是什么？
5. 楼梯、散水、墙基防潮、防水层的工程量如何计算？

实训八

1. 实训目的

通过多层框架结构建筑物楼地面工程工程量计算实例,掌握楼地面各层次工程量的计算规则、计算方法和流程,使学生熟练计算楼地面工程量。

2. 实训任务

根据计量与计价实战教程中给定的图纸,完成以下工程量计算。

1)计算综合楼楼地面各层次的工程量;

2)计算一号办公楼楼地面各层次的工程量。

3. 实训流程

1)任务书的下发;

2)学生分组,按图纸计算,教师答疑;

3)学生自评、小组互评与教师评价;

4)任务成果的修改与上交。

4. 实训要求

1)学生在教师的指导下,独立完成各训练项目;

2)工程量计算正确,项目内容完整;

3)提交统一规定的工程量计算书。

装饰工程

（1）了解装饰工程的项目构成；
（2）熟悉装饰工程工程量计算规则；
（3）正确计算墙柱面、天棚面、油漆、涂料工程量；

装饰装修工程的工作内容包括墙面装饰工程、柱面装饰工程、顶棚装饰工程、喷涂、油漆、裱糊装饰工程。

（1）墙面装饰工程是指建筑物空间垂直面的装饰。如墙面抹灰、镶贴块料面层、木墙面及木墙裙、隔断、隔墙等。

1）墙面抹灰包括一般抹灰和装饰抹灰两大类。

一般抹灰有石灰砂浆抹灰、水泥砂浆抹灰、混合砂浆抹灰、其他砂浆抹灰等。一般抹灰等级、遍数、工序及外观质量对应关系见表1-12-1。

表1-12-1 一般抹灰等级、遍数、工序及外观质量对应关系

名称	普通抹灰	中级抹灰	高级抹灰
遍数	二遍	三遍	四遍
主要工序	分层找平、修整、表面压光	阳角找方、设置标筋、分层找平、修整、表面压光	阳角找方、设置标筋、分层找平、修整、表面压光
外观质量	表面光滑、洁净、接槎平整	表面光滑、洁净、接槎平整、压线、清晰、顺直	表面光滑、洁净、颜色均匀、无抹纹压线、平直方正、清晰美观

墙面装饰抹灰有水刷石、干粘石、斩假石、水磨石等。

2）镶贴块料面层包括大理石、花岗岩、预制水磨石、瓷砖瓷板、金属面砖的贴面。
施工工艺分别为：

① 挂贴块料：在墙的基层设置预埋件，再焊上钢筋网。然后将块料板上下钻孔，用铜丝或不锈钢挂件将块料板固定在钢筋网架上，再将留缝灌注水泥砂浆。

② 粘贴块料：用水泥砂浆或高强黏结浆把块料板粘贴于墙的基层上。该方法适用于危险性

小的内墙面和墙裙。

③干挂块料：适用于大型的板材，主要方法是用预埋件或膨胀螺栓将不锈钢角钢与墙体连接牢固，然后用不锈钢安插件，把设计要求打好孔的板材支撑在不锈钢角钢上，挂满墙面。

（2）顶棚装饰工程包括直接式顶棚和悬吊式顶棚。直接式顶棚就是直接抹灰、喷涂或用其他装饰材料，悬吊式顶棚就是吊顶。

（3）喷涂、油漆、裱糊装饰工程包括在门窗、木材面、金属面、抹灰面油漆；墙面、天棚、其他木材面金属面喷刷涂料和墙纸、织锦缎裱糊。

任务1　墙柱面工程量计算

一、任务说明

（1）熟悉墙柱面工程量计算规则；
（2）正确按图纸计算墙柱面工程量。

二、任务分析

1. 一般抹灰工程量

（1）内墙抹灰工程量：按内墙净长度乘以墙面的抹灰高度以面积计算。扣除墙裙、门窗洞口及单个面积大于 $0.3m^2$ 的孔洞，不扣除明踢脚线、挂镜线和墙与构件交接处的面积，门窗洞口和孔洞的侧壁及顶面不增加面积。附墙柱、梁、垛、烟囱侧壁并入相应的墙面面积内。

内墙面抹灰包括外墙内侧和内墙两侧。

计算公式：内墙面抹灰 ={（$2L_{内}$－内墙交接处 × 内墙厚）+（$L_{外}$－8× 外墙厚－内外墙交接处 × 内墙厚）}× $H-S_{门窗洞口}$ + 垛、梁、柱的侧面抹灰面积

也可以分房间计算 = 一个房间周长 × 高度 － 门窗面积 + 垛面积

1）挂镜线：又称"画镜线"，钉在居室四周墙壁上部的水平木条，用来悬挂镜框或画幅等。

2）内墙面抹灰高度，以主墙间的图示净长尺寸计算。其高度确定如下：
①无墙裙的，高度按室内楼地面至顶棚底面计算；
②有墙裙的，高度按墙裙顶至顶棚底面计算；
③有吊顶的天棚抹灰，高度算至天棚底。

（2）内墙裙抹灰工程量，按内墙裙的净长乘以内墙裙的高度以面积计算。扣除门窗洞口和孔圈所占面积，门窗洞口和孔圈的侧壁面积不另增加。墙垛及附墙侧面面积并入墙裙抹灰面积计算。

计算公式：内墙裙抹灰 $=L_{墙裙净长} \times H_{墙裙净高} - S_{墙裙内门窗面积}$

（3）外墙一般抹灰面积，按外墙面的垂直投影面积以平方米计算。应扣除门窗洞口，外墙裙和面积大于 $0.3m^2$ 的孔洞所占面积，洞口侧壁、面积不另增加。附墙垛、梁、柱、侧面抹灰面积并入外墙抹灰工程量内计算。栏板、栏杆、窗台线、门窗套、扶手、压顶、挑檐、遮阳板、突出墙外的腰线等，另按相应规定计算。

计算公式：外墙面抹灰 =$L_{外}$ × H−$S_{门窗}$−$S_{外墙裙}$+$S_{垛梁柱的侧面}$

（4）外墙裙抹灰面积按其长度乘以高度，扣除门窗洞口和大于 0.3m² 孔洞所占的面积，门窗洞口及孔洞侧壁也不增加。

计算公式：外墙裙抹灰 =（$L_{外}$ − 外墙上门宽）× $H_{墙裙}$ − $S_{墙裙下窗}$ + $S_{垛梁柱的侧面}$

（5）窗台线、门窗套、挑檐、腰线、遮阳板、压顶、扶手等展开宽度在不大于 0.3m 时按装饰线长度计算，如展开宽度大于 0.3m 按图示尺寸以展开面积计算，套零星抹灰定额项目。

（6）栏板、栏杆（包括立柱、扶手或压顶等）抹灰按立面垂直投影面积乘以系数 2.2 以面积计算，套零星抹灰定额项目。

（7）阳台底面抹灰按水平投影面积计算，并入相应顶棚抹灰面积内。阳台如带悬臂梁者，其工程量乘以系数 1.3。

（8）雨篷底面或顶面抹灰分别按水平投影面积以面积计算，并入相应顶棚抹灰面积内。雨篷顶面带反沿或反梁者，其工程量乘以系数 1.2，底面带悬臂梁者，其工程量乘以系数 1.2。雨篷外边线按相应装饰或零星项目执行。

（9）墙面勾缝按垂直投影面积计算，应扣除墙裙和墙面抹灰的面积，不扣除门窗洞口、门窗套、腰线等零星抹灰所占的面积，附墙垛和门窗洞口侧面的勾缝面积也不增加。独立砖柱、房上砖烟囱勾缝按图示尺寸以面积计算。

（10）装饰抹灰分格、嵌缝按装饰抹灰以面积计算。

2. 装饰抹灰计算规则

（1）装饰抹灰均按图示尺寸以实际面积计算，应扣除门窗洞口、孔圈所占的面积。

（2）挑檐、天沟、腰线、栏杆、栏板、门窗套、窗台线、压顶等均按图示尺寸展开面积以平方米计算，并入相应的外墙面积内。

3. 柱面抹灰及勾缝计算规则

柱面抹灰及勾缝按设计图示柱断面周长乘以高度计算。梁面抹灰执行柱面定额，按设计图示梁抹灰面周长乘以梁长计算。

4. 女儿墙、阳台栏板抹灰计算规则

女儿墙（包括泛水、挑砖）、阳台栏板（不扣除花格所占孔洞面积）内侧抹灰按垂直投影面积乘以系数 1.1，带压顶者乘系数 1.3 按墙面定额执行。

5. 块料面层计算规则

（1）墙、柱（梁）、零星项目镶贴块料面层，按镶贴表面积计算。

（2）墙裙以高度不大于 1.5m 为准，高度大于 1.5m 时按墙面计算，高度不大于 0.3m 按踢脚板计算。

6. 挂贴大理石、花岗石计算规则

挂贴大理石、花岗岩中其他零星项目的花岗岩、大理石是按成品考虑的，花岗石、大理石柱墩、柱帽按最大外径周长计算。

7. 墙饰面计算规则

墙饰面按设计图示墙净长乘以净高以面积计算。扣除门窗洞口及单个大于 0.3m² 的孔洞所占面积。

8. 柱饰面计算规则

柱饰面按设计图示饰面外围尺寸以面积计算。柱帽、柱墩以展开面积计算，并入相应柱面积内，每个柱帽或柱墩另增人工：抹灰 0.25 工日，块料 0.38 工日，饰面 0.5 工日。

9. 胶合板、细工木板计算规则

胶合板、细木工板基层钉在夹板上时，增加聚酯酸乙烯乳液 0.2807kg/m²。若胶合板钉在木龙骨上时，聚酯酸乙烯乳液减少 0.2807kg/m²。

10. 隔断计算规则

隔断按设计图示框外围尺寸以面积计算。不扣除单个 0.3m² 以内的孔洞所占面积；浴厕门材质与隔断相同时，门的面积并入隔断面积内。

11. 幕墙计算规则

幕墙按设计图示框外围尺寸以面积计算，带肋全玻幕墙按展开面积计算。

三、任务实施

如图 1-12-1 所示，假设建筑物，内墙石灰砂浆抹灰，C-1：1.5m×1.8m，M-1：1.5m×2.4m，M-2：0.9m×2.1m。外墙面水泥砂浆粘贴 194mm×94mm 深咖色全瓷外墙砖，板厚 100mm，灰缝 10mm。试计算内墙、外墙面抹灰工程量。

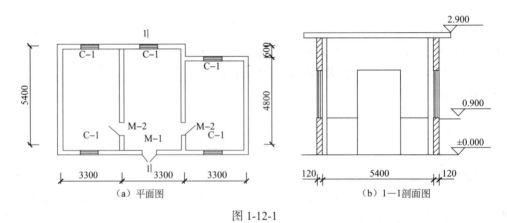

图 1-12-1

四、任务结果

解：1. 内墙抹灰：内墙石灰砂浆 = 主墙间净长 × 净高 − 门窗

净长 =[（3.3−0.24）+（5.4−0.24）]×2×2+[（3.3−0.24）+（4.8−0.24）]×2=32.88+15.24
=48.12（m）

净高 =2.9−0.1=2.8（m）

门窗 =5C1+M1+2M2×2=5×（1.5×1.8）+1.5×2.4+2×0.9×2.1×2=24.66（m²）

内墙抹灰工程量 =48.12×2.8−24.66=110.08（m²）

2. 外墙抹灰：瓷砖按实铺面积计算。

瓷砖 = 外墙外边线 × 高 − 门窗 + 门窗侧壁

$L_{外}$=[（9.9+0.24）+（5.4+0.24）]×2=31.56（m）

高 =2.8m

门窗 =5C1+M1=5×（1.5×1.8）+1.5×2.4=13.86（m²）

门窗侧壁 =（1.5+1.8）×2×0.12+（1.5+2.4×2）×0.12=1.548（m²）

外墙面砖工程量 =31.56×2.8−13.86+1.548=76.06（m²）

任务2　天棚工程量计算

一、任务说明

（1）熟悉天棚工程量计算规则；
（2）正确按图纸计算天棚工程量。

二、任务分析

1. 顶棚抹灰工程量计算规则

（1）顶层抹灰面积，按设计图示尺寸以水平投影面积计算。不扣除间隔墙、垛、柱、附墙烟囱、检查口和管道所占的面积，带梁天棚的梁两侧抹灰面积并入天棚面积内，板式楼梯底面抹灰按斜面积计算，锯齿形楼梯底板抹灰按展开面积计算。

（2）顶棚抹灰如带有装饰线时，区别按三道线以内或五道线以内以长度计算，线角道数以一个突出的棱角为一道线。

（3）檐口顶棚的抹灰面积，并入相同的天棚抹灰工程量内计算。

（4）顶棚中的折线、灯槽线、圆弧形线、拱形线等艺术形式的抹灰，按展开面积计算。

2. 天棚吊顶工程量计算规则

天棚吊顶按设计图示尺寸以水平投影面积计算。天棚面中的灯槽及跌级天棚面积不展开计算。不扣除间壁墙、检查口、附墙烟囱、检查口和管道所占的面积，扣除单个面积不大于 $0.3m^2$ 的孔洞、独立柱及与天棚相连的窗帘盒所占的面积。

（1）本章定额中龙骨、基层、面层合并列项的子目，工程量计算规则按图示尺寸以框外围展开面积计算。

（2）灯光槽按设计图示尺寸以框外围面积计算。

（3）保温层按实铺面积计算。

（4）网架按水平投影面积计算。

（5）嵌缝按长度计算。

3. 天棚工程量的计算公式

（1）顶棚抹灰工程量 = 主墙间的净长度 × 主墙间的净宽度 + 梁侧面面积
（2）装饰线工程量 = ∑（房间净长度 + 房间净宽度）×2
（3）天棚吊顶工程量 = 主墙间的净长度 × 主墙间的净宽度

任务3　油漆涂料工程量计算

一、任务说明

（1）熟悉油漆涂料工程量计算规则；
（2）正确计算油漆涂料工程量。

二、任务分析

1. 计算工程量

楼地面、顶棚面、墙、柱、梁面、抹灰面的喷涂、油漆工程量，均按楼地面、顶棚面、墙、柱、梁面装饰工程的相应工程量计算规则计算。特殊情况按表 1-12-2 乘以相应系数计算。

表 1-12-2 抹灰面油漆、涂料、裱糊工程量系数表

项目名称	系数	工程量计算方法	执行定额
混凝土楼梯底（板式）	1.15	水平投影面积	抹灰面油漆、涂料、裱糊定额
混凝土楼梯底（梁式）	1.00	展开面积	
混凝土花隔窗、栏杆花饰	1.82	单面外围面积	
楼地面、天棚、墙柱梁面	1.00	展开面积	

2. 木材面油漆与涂料工程量的计算规则（表 1-12-3）

（1）木材油漆项目按单层木门编制。其他如双层木门、单层全玻璃门等执行"单层木门油漆"定额。其他情况工程量按相应计算规则计算并乘以规定系数。

（2）木窗油漆项目按单层木窗编制。其他情况工程量按相应计算规则计算并乘以规定系数。

表 1-12-3 木门、窗定额工程量系数表

项目名称	系数	工程量计算方法	执行定额
单层木门	1.00	按设计图示洞口尺寸以面积计算	单层木门定额
双层（一玻一纱）木门	1.36		
双层（单裁口）木门	2.00		
双层全玻门	0.83		
木百叶门	1.25		
厂库大门	1.10		
单层玻璃窗	1.00	按设计图示洞口尺寸以面积计算	单层木窗定额
双层（一玻一纱）木窗	1.36		
双层（单裁口）木窗	2.00		
双层框三层（二玻一纱）木窗	2.60		
单层组合框	0.83		
双层组合框	1.13		
木百叶窗	1.50		

（3）木扶手油漆项目按木扶手（不带托板）编制，木扶手定额工程量系数见表 1-12-4。

表 1-12-4 执行木扶手定额工程量系数表

项目名称	系数	工程量计算方法	执行定额
木扶手（不带托板）	1.00	按设计图示洞口尺寸以延长米计算	木扶手（不带托板）定额
木扶手（带托板）	2.60		
窗帘盒	2.04		
封檐板、顺水板	1.74		
挂衣板、黑板框、单独木线 100mm 以外	0.52		
挂镜线、窗帘棍、单独木线 100mm 以内	0.35		
木地板、木踢脚线	1.00	长×宽水平投影面积	木地板定额

（4）其他木材的油漆执行"其他木材油漆"定额，工程量按相应计算规则计算，见表 1-12-5。

表 1-12-5　其他木材面定额工程量系数表

项目名称	系数	工程量计算方法	执行定额
木板、纤维板、胶合板天棚、檐口	1.00	按设计图示洞口尺寸以延长米计算	其他木材面定额
木护墙、木墙裙	1.00		
窗台板、筒子板、盖板、门窗套、踢脚线	1.00		
清水板条天棚、檐口	1.07		
木方格吊顶天棚	1.20		
吸音板墙面、天棚面	0.87		
暖气罩	1.28		
屋面板（带檩条）	1.11	斜长 × 宽	
木屋架	1.79	跨度（长）× 中高 × 1/2	
木间壁、木隔断	1.90	单面外围面积	
玻璃间壁露明墙筋	1.65		
木栅栏、木栏杆（带扶手）	1.82		
衣柜、壁柜	1.00	按实刷展开面积	
零星木装修	1.10	展开面积	
梁柱饰面	1.10	展开面积	

（5）木地板油漆项目按木地板编制。其他如木踢脚线、木楼梯等执行"木地板油漆"定额，按工程量相应计算规则计算并乘以规定的系数。

3. 金属面油漆工程量计算规则（表 1-12-6）

（1）钢门窗油漆项目按单层钢门窗编制。其他如双层钢门窗、钢百叶窗、金属间壁墙执行"单层钢门窗油漆"定额的其他项目，工程量按相应计算规则计算并乘以规定的系数。

（2）钢屋架、天窗架、钢柱、刚爬梯等执行"其他金属油漆"定额，工程量计算按相应计算规则计算并乘以相应系数。

表 1-12-6　金属面油漆定额工程量系数表

项目名称	系数	工程量计算方法	执行定额
单层钢门窗	1.00	洞口面积	单层钢门窗定额
双层（一玻一纱）钢门窗	1.48		
钢百叶窗	2.74		
钢半截百叶门	2.22		
钢板门或包铁皮门	1.63		
钢折叠门	2.30		
射线防护门	2.96	框（扇）外围面积	
厂库房平开、推拉门	1.70		
铁丝网大门	0.81		
间壁	1.85	长 × 宽	
平板屋面	0.74	斜长 × 宽	
瓦垄板屋面	0.89		
排水、伸缩缝盖板	0.78	展开面积	
吸气罩	1.63	水平投影面积	
平板屋面	1.00	斜长 × 宽	平面屋面涂刷磷化、锌黄底漆定额
瓦垄板屋面	1.20		
排水、伸缩缝盖板	1.05	展开面积	
吸气罩	2.20	水平投影面积	
包镀锌铁皮门	2.20	洞口面积	

任务4 其他装饰工程工程量计算

一、任务说明

（1）熟悉其他装饰工程工程量计算规则；
（2）正确计算其他装饰工程的工程量。

二、任务分析

（1）基层、造型层及面层的工程量均按设计面积以平方米计算。
（2）窗台板按设计长度乘以宽度，以平方米计算；设计未注明尺寸时，按窗宽两边共加 100mm 计算长度（有贴脸的，按贴脸外边线间的宽度），凸出墙面的宽度按 50mm 计算。

计算公式：窗台板工程量 =（窗宽 +0.1m）×（窗台宽 +0.05m）

（3）暖气罩各层按设计面积计算，与壁柜相连时，暖气罩算至壁柜隔板外侧，壁柜套用橱柜相应子目，散热口按其框外围面积单独计算。
（4）百叶窗帘、网扣帘按设计尺寸面积计算，设计未注明尺寸时，按洞口面积计算；窗帘、遮光帘均按帘轨的长度以米计算（折叠部分已在定额内考虑）。
（5）明式窗帘盒按设计长度以延长米计算；与天棚相连的暗式窗帘盒、基层板（龙骨）、面层板按展开面积以平方米计算。
（6）装饰线条应区分材质及规格，按设计延长米计算。
（7）大理石洗漱台按台面及裙边的展开面积计算，不扣除开孔的面积；挡水板按设计面积计算。台面需要现场开孔、磨孔边，按个计算。
（8）不锈钢、铝塑板包门框，按框饰面面积以平方米计算。
（9）夹板门门扇木龙骨不分扇的形式，按扇面积计算；基层、造型层及面层按设计面积计算；扇安装按扇个数计算；门扇上镶嵌，按镶嵌的外围面积计算。
（10）橱柜木龙骨项目按橱柜正立面的投影面积计算；基层板、造型层板及饰面板按实际面积计算；抽屉按正面面板面积计算。
（11）木楼梯按水平投影面积计算，不扣除宽度小于 300mm 的楼梯井面积，踢脚板、平台和伸入墙内部分不另计算；栏杆、扶手按延长米计算；木柱、木梁按竣工体积以立方米计算。
（12）栏板、栏杆、扶手按设计长度以延长米计算。
（13）美术字安装按字的最大外围矩形面积以个计算。
（14）招牌、灯箱的龙骨按正立面投影面积计算；基层及面层按设计面积计算。

> **复习思考题**
>
> 1. 抹灰面油漆的工程量如何计算？
> 2. 木材面油漆的工程量如何计算？
> 3. 金属面油漆的工程量如何计算？

实训九

1. 实训目的

通过多层框架结构建筑物装饰工程工程量计算实例，掌握装饰工程工程量的计算规则、计算方法和流程，使学生熟练计算装饰工程各部分工程量。

2. 实训任务

根据计量与计价实战教程中给定的图纸，完成以下工程量计算。

1）计算综合楼教室、办公室的内墙、天棚抹灰工程量；
2）计算综合楼外墙装饰工程量；
3）计算一号办公楼内墙抹灰、天棚吊顶工程量；
4）计算一号办公楼外墙装饰工程量。

3. 实训流程

1）任务书的下发；
2）学生分组，按图纸计算，教师答疑；
3）学生自评、小组互评与教师评价；
4）任务成果的修改与上交。

4. 实训要求

1）学生在教师的指导下，独立完成各训练项目；
2）工程量计算正确，项目内容完整；
3）提交统一规定的工程量计算书。

金属结构工程

（1）了解金属结构的种类；
（2）熟悉单价措施项目包括哪几项；
（3）定额量与清单量的计算规则；
（4）正确计算措施项目工程量。

一、金属结构相关基本知识

1. 金属结构的种类、特点

金属结构：指建筑物内，用各种型钢、钢板和钢管等金属材料或半成品，以不同的连接方式加工制作、安装而形成的结构类型。

金属结构特点：强度高、材料均匀、塑性韧性好、拆迁方便等优点，但耐腐蚀性和耐火性较差。

建筑工程中常见的金属构件有金属柱、吊车梁、网架、屋架、屋架梁、天窗、拉杆、支撑、檩条、扶梯、操作台、门窗及烟囱紧固圈、信号灯台、围栏、车挡板、栏杆、零星构件等。

2. 建筑用钢材的主要品种

（1）型钢：简单截面型钢有圆钢、方钢、六角钢、八角钢等；复杂截面型钢有工字钢、角钢、槽钢、钢轨等。

（2）线材：如钢筋、钢丝等。

（3）管材：无缝钢管、焊接钢管等。

（4）板材：光面钢板、花纹钢板、彩色涂层钢板等。

3. 钢材类型表示法

（1）圆钢：圆钢断面呈圆形，一般用直径"d"表示，符号为"d"。

如"Φ12"表示一级圆钢筋，钢筋直径为12mm。"Φ22"表示二级螺纹钢筋，钢筋直径为22mm。

（2）方钢：方钢断面呈正方形，一般用边长"a"表示，其符号为"□a"，例如"□16"表示边长16mm的方钢。

（3）角钢：

1）等肢角钢：等肢角钢的断面形状呈"L"字形，角钢的两肢相等，一般用L$b×d$来表示。如"L50×4"表示角钢的肢宽为b=50mm，肢板厚d=4mm。

2）不等肢角钢：不等肢角钢的断面形状也呈"L"形，但角钢的两肢宽度不相等，一般用L$B×b×d$来表示。如"L56×36×4"表示不等肢角钢长肢B=56mm，短肢b=36mm，厚度d=4mm。

（4）槽钢：槽钢的断面形状呈"["形，一般用型号来表示，如[25a表示25号槽钢，槽钢的号数为槽钢高度的1/10。25号槽钢的高度是250mm。同一型号的槽钢其宽和厚度均有差别，如[25a表示肢宽为78mm，高为250mm，腹板厚为7mm。[25c表示肢宽为82mm，高为250mm，腹板厚为11mm。

（5）工字钢：工字钢的断面形状呈工字型，一般用型号来表示。如I32a表示为32号工字钢，工字钢的号数常为高度的1/10，I32表示其高度为320mm，由于工字钢的宽度和厚度均有差别，分别用a、b、c来表示，如I32a中a表示32号工字钢宽为130mm，厚度为9.5mm，b表示工字钢宽为132mm，厚度为11.5mm，c表示工字钢宽为134mm，厚度为13.5mm。

（6）钢板：钢板一般用厚度来表示，如符号"—d"，其中"—"为钢板代号，d为板厚，例如"—6"的钢板厚度为6mm。

（7）扁钢：扁钢为长条形式钢板，一般宽度均有统一标准，它的表示方法为"—$a×d$"，其中"—"表示钢板，a、d分别表示钢板的宽度和厚度。例如—60×5表示宽为60mm，厚为5mm。

（8）钢管：钢管的一般表示方法用"$\phi D×t×l$"来表示，例如"ϕ102×4×700"表示外径为102mm，厚度为4mm，长度为700mm。

二、金属结构工程量计算规则

1. 构件制作

（1）金属结构制作按图示尺寸以质量计算。不扣除孔眼的质量，焊条、铆钉、螺栓等不另增加质量。

（2）钢屋架制作工程量包括依附于屋架上的檩托、角钢重量。

（3）钢网架制作工程量包括焊接球、螺栓球、锥头、封板、六角钢、支座支托、高强螺栓重量。

（4）钢托架制作工程量包括依附于托架上的牛腿或悬臂梁的重量。

（5）钢桁架、门式钢架、钢框架工程量包括型钢和钢板的重量。

（6）钢屋架、钢托架制作平台摊销工程量按钢屋架、钢托架重量计算。

（7）钢柱制作工程量包括依附于柱上的牛腿及悬臂梁重量。实腹钢柱类型指十字、T、L形等，空腹钢柱类型指箱形、格构等。

（8）制动梁的制作工程量包括制动梁、制动桁架、制动板重量。

（9）钢板楼板按设计图示尺寸以铺设水平投影面积计算，不扣除单个面积不大于0.3m^{2}的柱、垛及孔洞所占面积。

（10）钢板墙板，按设计图示尺寸以铺挂展开面积计算，不扣除单个面积不大于0.3m^{2}的梁、孔洞所占面积。包角、包边、窗台泛水等不另增面积。

（11）钢支撑制作项目包括柱间、屋架间水平及垂直支撑以重量计算。

（12）墙架的制作工程量包括墙架柱、墙架梁及连接柱杆重量。

（13）钢平台包括平台柱、平台梁、平台板、平台斜撑、钢扶梯及平台栏杆的重量。

（14）钢栏杆制作仅适用于工业厂房中平台、操作台的钢栏杆。

（15）钢漏斗分方形、圆形，依附漏斗的型钢并入漏斗重量内计算。

2. 构件安装、运输

金属构件安装、运输工程量分别按一、二、三类构件制作工程量汇总以重量计算。

3. 探伤、除锈、刷油

金属构件探伤、除锈、刷油工程量区别不同工艺按金属构件的重量、表面积、焊缝长度计算。

4. 总结

钢板：按面积计算，每平方米钢板的理论重量 $=7.85t$（kg/m^2）

型钢：按长度计算，每米圆钢理论重量 $=0.00617d^2$（kg/m）；

每米方钢理论重量 $=0.00785b^2$（kg/m）；

每米扁钢理论重量 $=0.00785bt$（kg/m）

工字钢、槽钢、角钢的每米重量应查阅五金手册或概预算手册。

任务 1 钢柱工程量计算

一、任务说明

（1）正确按图纸计算钢柱工程量；

（2）计算如图 1-13-1 所示 10 根钢柱工程量。

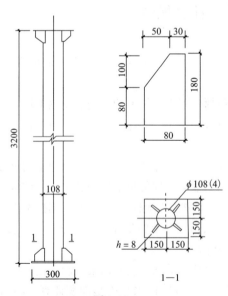

图 1-13-1

二、任务分析

钢柱由上下两块方形钢板、一根钢管和上下各四块固定钢管用不规则钢板组成。金属结构工程工程量按重量计算，各种规格钢材单位理论质量均可从钢材表中查得，计算的顺序是：

（1）计算方形钢板面积，然后用面积 × 每平方米理论质量；
（2）计算不规则钢板面积，然后用面积 × 每平方米理论质量；
（3）计算钢管长度，然后用长度乘以每米理论质量；
（4）汇总，得到一根钢柱质量，再乘以根数，得到总质量。

三、任务实施

解：（1）方形钢板：钢板面积 =0.3 × 0.3=0.09（kg/m²）
每平方米理论质量 =7.85 × 8=62.8（kg/m²）
方形钢板质量 =0.09 × 62.8 × 2=1.13（kg）
（2）不规则钢板：钢板面积 =0.18 × 0.08=0.014（kg/m²）
每平方米理论质量 =7.85 × 6=47.1（kg/m²）
方形钢板质量 =0.014 × 47.1 × 8=5.28（kg）
（3）钢管质量：钢管长度 =3.2−0.08 × 2=3.184（m）（减上下两块钢板厚）
每米理论质量 =10.26（kg/m）（查表）
钢管质量 =3.184 × 10.26=32.67（kg）
（4）10 根钢柱工程量：（1.13+5.28+32.67）× 10=390.80（kg）

任务 2　钢梁钢支撑工程量计算

一、任务说明

如图 1-13-2 所示为某工业厂房柱支撑，共十组，防火漆一遍，银粉漆二遍，由附属加工厂制作，运至安装地点，运距 3km。计算其工程量。（角钢 5.68kg/m，钢板 62.8kg/m²）

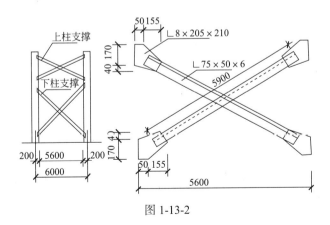

图 1-13-2

二、任务分析

柱支撑由钢板和角钢组成，两根角钢和两侧两块固定角钢用不规则钢板组成。金属结构工程工程量按重量计算，各种规格钢材单位理论质量均可从钢材表中查得，计算的顺序是：

（1）先计算不规则钢板面积，然后用面积 × 每平方米理论质量；

（2）再计算角钢长度，然后用长度乘以每米理论质量；
（3）汇总，得到一组钢支撑质量，再乘以根数，得到总质量。

三、任务实施

（1）钢板面积：0.205×0.21×4=0.1722（m²）
钢板 62.8kg/m²
钢板工程量：0.1722×62.80=10.81（kg）
（2）角钢长度：5.9×2=11.8（m）
角钢 5.68kg/m
角钢：11.8×5.68=67.02（kg）
钢支撑工程量：11.8+67.02=77.89（kg）
10 组柱支撑的工程量：77.89×10=778.9（kg）

任务3　钢屋架工程量计算

一、任务说明

如图 1-13-3 所示，∟70×7 角钢 7.398kg/m，ϕ16 钢筋 1.58kg/m，∟50×5 角钢 3.77kg/m，∟8 钢板 62.80kg/m²。

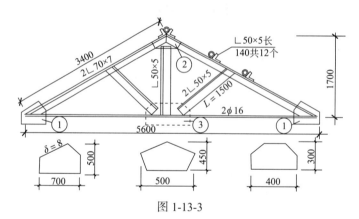

图 1-13-3

二、任务分析

上弦、下弦、立撑、斜撑杆都是角钢，按长度计算，1、2、3 号连接板按面积计算。

三、任务实施

解：上弦重量 =3.40×2×2×7.398=100.61（kg）
下弦重量 =5.60×2×1.58=17.70（kg）
立杆重量 =1.70×3.77=6.41（kg）
斜撑重量 =1.50×2×2×3.77=22.62（kg）
① 号连接板重量 =0.7×0.5×2×62.80=43.96（kg）

②号连接板重量 =0.5×0.45×62.80=14.13（kg）

③号连接板重量 =0.4×0.3×62.80=7.54（kg）

檩托重量 =0.14×12×3.77=6.33（kg）

屋架工程量 =100.61+17.70+6.41+22.62+43.96+14.13+7.54+6.33=219.30（kg）

复习思考题

1. 金属结构工程量的计算规则是什么？
2. 金属结构工程量的计算步骤是什么？

项目十四

措施项目

(1) 了解措施项目的概念；
(2) 熟悉单价措施项目包括哪几项；
(3) 定额量与清单量的计算规则；
(4) 正确计算措施项目工程量。

措施项目的概念：措施项目指为完成工程项目施工，发生于该工程施工前和施工过程中技术、生活、文明、安全等方面的非工程实体项目。

措施项目分为两类：单价措施项目和总价措施项目。

（1）单价措施项目是指能按图纸计算工程量，在《清单计算规范》和《计价定额》中列出了工程量计算规则，可以按工程量计算规则计算工程量，在计价定额中查询基价的项目。

单价措施项目一般包括脚手架工程、混凝土模板及支架、垂直运输、超高施工增加费、大型机械设备进出场及安拆、施工排水降水。

（2）总价措施项目是按百分比取费的项目，按《费用定额》规定的取费基数、费率计算确定。

总价措施项目一般包括安全文明施工，夜间施工，非夜间施工照明，二次搬运，冬雨期施工，地上、地下设施、建筑物的临时保护设施，已完工程及设备保护等。

这里主要讲述单价措施项目工程量计算规则，总价措施项目在取费中讲述。

任务1 模板工程工程量计算

一、任务说明

（1）掌握模板工程量计算规则；
（2）按图纸正确计算模板工程量。

二、任务分析

1. 定额模板工程量计算规则

（1）现浇混凝土模板。

1）现浇混凝土模板工程量按现浇混凝土工程量计算规则计算。

2）现浇混凝土支撑超高定额工程量按相应构件模板工程量计算。支撑高度超过 3.6m，每超过 1.2m 计算一个增加层，不足 0.6m 不计。

3）清水混凝土模板按混凝土模板面积以平方米计算。

① 现浇钢筋混凝土梁、板、柱、墙模板均按混凝土与接触面积计算。

② 墙内墙柱、暗柱、暗梁及墙突出部分的模板并入墙模板计算。

③ 墙、板上单孔面积在 $0.3m^2$ 以内的孔洞，不予扣除，洞侧壁模板也不增加；单孔面积在 $0.3m^2$ 以外时，应予扣除，洞侧壁模板面积并入墙、板模板工程量之内计算。

④ 柱与梁、柱与墙、梁与梁等连接的重叠部分以及伸入墙内的梁头、板头部分，均不计算模板面积。

（2）现场预制混凝土模板。预制混凝土模板工程量按预制混凝土工程量计算规则计算。

（3）构筑物混凝土模板。

1）构筑物混凝土模板工程量按构筑物混凝土工程量计算规则计算。

2）大型池槽等分别按基础、墙、板、梁、柱等有关规定计算并套相应定额项目。

2. 清单模板工程量计算规则

除特别注明外，均按以下公式计算：

$$S= 混凝土与模板接触面积$$

三、任务实施

模板定额工程量同混凝土工程量，详见项目五，在这里重点讲述清单模板工程量的计算：清单模板工程量计算规则是按混凝土与模板的接触面面积计算。所以要先分析各个构件的混凝土与模板接触面是多少面，是什么形状，然后按面积计算公式计算。

1. 基础模板工程量的计算

基础模板一般只支设立面侧模，顶面和底面均不支设模板。

（1）独立基础模板：独立基础模板一般只支侧模，如图 1-14-1 所示。所以独立基础模板计算的是模板侧面积之和。

$$独立基础模板 = 各层模板周长 × 各层模板高$$
$$计算公式 = 2(a+b) \times h_1 + 2(a_1+b_1) \times h_2$$

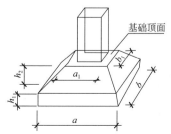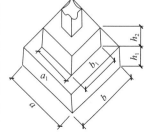

图 1-14-1　独立基础

（2）杯形基础模板：杯形基础模板一般支上下侧模和杯芯模三项，如图 1-14-2 所示。所以杯形基础模板计算的是三项模板侧面积之和。

杯形基础模板 = 各层周长 × 各层模板高

计算公式 $=2(a+b) \times h_1 + 2(a_1+b_1) \times h_3 +$ 杯芯模侧面积

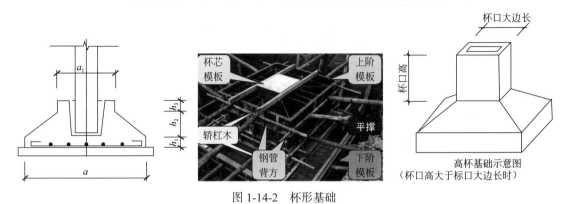

图 1-14-2　杯形基础

（3）条形基础模板：条形基础模板一般支上下侧模，如图 1-14-3 所示。所以条形基础模板计算的是模板侧面积之和。

条形基础模板 = 各层基础长 × 各层基础模板高

外墙基础模板计算公式 $=(L_{外模}+L_{内模净}) \times H_{模}$

内墙基础模板计算公式 $=2L_净 \times H_模$

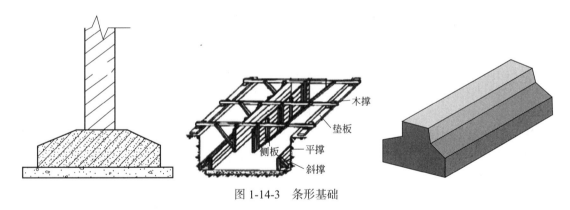

图 1-14-3　条形基础

（4）满堂基础模板：满堂基础模板支模方式和有梁板很像，包括基础底板侧模、梁侧模或柱模，如图 1-14-4 所示。

图 1-14-4　满堂基础

2. 柱模板工程量的计算

按混凝土与模板接触面积计算，柱模高度在 3.6m 以上时，需要增加超高费用。支模高度一层从室外地面，二层以上均以每层楼的楼板面开始算起。即当模件模板高度超过 3.6m 时，计算工程量分两部：① 全部面积（套模板定额）；② 高度超过 3.6m 部分的面积（套超高支撑定额）。

（1）框架柱模板计算公式：柱周长乘以柱高计算（不扣除柱与梁连接重叠部分的面积，牛腿的模板面积并入柱模板工程量中。），如图 1-14-5 所示，柱高从柱基或板上表面算至上一层楼板上表面，无梁板算至柱帽底部标高。

（2）构造柱模板计算公式：构造柱按图示外露部分的最大宽度乘以柱高计算模板面积。构造柱与墙接触面不计算模板面积，如图 1-14-6 所示。

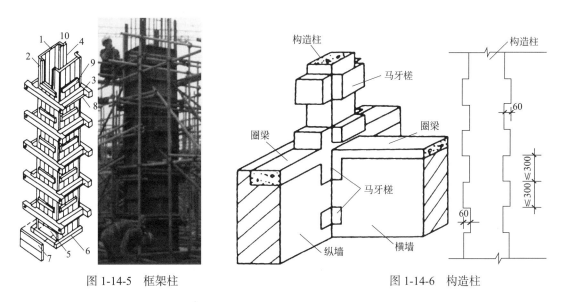

图 1-14-5　框架柱　　　　　　　图 1-14-6　构造柱

最大宽度的含义：混凝土计算时，每一个马牙槎的增加尺寸计 30mm，即马牙槎宽度的平均值。而在模板工程量计算中，每个马牙槎边的增加宽度计 60mm，为马牙槎的最宽值（图 1-14-7）。

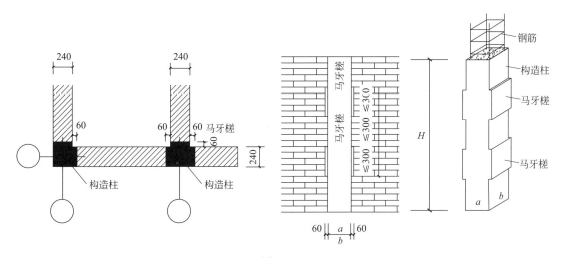

图 1-14-7

不同形式构造柱模板参考图 1-14-8。

计算公式：一字形　　$S=(d_1+0.12)\times 2\times h$
　　　　　　L形　　　$S=[(d_1+0.06)+(d_2+0.06)+(0.06\times 2)]\times h$
　　　　　　T字形　　$S=[(d_1+0.12)+(0.06\times 4)]\times h$
　　　　　　十字形　　$S=0.06\times 2\times 4\times h$

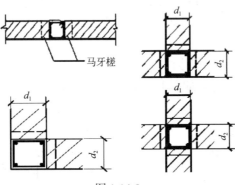

图 1-14-8

3. 梁模板工程量的计算

梁支三面模板，两面侧模＋底模，如图 1-14-9 所示。梁模高度在 3.6m 以上时，需要增加超高费用。计算方式同柱。

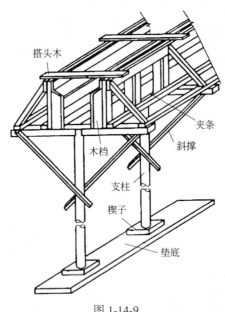

图 1-14-9

梁模板的计算公式：梁长 × 梁宽 +2（梁长 × 梁高）
（1）框架梁梁长计取：主梁取至柱侧面，次梁取至主梁侧
（2）圈梁梁长计取：外墙圈梁——外侧 $L_{外}$、内侧外墙内边线
　　　　　　　　　　内墙圈梁——按 $L_{内}$ 内墙净长线计取
（3）单梁梁长计取：支撑在混凝土墙上的梁——墙间净距
　　　　　　　　　　支撑在砖墙上的梁——梁实际长度

（4）梁高：内侧梁底至板底、外侧梁底至板顶

注意：外侧梁和内部梁模板计算的不同。

4. 板模板工程量的计算

板模板及支架按模板与现浇混凝土构件的接触面积计算，单孔面积不大于 $0.3m^2$ 的孔洞不予扣除，洞侧壁模板也不增加；单孔面积大于 $0.3m^2$ 的孔洞应予扣除，洞侧壁模板面积并入板模板工程量中。

（1）有梁板模板工程量的计算：有梁板按板与梁的模板面积之和计算（图1-14-10）。

有梁板：梁底面积＋板的底面积＋梁两侧面自梁底至板下高度的侧面积；

如梁底模与板模合并，计算整个底板面积＋梁侧面积即得有梁板模板面积。

注：计算板模板时，板只算底面模板，梁只算扣除板厚后的侧模，一定要注意，板边及洞口边沿的板侧模别忘了计算！

有梁板模板工程量计算公式 $=S_{板}+S_{梁}$

$$S_{板}=全长 \times 全宽$$

$$S_{梁}=2 \times （梁高-板厚） \times 梁长$$

图 1-14-10 有梁板

（2）无梁板模板工程量的计算：无梁板按板与柱帽的模板面积之和计算（图1-14-11）。

柱帽按展开面积计算，并入无梁板工程量中。

无梁板模板工程量计算公式 $=S_{板}+S_{柱帽}$

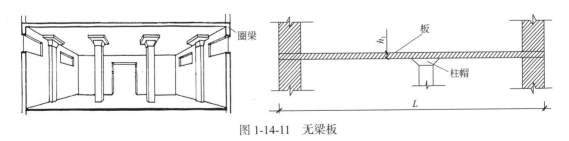

图 1-14-11 无梁板

（3）平板模板工程量的计算：现浇混凝土板的模板，按混凝土与模板接触面积以平方米计算。

1）伸入梁、墙内的板头，不计算模板面积。

2）周边带翻檐的板（如卫生间混凝土防水带等），底板的板厚部分不计算模板面积；翻檐两侧的模板，按翻檐净高度，并入板的模板工程量内计算。

3）板与柱相交时，不扣除柱所占板的模板面积。但柱与墙相连时，柱与墙等厚部分（柱的墙内部分）的模板面积，应予扣除：

平板模板面积＝净长 × 净宽

5. 墙模板工程量的计算（图 1-14-12）

墙模板及支架按模板与现浇混凝土构件的接触面积计算，附墙柱侧面积并入墙模板工程量。单孔面积不大于 $0.3m^2$ 的孔洞不予扣除，洞侧壁模板也不增加；单孔面积大于 $0.3m^2$ 的孔洞应予扣除，洞侧壁模板面积并入墙模板工程量中。

（1）墙模板及支架按墙图示长度乘以墙高以面积计算，外墙高度由楼板表面算至上一层楼板上表面，内墙高度由楼板上表面算至上一层楼板（或梁）下表面。

（2）暗梁、暗柱模板不单独计算。

（3）采用定型大钢模板时，洞口面积不予扣除，洞侧壁模板也不增加。

（4）止水螺栓增加费，按设计有抗渗要求的现浇钢筋混凝土墙的两面模板工程量以面积计算。

注：突出墙外部分不大于 1.5 倍墙厚时的附墙柱两侧模板并入墙体模板工程量内。
突出墙外部分大于 1.5 倍墙厚时，按柱计算。

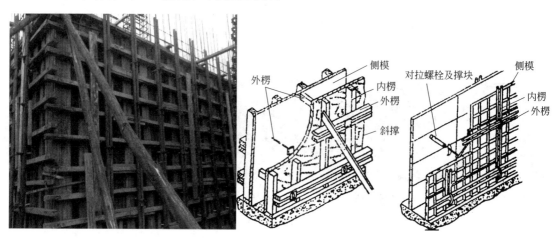

图 1-14-12　墙模板

6. 整体楼梯模板工程量计算

楼梯包括休息平台、梁、斜梁及楼梯与楼板的连接梁（图 1-14-13），按设计图示尺寸以水平投影面积计算，不扣除宽度小于 500mm 的楼梯井所占面积，楼梯的踏步板、平台梁等侧面模板不另计算。楼梯模板工程量同楼梯混凝土工程量。

注：水平投影面积包括休息平台、平台梁、斜梁及连接楼梯与楼板的梁。在此范围内的构件，不再单独计算；此范围以外的，应另列项目单独计。

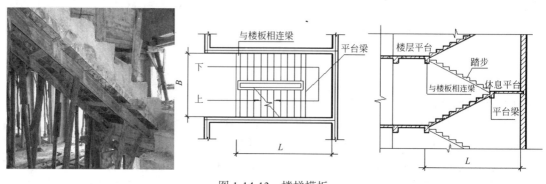

图 1-14-13　楼梯模板

7. 悬挑板模板工程量计算

（1）阳台板：S= 外挑部分尺寸的水平投影面积

强调：挑出墙外的牛腿梁及板边模板不另计算。

（2）雨篷板（图 1-14-14）

1）不带反挑檐的雨篷：S= 外挑部分尺寸的水平投影面积 =AL

2）带反挑檐的雨篷：S= 挑檐板底 + 挑檐立板外侧 + 挑檐立板内侧

挑檐的支模位置有三处：挑檐板底、挑檐立板两侧。这三处模板由于位置不同，其支模长度不相等，故应分别计算。

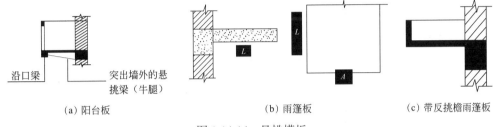

(a) 阳台板　　(b) 雨篷板　　(c) 带反挑檐雨篷板

图 1-14-14　悬挑模板

8. 台阶模板工程量计算（图 1-14-15）

按图示台阶水平投影面积计算，台阶端头两侧不另计算模板面积。

架空式混凝土台阶，按现浇楼梯计算

计算公式：　　　　　S= 台阶水平投影面积

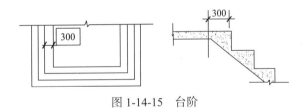

图 1-14-15　台阶

四、任务实例

【例 1-14-1】计算如图 1-14-16 所示的基础模板工程量。

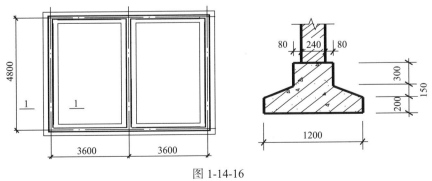

图 1-14-16

解：由图可以看出，本基础为有梁式条形基础，其支模位置在基础底板（厚200mm）的两侧和梁（高300mm）的两侧。所以，混凝土与模板的接触面积应计算的是：基础底板的两侧面积和梁两侧面积。

外墙下：

基础底板：S=（3.6×2+0.6×2）×2×0.2+（4.8+0.6×2）×2×0.2+（3.6−0.6×2）×4×0.2+（4.8−0.6×2）×2×0.2=9.12（m²）

基 础 梁：S=（3.6×2+0.2×2）×2×0.3+（4.8+0.2×2）×2×0.3+（3.6−0.2×2）×4×0.3+（4.8−0.2×2）×2×0.3=14.16（m²）

内墙下：

基础底板：S=（4.8−0.6×2）×2×0.2=1.44（m²）

基础梁：S=（4.8−0.2×2）×2×0.3=2.64（m²）

基础模板工程 =9.12+14.16+1.44+2.64=27.36（m²）

【例 1-14-2】计算图 1-14-17 的有梁板模板工程量。

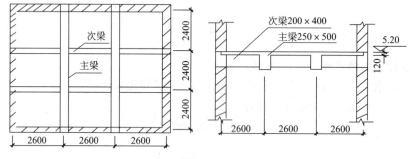

图 1-14-17

解：（1）板底模面积 =（2.6×3−0.25）×（2.4×3−0.25）=7.55×6.95=52.47（m²）

（2）梁侧模面积 =（2.4×3−0.25）×（0.5−0.12）×4+（2.6×3−0.25−0.25×2）×（0.4−0.12）×4
　　　　　　　=18.74（m²）

（3）有梁板模板工程量 =52.47+18.74=71.21（m²）

任务 2　脚手架工程量计算

一、任务说明

（1）掌握脚手架工程量计算规则；

（2）按图纸正确计算脚手架工程量。

二、任务分析

1. 脚手架的概念和种类

脚手架指施工现场为工人操作并解决垂直和水平运输而搭设的各种支架（图 1-14-18）。

在计价定额中，脚手架包括综合脚手架、单项脚手架、安全防护、电梯安装脚手架、烟囱脚手架、水塔脚手架。

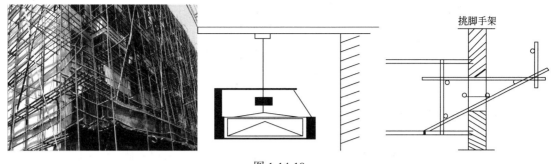

图 1-14-18

2. 综合脚手架

（1）凡能计算建筑面积的混合结构、框架结构建筑工程均执行综合脚手架。

（2）综合脚手架分别按单层混合结构、框架结构和多层混合结构、框架结构编制。其中混合结构包括砖混结构、底框混合结构（砖混结构建筑面积占总建筑面积60%以上）；框架结构包括框架结构、框架剪力墙结构、剪力墙结构。

（3）综合脚手架综合考虑了基础、内外墙砌筑、内外墙保温、混凝土浇筑、预制和金属构件吊装、内外墙装饰（抹灰、块料、油漆、涂料）等所需的各种脚手架及水平、垂直安全网费用。

（4）综合脚手架不包括以下几种情况使用的单项脚手架：

1）基坑深度超过1.5m，底面积超过$4m^2$的设备基础。

2）沟槽深度超过1.2m的室内地沟。

3）安装电梯使用的脚手架。

4）单独搭设的安全防护。

（5）综合脚手架中多层建筑的层高是按3.6m以内考虑的。当层数不大于规定层数而檐高不大于规定檐高时，按层数执行对应定额项目；当层数不大于规定层数而檐高大于规定檐高时，按折算层数执行对应定额项目。

（6）地下室执行6层以内的综合脚手架定额项目。

3. 单项脚手架

（1）凡不能计算建筑面积或能计算建筑面积（除混合结构、框架结构以外）的建筑工程以及接层、专业分包的建筑工程，施工组织设计规定需搭设脚手架时，执行相应单项脚手架。

（2）单项脚手架包括外脚手架、里脚手架、满堂脚手架、挑脚手架、吊篮脚手架、移动平台架、内墙面粉饰脚手架、天棚粉饰脚手架。

（3）安全防护架包括水平防护架、垂直防护架，均指脚手架以外单独搭设的，用于车辆通道、人行通道以及其他物体的隔离防护。

（4）独立斜道按依附斜道定额项目乘以系数1.8。

4. 滑升模板

滑升模板施工的钢筋混凝土烟囱、水塔、筒仓，不另计算脚手架。

三、任务实施

脚手架工程量计算规则：

1. 综合脚手架

（1）综合脚手架应分单层、多层和不同檐高，按建筑面积计算综合脚手架。

（2）建筑面积按《建筑面积计算规则》计算，地下室建筑面积单独计算。

2. 单项脚手架

（1）外脚手架

1）外脚手架按外墙外边线长度乘以外墙砌筑高度以平方米计算，突出墙外宽度在0.24m以内的墙垛、附墙烟囱等不计算脚手架；宽度超过0.24m以外时按图示尺寸展开计算，并入外脚手工程量之内，不扣除门窗洞口、空圈洞口等所占的面积。

2）建筑物内墙脚手架，凡室外地坪至顶板下表面（或山墙高度的1/2）超过3.6m以上时，按单排脚手架计算。

3）围墙脚手架，凡室外自然地坪至围墙顶面的砌筑高度超过3.6m以上时，按单排脚手架计算。

4）独立柱按图示柱结构外围周长另加3.6m，乘以砌筑高度以平方米计算，执行相应外脚手架。

5）贮水（油）池，凡距地坪高度超过1.2m以上的，按外壁周长乘以室外地坪至池壁顶面之间的高度以平方米计算，执行双排外脚手架。

6）大型设备基础，凡距地坪高度超过1.2m以上时，按其外形周长乘以地坪至外形顶面边线之间的高度，以平方米计算，执行双排外脚手架。

（2）里脚手架

1）里脚手架按墙面垂直投影面积计算，不扣除门窗洞口、孔圈洞口等所占的面积。

2）建筑物内墙脚手架，凡室内地坪至顶板下表面（或山墙高度的1/2）的砌筑高度在1.2～3.6m的，按里脚手架计算。

3）围墙脚手架，凡室外地坪至围墙顶面的砌筑高度在3.6m以下的，按里脚手架计算。

（3）满堂脚手架

1）满堂脚手架，按室内地面净面积计算，不扣除垛、柱所占面积，满堂脚手架的高度以设计室内地面至天棚为准。凡天棚高度在3.6～5.2m之间者，计算满堂脚手架基本层，超过5.2m时，每增加1.2m计算一个增加层。

2）现浇钢筋混凝土满堂基础，按水平投影面积的1/2计算满堂脚手架。

3）现浇钢筋混凝土框架结构，按建筑面积1/2计算满堂脚手架。

4）沟槽深度超过1.5m，宽度超过3m的钢筋混凝土带形基础，基坑深度超过1.5m，底面积超过4m²的独立基础、设备基础，均按带形基础、独立基础、设备基础底面水平投影面积的1/2计算满堂脚手架。

5）室内高度超过3.6m（含3.6m）的天棚吊顶、抹灰油漆等装饰工程按水平投影面积的1/3计算满堂脚手架。

（4）挑脚手架按搭设长度和层数以延长米计算。

（5）吊篮脚手架按墙面垂直投影面积计算。

（6）移动平台架按天棚垂直投影面积计算。

（7）内墙面粉饰脚手架按墙面垂直投影面积计算。

（8）天棚粉饰脚手架按天棚垂直投影面积计算。

（9）斜道按不同高度以座计算。

（10）建筑物垂直封闭工程量按封闭面的垂直投影面积以平方米计算。

（11）安全网按实挂部分投影面积以平方米计算。

3. 其他脚手架

（1）电梯安装脚手架按单孔不同高度以座计算。

（2）烟囱、水塔脚手架按不同搭设高度以座计算。

任务 3　垂直运输工程量计算

一、任务说明

（1）掌握垂直运输工程量计算规则；
（2）正确计算垂直运输工程量。

二、任务分析

1. 垂直运输的种类

垂直运输包括建筑物垂直运输、构筑物垂直运输。工作内容包括单位工程在合理工期内完成全部工程项目所需的垂直运输机械台班等，不包括机械的场外往返运输、一次安拆及路基铺垫和轨道铺拆等费用。

2. 建筑物垂直运输

（1）建筑物垂直运输区分不同层数和檐高分别按混合结构、框架结构编制。
（2）建筑物层高是按 3.6m 以内考虑的。当层数不大于规定层数而檐高不大于规定檐高时，按层数执行对应定额项目；当层数不大于规定层数而檐高大于规定檐高时，按折算层数执行对应定额项目。
（3）地下室执行对应地下室垂直运输定额项目。
（4）檐高 3.6m 以内的单层建筑物，不计算垂直运输机械台班。
（5）在单位工程中垂直运输机械同时使用塔式起重机和卷扬机时，按塔式起重机计算。
（6）框架结构建筑物采用泵送混凝土时，按相应定额项目乘以系数 0.7。

3. 构筑物垂直运输

（1）构筑物的高度，从设计室外地坪至构筑物的顶面高度为准。
（2）未列项目构筑物垂直运输按施工组织设计规定计算。

三、任务实施

垂直运输工程量计算规则：

1. 建筑物垂直运输费

（1）建筑物垂直运输按不同层数和檐高以建筑面积计算。
（2）地下室垂直运输按不同层数以建筑面积计算。
（3）建筑面积按建筑面积计算规则计算。

2. 构筑物垂直运输

（1）构筑物垂直运输以座计算。
（2）设备基础垂直运输以混凝土体积计算。

任务 4　超高费工程量计算

一、任务说明

（1）掌握超高费工程量计算规则；

（2）按图纸正确计算超高费工程量。

二、任务分析

（1）单层建筑物檐高 20m 以上、高层建筑物 6 层以上，均应计算建筑物超高增加费。

（2）建筑物超高费是指单层建筑物檐高 20m 以上、多层建筑物 6 层以上的人工、机械降效、施工电梯使用费、安全措施增加费、通讯联络、高层加压水泵的台班费。

（3）建筑物层高费是按 3.6m 以内考虑的。当层数不大于规定层数而檐高不大于规定檐高时，按层数执行对应定额项目；当层数不大于规定层数而檐高大于规定檐高时，按折算层数执行对应定额项目。

（4）建筑物超高费的垂直运输机械的机型已综合考虑，不论实际采用何种机械均不得换算。

（5）同一建筑物的不同檐高，应按不同高度分别计算建筑物超高费。

（6）框架结构建筑物采用泵送混凝土时，按相应定额项目乘以系数 0.7。

（7）构筑物不计超高费。

三、任务实施

建筑物超高费工程量计算规则：
（1）建筑物超高费按不同层数和檐高以超高部分建筑面积计算。
（2）建筑物超高费建筑面积按建筑面积计算规则计算。

任务 5　大型机械安拆工程量计算

一、任务说明

（1）掌握大型机械安拆工程量计算规则；
（2）按图纸正确计算大型机械安拆工程量。

二、任务分析

（1）塔式起重机基础及轨道铺拆费中轨道铺拆以直线形为准，如铺设弧线形时，乘以系数 1.15 计算。

（2）固定式基础不包括拆除和打桩的费用，发生另计。如实际配备基础与定额不符，允许调整。

（3）轨道和枕木之间增加其他型钢或钢板的轨道、自升式塔式起重机行走轨道、不带配重的自升式塔式起重机固定式基础、施工电梯和混凝土搅拌站的基础未包括在本计价定额内。

（4）安装拆卸费中已包括机械安装后的试运转费用。

（5）自升式塔式起重机安拆费是以塔高 45m 确定的。如塔高超过 45m 时，每增高 10m 安拆定额增加 10%。

（6）场外运费运距为 25km 以内的机械进出场费用，进场、出场一次按一台次计算。

三、任务实施

特、大型机械安拆及场外运输工程量计算规则：

（1）固定式基础（带配重）按座计算。
（2）轨道式基础按双轨长度以米计算。
（3）特、大型机械安装、拆卸费按台次计算。
（4）特、大型机械场外运输费按台次计算。

任务6 井点降水工程量计算

一、任务说明

（1）掌握井点降水工程量计算规则；
（2）按实际情况正确计算井点降水工程量。

二、任务分析

（1）井点降水定额包括抽水机排地表水、井点排水、井点降水中的轻型井点、喷射井点、大口径井点、水平井点、钢筋笼深井点、水泥管深井点。
（2）钢筋笼深井点按水泥管深井点降水设备执行。
（3）单机组抽水包括一台水泵、一个水箱及胶管等设备，双机组抽水包括两台水泵、一个水箱及胶管等设备。
（4）井点排水、井点降水设备使用天按每昼夜24小时降水考虑。
（5）定额中不包括排水采用砌砖、混凝土排水管、降水采用泥浆沉淀池、泥浆沟的挖砌以及泥浆运输等定额项目。

三、任务实施

（1）井点降水工程量计算规则：
1）抽水机排水按不同深度以基坑、槽底面积计算。
2）井点排水打拔井点和管道摊销按不同井点深度以井点个数计算，设备使用按天计算。
3）井点降水中井管安装、拆除按不同井点类别和深度以井点个数计算，设备使用按天计算。
4）降水设备使用天数按施工组织设计规定的使用天数计算。
（2）轻型井点以50根为一套；喷射井点以30根为一套；大口径井点以45根为一套；水平井点以10根为一套；钢筋笼深井点、水泥管深井点以1根为一套。

复习思考题

1. 措施工程都包括哪些项目？
2. 模板工程量的计算规则是什么？
3. 脚手架工程量计算规则是什么？
4. 垂直运输项目包括哪些？
5. 超高费在什么情况下计取？
6. 大型机械安拆及场外运输工程量的计算规则是什么？
7. 井点降水工程量的计算规则是什么？

模块二

定额计价

施工图预算的编制

（1）熟悉施工图预算编制相关基本知识；
（2）按图纸、工程量、计价定额正确套用定额；
（3）正确进行工料分析、找价差；
（4）熟练编制施工图预算。

一、施工图预算的相关基本知识

1. 施工图预算的概念

施工图预算即单位工程预算书，是在施工图设计完成后、工程开工前，咨询单位或施工单位根据已审定的施工图纸，在施工方案或施工组织设计已确定的前提下，按照国家或省、市颁发的现行预算定额、费用标准等有关规定，预先计算和确定单项工程和单位工程全部建设费用的经济文件。它是建设单位招标和施工单位投标的依据，也是签订工程合同、确定工程造价的依据。

本教材主要介绍定额计价法编制施工图预算。

2. 施工图预算的作用

（1）施工图预算是落实或调整投资计划的依据；
（2）施工图预算是签订工程承包合同的依据；
（3）施工图预算是办理工程结算的依据；
（4）施工图预算是施工单位编制施工准备计划的依据；
（5）施工图预算是加强施工企业经济核算的依据；
（6）施工图预算是实行招标、投标的参考依据；
（7）施工图预算是"两算"对比的依据。

3. 施工图预算的编制依据

（1）经过会审的施工图，包括所附的文字说明、有关的通用图集和标准图集及施工图纸会审记录；
（2）现行的预算定额或计价定额；

（3）建筑安装工程费用定额，有关动态调价文件；

（4）经过批准的施工组织设计或施工方案；

（5）应按当地规定的费用及有关文件进行计算；

（6）工程的承包合同（或协议书）、招标文件。

4. 施工图预算的编制方法

（1）施工图预算的编制方法通常有单价法和实物法。

（2）单价法是目前国内编制施工图预算的主要方法，具有计算简单，工作量相对小，编制速度较快，便于造价统一管理等优点。下面主要学习单价法。

（3）单价法编制施工图预算就是根据预算定额或计价定额的分部分项工程量计算规则，按照施工图计算出各分部分项工程的工程量，乘以相应的工程单价（定额基价），汇总相加，得到单位工程的人工费、材料费、机械使用费之和（分部分项工程费）；再以工程直接费（或其中的人工费）为计费基础，按照规定计费程序和计费费率计算出措施费、管理费、利润、规费和税金，汇总便可得出单位工程的施工图预算造价。

（4）单价法编制施工图预算的基本公式表述为：

单位工程施工图预算分部分项工程费 = $\sum$（分部分项工程量 × 分部分项工程定额基价）

总人工费 = $\sum$（分部分项工程量 × 分部分项工程定额人工费）

总机械费 = $\sum$（分部分项工程量 × 分部分项工程定额机械费）

5. 单价法编制施工图预算的步骤

（1）收集编制预算所需的基础文件和资料；

（2）熟悉施工图纸设计文件；

（3）熟悉施工组织设计和施工现场情况；

（4）划分工程项目与计算工程量；

（5）套用预算定额单价；

（6）编制工料分析表；

（7）计算各项费用；

（8）复核计算；

（9）编制说明，填写封面并装订。

二、计价定额的基本知识

1. 计价定额的概念

计价定额是由省工程造价管理部门（省造价站）编制颁发，以单位工程量分项工程人工、材料、施工机械台班的消耗量及价格为核心内容的表现形式，是确定建筑工程人工、材料、施工机械台班消耗量的强制性计量标准和确定全过程造价，管理各阶段工程造价的指导性计价标准。

计价定额是以具有相应资质和施工能力的施工单位，按照正常的施工条件和建设程序、常规的施工方法和技术工艺、合理的施工工期和劳动组织、合格的建筑材料和合理的施工损耗、常用的机械类型和合理的机械配置为基础编制。

本定额反映了符合施工验收规范、质量评定标准、安全操作规程、竣工验收备案条件的合格建筑产品的社会平均消耗和价格水平。

2. 计价定额的组成

计价定额一般由总说明、分部说明、建筑面积计算规则、工程量计算规则、分项工程消耗指标、分项工基价、机械台班预算价格、材料预算价格、砂浆和混凝土配合比表、材料损耗率表等内容构成，如图 2-1-1 所示。

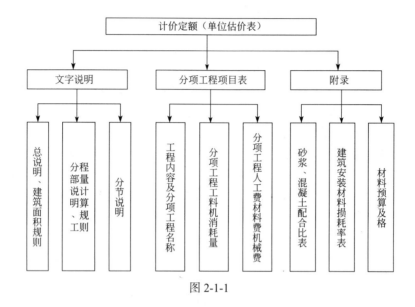

图 2-1-1

（1）文字说明部分主要包括总说明以及分部工程说明。总说明主要阐述预算定额的用途、编制依据和原则、适用范围、定额中已考虑的因素和未考虑的因素、使用中应注意的事项和有关问题的说明；分部工程说明是预算定额的重要内容，主要阐述分部工程定额中所包括的主要分项工程定额项目表的使用方法。

（2）分项工程定额项目表是以各分部工程进行归类，又按照不同的设计型式、施工方法、用料和施工机械等因素划分为若干个分项工程定额项目表。其中按一定顺序排列的分项工程项目表是计价定额的核心内容。

分项工程定额项目表一般由以下内容组成。

1）人工消耗定额。
2）材料消耗定额。
3）机械台班消耗定额。
4）预算定额基价。

（3）计价定额组成的最后一个部分是附录，包括建筑机械台班费用定额表，各种砂浆、混凝土、三合土、灰土等配合比表，脚手架费用定额表，建筑材料、成品、半成品场内运输及操作损耗系数表等。

3. 计价定额的用途

（1）计价定额是编制建设工程投资估算、设计概算、施工图预算、竣工结算的依据；
（2）计价定额是工程量清单计价、编制招标控制价的依据；
（3）计价定额是调解处理工程造价纠纷、鉴定工程造价的依据；
（4）计价定额是编制投资估算指标、概算指标（定额）的基础；
（5）计价定额是投标报价和衡量投标报价合理性的基础。

4. 计价定额的应用

计价定额是编制施工图预算、确定工程造价的主要依据，定额应用的正确与否直接影响建筑工程预算的结果。为了熟练、正确地应用计价定额编制施工图预算，必须对组成定额的各个部分全面了解，充分掌握定额的总说明、章说明、各章的工程内容与计算规则，从而达到正确使用计价定额的要求。

5. 计价定额各内容的作用

计价定额的说明、总说明、小注等是说明如何应用定额的方法，工程量计算规则是按定额的规定计算工程量。表格包含计价和计量两大部分。这些是要重点查阅的各种数据。计价定额表格左上角是工程内容，表明定额中的人工材料消耗量和价格所包含的工作内容，右上角是扩大的计量单位，代表1000m^3或10m^3基价是多少钱或用了多少个工日、材料消耗数量。计价定额注有"以内"或"以下"者含本身在内，"以外"或"以上"者不含本身。

〖例 2-1-1〗 表 2-1-1 是计价定额中的一项：

表明 10m^3 的砖基础一共花了 3569.93 元，其中人工费：983.54 元，材料费 2547.03 元，机械费 39.36 元。

表明 10m^3 的砖基础共用 9.367 个工日，每个工日 105 元。

表明 10m^3 的砖基础一共用水泥砂浆 M5：2.36m^3，机制砖 5.236 千块，每千块 410 元。

表明 10m^3 的砖基础一共用灰浆搅拌机 0.312 个台班，每台班 126.15 元。

砖基础工程内容：调运砂浆、运砖、砌砖、基础包括清基槽见表 2-1-1。

表 2-1-1 计价定额   单位：10m^3

定额编号			A3-0001
项目名称			砖基础
基价/元			3569.93
其中	人工费/元		983.54
	材料费/元		2547.03
	机械费/元		39.36
名称		单位	单价/元	数量
人工	综合工日	工日	105.00	9.367
材料	水泥砂浆	m^3	165.60	2.36
	机制砖	千块	410.00	5.236
	水	m^3	9.00	1.050
机械	灰浆搅拌机	台班	126.15	0.321

6. 计价定额表现形式

基价 = 人工费 + 材料费 + 机械费

其中：

人工费 = ∑（人工工日消耗量 × 人工工资单价）

材料费 = ∑（各种材料消耗量 × 材料预算单价）

机械费 = ∑（各种机械台班消耗量 × 机械台班预算单价）

7. 计价定额的其他规定

（1）定额人工工日消耗量和价格的确定：

1）定额人工工日不分工种、技术等级，均以综合工日表示。

2）定额人工消耗量按照每工日八小时工作制计算。内容包括基本用工、超运距用工、人工幅度差、辅助用工等因素。

3）定额人工工日单价包括基本工资、工资性补贴、生产工人辅助工资、职工福利费、生产工人劳动保护费。

（2）定额材料消耗量和价格的确定：

1）定额采用的建筑原材料、辅助材料、构配件、零件、半成品、成品均按符合国家质量标准和相应设计要求的合格产品考虑。

2）定额材料消耗量包括施工中直接消耗的主要材料、辅助材料和零星材料等用量、周转性材料摊销量和材料场内运输及施工操作的损耗。

3）定额材料消耗量中用量很少、占材料费比重很小的零星材料合并为其他材料费，以"元"表示。

4）定额材料包括材料原价（或供应价格）、材料运杂费、运输损耗费、采购及保管费。

（3）定额施工机械台班消耗量和价格的确定：

1）定额机械台班消耗量是按正常合理的机械配备、机械施工工效测算确定的，并考虑了机械幅度差因素。

2）定额施工机械原值在2000元以内、使用年限在2年以内的不构成固定资产的小型工具式机械，原则上不列入定额机械台班消耗量，包括在企业管理费中。

3）定额机械台班单价包括折旧费、大修理费、经常修理费、安拆费及场外运费、人工费、燃料动力费、养路费及车船使用税。

4）定额大型机械设备台班单价不包括机械安拆费及场外运费，发生时按措施项目中相应定额执行。

（4）定额人工、材料、施工机械台班的消耗量是按施工人员驻地、施工机械集中停放场地和建筑材料（原材料、辅助材料、构配件、零件、半成品、成品）仓库、现场集中堆放地点、现场加工地点至施工作业地点水平距离在300m以内考虑的。

（5）定额建筑物层高按2.8～3.6m编制。建筑物檐高以设计室外地坪至檐口的高度（平屋面指屋面板顶高度，坡屋面指屋面平均高度）为准，突出屋面的电梯间、水箱间不计算檐高。

任务1 施工图预算的准备工作

一、任务说明

（1）了解编制施工图预算前的准备工作；
（2）熟悉编制施工图预算的顺序。

二、任务分析

施工图预算涉及量、价、费三方面，即算量、套价、取费。算量在模块一中已经详细介绍了。这里介绍一下施工图预算的准备工作。

三、任务实施

1. 熟悉施工图等基础资料

编制施工图预算前，应熟悉并检查施工图纸是否齐全、尺寸是否清楚，了解设计意图，掌握工程全貌。另外，针对要编制预算的工程内容搜集有关资料，包括熟悉并掌握预算定额的使用范围、工程内容及工程量计算规则等。

2. 了解施工组织设计和施工现场情况

编制施工图预算前，应了解施工组织设计中影响工程造价的有关内容。例如，各分部分项工程的施工方法，土方工程中余土外运使用的工具、运距，施工平面图对建筑材料、构件等堆放点到施工操作地点的距离等，以便能正确计算工程量和正确套用或确定某些分项工程的基价。这对于正确计算工程造价，提高施工图预算质量，具有重要意义。

3. 根据施工图及施工方案列出各分项工程名称

根据施工图及施工组织设计文件中的施工方案确定各分项工程的名称，要求尽可能按照施工顺序或预算定额顺序列项，避免列项重复或漏项。

4. 计算工程量

工程量计算应严格按照图纸尺寸和现行定额规定的工程量计算规则，遵循一定的顺序逐项计算分部分项工程子目的工程量。一般可以按照分部工程中各分项子目的顺序，逐个计算各分项工程的工程量。这样，可以避免工程量计算中出现盲目、零乱的状况，使工程量计算工作有条不紊地进行。工程量计算一般在表格中进行，见表 2-1-2。工程量的计算方法详见模块一。

表 2-1-2　工程量计算表

序号	分部分项工程名称	单位	计算式	计算结果

5. 整理、汇总工程量

（1）套相同定额的分项工程量应合并，即在同一工程预算表中不能出现相同的定额编号。如地面及楼面找平层及面层、单梁及连续梁。

（2）按定额顺序整理。如土石方、砌筑、混凝土钢筋混凝土工程、门窗等，其所属项目应归于各分部中。定额编号应按顺序编写，避免漏项、重项发生。

任务 2　定额的套用

一、任务说明

（1）熟悉套定额的方法；
（2）会正确套用定额。

二、任务分析

1. 套用定额的概念

套定额是在各分项工程量计算完毕，并经复核无误后，按预算定额手册规定的分部分项工程顺序逐项汇总，然后将汇总后的工程量抄入工程预算书内，并把计算项目的相应定额编号、计量单位、预算定额基价以及其中的人工费、材料费、机械台班使用费填入工程预算表内（表2-1-3），并由此计算出该分项工程的总价、人工费、材料费和机械费。计算各分项工程合价并汇总，即为单位工程定额直接费，也称分部分项工程费。

表 2-1-3　工程预算书表

序号	定额编号	工程项目	单位	工程量	单价/元	合价/元	其中	
							人工费/元	机械费/元

2. 套用定额的方法

在套用定额基价时必须检查建筑工程图纸中各分项工程的名称、材料品种、规格、配合比及做法等与该定额规定内容是否相符。因此在套用定额基价时，通常有三种情况，如图2-1-2所示。

图 2-1-2　定额应用形式分类图

（1）直接套用定额基价。当分项工程的名称、材料品种、规格、配合比及做法等与定额取定内容完全一致（或虽有某些不符，但定额规定不换算者）时，可将查得的定额编号及预算基价直接抄入工程预算表中。

（2）换算定额基价。当分项工程的名称、材料品种、规格、配合比或做法与定额规定的工作内容不完全一致（定额规定可以换算）时，需要将查得的定额基价换算成与该分项工程一致的"新基价"，并在定额编号后加上"换"字，以示区别，然后再将其抄入预算表中。

（3）编制补充定额。当分项工程的名称、材料品种、规格、配合比及做法等没有相符的定额子目（既不能直接套用又不能换算）时，应该根据该分项工程的人工、材料、机械的消耗量以及当地当时的相应单价编制补充定额。此时的定额编号以"BJ×××"表示。

3. 套定额的注意事项

计价定额在使用时为保证定额的标准属性，其中定额编号、项目名称、计量单位、定额基价和工程量应符合以下规定：

（1）定额编号采用"专业类别编码"+"分部工程顺序码"+"-"+"分项工程顺序码"（如"A1-0001"，其中首位"A"指建筑专业，首位"A"后"1"为土石方工程，"0001"指人工平整场地）形式组成，不得简化和修改，定额发生换算时定额编号后加"换"；补充估价定额项目以"BJ×××"表示。

（2）定额项目名称不得修改，需要说明的在项目名称后的"（　）"中注明。

（3）定额计量单位和定额基价不得扩大或缩小。

（4）工程量应按照定额说明和计算规则的规定以基本单位计算，并根据定额计量单位不同保留相应小数位。其中：以"一"（如 m^3、m^2、m、t）为计量单位的应保留三位小数，第四位小数四舍五入；以"十"（如 $10m^3$、$10m^2$、10m）为计量单位的应保留两位小数，第三位小数四舍五入；以"百"（如 $100m^3$、$100m^2$）为计量单位的应保留一位小数，第二位小数四舍五入；以"千"（如 $1000m^3$）为计量单位的应保留到个位，第一位小数四舍五入；以"个"、"樘"等为计量单位的应取整数。

三、任务实施

1. 计价定额的直接套用

（1）当施工图的设计要求与计价定额的项目内容一致时，可直接套用计价定额。

套用时应注意以下几点：

1）根据施工图、设计说明和做法说明，选择定额项目；

2）要从工程内容、技术特征和施工方法上仔细核对，才能较准确地确定相对应的定额项目；

3）分项工程的名称和计量单位要与计价定额相一致。

（2）套定额步骤

1）查找定额目录，找到相应章节；

2）对照表格上边工程内容，与图纸和工程实际是否一致；

3）填写工程预算书；

4）一般按章节填写，序号依次排列，定额编号即定额中相应编号，如 A4-0005。项目名称可参照定额和工程实际，单位必须和定额中一致，工程量要和定额单位保持一致，如 $150m^3$ 即 15 个 $10m^3$，单价即基价，照抄；

5）计算：合价等于工程量乘以单价；

人工费 = 工程量乘以定额中的人工费；

机械费 = 工程量乘以定额中的机械费；

竖行汇总，得到分部分项工程费和总人工费、总机械费。

（3）实例：把一下五项计算的分部分项工程量套定额（表 2-1-4），计算分部分项工程费。

1）人工挖基坑三类土，6m 以内：$2500m^3$；

2）砖基础：$87m^3$；

3）现浇基础垫层混凝土：$20m^3$；

4）现浇独立基础混凝土：$2.5m^3$；

5）花岗岩楼地面周长 3200mm 以内多色：$200m^2$。

表 2-1-4 2014 版吉林省建筑工程计价定额

序号	定额编号	项目名称	单位	基价/元	人工费/元	材料费/元	机械费/元
1	A1-0054	人工挖基坑三类土，6m 以内	$100m^3$	6082.49	6078.98		3.51
2	B1-0035	花岗岩楼地面周长 3200mm 以内多色	$100m^2$	26797.93	1414.80	25285.75	97.38
3	A3-0001	砖基础	$10m^3$	3569.93	983.54	2547.03	39.36
4	A4-0017	现浇基础垫层	$10m^3$	3368.51	970.93	2201.37	196.21
5	A4-0006	独立基础混凝土	$10m^3$	3082.27	799.89	2086.96	195.42
6	A4-0049	现浇直形楼梯混凝土	$10m^2$	1233.79	434.70	629.32	169.77
7	A4-0025	现浇基础梁混凝土	$10m^3$	3688.72	1008.53	2437.22	242.97
8	A7-0174	防水砂浆防潮层	$100m^2$	1368.14	445.15	895.56	27.53

任务结果见表2-1-5：

表2-1-5 建筑工程预算表

序号	定额编号	项目名称	单位	工程量	单价/元	合价/元	其中/元	
							人工费	机械费
1	A1-0054	人工挖基坑三类土，6m以内	100m³	25	6082.49	152062.25		
2	A3-0001	砖基础	10m³	8.7	3569.93	31058.391		
3	A4-0017	现浇基础垫层混凝土	10m³	2	3368.51	6737.02		
4	A4-0006	现浇独立基础混凝土	10m³	0.25	3082.27	770.57		
5	B1-0035	花岗岩楼地面周长3200mm以内多色	100m²	2	26797.93	53595.86		

2. 计价定额的换算

当施工图中的分项工程项目不能直接套用计价定额时，就产生了定额换算。定额发生换算时定额编号后加"换"。

（1）换算原则。为了保持定额的水平，在预算定额的说明中规定了有关换算原则，一般包括：

1）定额的砂浆、混凝土强度定级，当设计与定额不同时，允许按定额附录的砂浆、混凝土配合比表换算，但配合比中的各种材料用量不得调整。

2）定额中抹灰项目已考虑了常用厚度，各层砂浆的厚度一般不作调整。当设计有特殊要求时，定额中工、料可以按厚度比例换算。

3）必须按预算定额中的各项规定换算定额。除定额规定允许调整的情况以外，一律不得以具体工程消耗与定额规定不同进行调整。

（2）计价定额的换算类型。计价定额的换算类型有以下四种：

1）砂浆换算：即砌筑砂浆换强度等级、抹灰砂浆换配合比及砂浆用量；

2）混凝土换算：即构件混凝土、楼地面混凝土的强度等级和混凝土类型的换算；

3）系数换算：按规定对定额中的人工费、材料费、机械费乘以各种系数的换算；

4）其他换算：除上述三种情况以外的定额换算。

（3）定额换算的计算公式：定额换算的基本思想是：根据选定的计价定额基价，按规定换入增加的费用，减去扣除的费用。

这一思路用下列表达式表述：

$$换算后的定额基价 = 原定额基价 + 换入的费用 - 换出的费用$$

对于一般材料的换算，可以用下列公式进行（通常认为单位材料含量不变）：

$$换算后的定额基价 = 原基价 + 单位材料含量 \times （换入材料单价 - 换出材料单价）$$

换入价——图纸上的、工地实际用的；

换出价——定额单价、预算价格。

（4）2014版吉林省计价定额说明中重点注明的需换算条目详见定额。

（5）实例：

1. 砖基础87m³，水泥砂浆M7.5。试套定额，计算分部分项工程费。

2. 基础梁39m³，低流动性混凝土，碎石40，C30。

任务结果：

1. 解：查阅《吉林省建筑工程计价定额》目录，找到第三章砌筑工程，砖基础项目，101页，定额编号为"A3-0001"的子目，定额的材料构成是水泥砂浆强度等级为M5，实际工程为水泥砂浆 M7.5，根据计价定额说明第二条：定额中的砌筑砂浆是按常用强度等级列出，当与设计规定不同时，可以换算。所以不能直接套定额，应予以换算。

首先查砖基础定额：砖基础原基价为 3569.93 元，M5 水泥砂浆材料用量 2.36m³，

再查计价定额附录砂浆、混凝土配合比表：砌筑砂浆配合比水泥砂浆 M5=165.60 元/m³，M7.5=178.20 元/m³，把查到的数据代入公式，计算换算后基价：

换算后的定额基价 = 原基价 + 单位材料含量 ×（换入材料单价 − 换出材料单价）
=3569.93+2.36×（178.20−165.60）=3599.67（元）

结果如表 2-1-6 所示。

2. 解：查阅《吉林省建筑工程计价定额》目录，找到第四章混凝土及钢筋工程，基础梁项目，137 页，定额编号为"A4-0025"的子目，定额的材料构成是低流动性混凝土，碎石 40，C20，实际工程为低流动性混凝土，碎石 40，C30，所以不能直接套定额，应予以换算。

首先查基础梁定额：基础梁原基价为 3688.72 元，低流动性混凝土，碎石 40，C20 材料用量 10.15m³，再查计价定额附录砂浆、混凝土配合比表：低流动性混凝土，碎石 40，C20 的单价为 228.99 元/m³，低流动性混凝土，碎石 40，C30 的单价为 271.80 元/m³，把查到的数据带入公式，计算换算后基价：

换算后的定额基价 = 原基价 + 单位材料含量 ×（换入材料单价 − 换出材料单价）
=3688.72+10.15×（271.80−228.99）= 4123.24（元）

结果如表 2-1-6 所示。

表 2-1-6　建筑工程预算表

序号	定额编号	项目名称	单位	工程量	单价/元	合价/元	其中/元	
							人工费	机械费
1	A3-0001（换）	砖基础	10m³	8.7	3599.67	31317.09		
2	A4-0025（换）	基础梁	10m³	3.9	4123.24	16080.64		

（1）砖基础（表 2-1-7）

表 2-1-7　砖基础计价定额表

工程内容：调运砂浆、运砖、砌砖，基础包括清基槽　　　　　　　　　　　　　　　　　　单位：10m³

定额编号				A3-0001
项目名称				砖基础
基价/元				3569.93
其中	人工费/元			983.54
	材料费/元			2547.03
	机械费/元			39.36
名称		单位	单价/元	数量
人工	综合工日	工日	105.00	9.367
材料	水泥砂浆	m³	165.60	2.36
	机制砖	千块	410.00	5.236
	水	m³	9.00	1.050
机械	机动翻斗车 1t	台班	189.52	0.624
	混凝土搅拌机 400L	台班	223.08	0.504
	混凝土振捣器插入式	台班	12.28	1.000

（2）基础梁（表2-1-8）

表2-1-8 基础梁计价定额表

工程内容：调运砂浆、运砖、砌砖，基础包括清基槽　　　　　　　　　　单位：10m³

定额编号				A4-0025
项目名称				基础梁
基价/元				3569.93
其中	人工费/元			983.54
	材料费/元			2547.03
	机械费/元			39.36
名称		单位	单价/元	数量
人工	综合工日	工日	105.00	9.367
材料	水泥砂浆	m³	165.60	2.36
	机制砖	千块	410.00	5.236
	水	m³	9.00	1.050
机械	灰浆搅拌机	台班	126.15	0.321

（3）附录：砂浆、混凝土配合比表（表2-1-9、表2-1-10）

表2-1-9 砂浆配合比表　　　　　　　　　　单位：m³

定额编号				PH0242	PH0243	PH0244	PH0245	PH0246	PH0247
项目名称				水泥砂浆					
				M2.5	M5	M7.5	M10	M15	M20
基价/元				153.00	165.60	178.20	186.60	199.20	224.40
其中	人工费/元			153.00	165.60	178.20	186.60	199.20	224.40
	材料费/元								
	机械费/元								
名称		单位	单价/元	数量					
其中	水泥 32.5	kg	0.42	200.000	230.000	260.000	280.000	310.000	370.000
	中砂	m³	65.00	1.020	1.0200	1.0200	1.0200	1.0200	1.0200
	水	m³	9.00	0.3000	0.3000	0.3000	0.3000	0.3000	0.3000

表2-1-10 混凝土配合比表　　　　　　　　　　单位：m³

定额编号				PH0121	PH0122	PH0123	PH0124
项目名称				低流动性混凝土（碎石最大粒径40mm）			
				C15	C20	C25	C30
基价/元				201.28	228.99	250.36	271.80
其中	人工费/元			201.28	228.99	250.36	271.80
	材料费/元						
	机械费/元						
名称		单位	单价/元	数量			
其中	水泥 32.5	kg	0.42	253.000	3277.000	384.000	—
	中粗砂	m³	65.00	0.56	0.47	0.440	0.480
	碎石 40	m³	62.00	0.92	0.96	0.950	0.880
	水	m³	9.00	0.175	0.175	0.175	0.175
	水泥 42.5	kg	0.46	—			401.000

3. 计价定额的补充

当工程项目在预算定额中没有对应子目可以套用，也无法通过对某一子目进行换算得到时，就只有按照定额编制的方法编制补充项目，经建设单位或建管单位审查认可后，可用于本项目预算的编制，也称为临时定额或一次性定额。编制的补充定额项目应在定额编号的部位注明"BJ×××"表示，以示区别。

任务 3 工料分析与价差调整

一、任务说明

（1）工料分析的含义；
（2）进行工料分析的原因；
（3）进行工料分析的方法；
（4）价差的含义。

二、任务分析

1. 工料分析的相关知识

（1）工料分析的含义："工"即人工，"料"即材料，所谓工料分析是指在完成工程量计算和编制工程预算表后，根据工程量和定额规定的消耗量标准，对单位工程所需的人工工日数及各种材料需要量进行分析计算。

计算单位工程施工图预算的工料分析，是计算一个单位工程全部人工需要量和各种材料消耗量；工料分析得到的全部人工需要量和各种材料消耗量，是工程消耗的最高限额；是编制单位工程劳动计划和材料供应计划、开展班组经济核算的基础；也是预算造价计算当中价差调整的计算依据之一。

（2）工料分析的作用：

1）在施工管理中为单位工程的分部分项工程项目提供人工、材料的预算用量。
2）生产计划部门根据它编制施工计划，安排生产，统计完成工作量。
3）劳资部门依据它组织、调配劳动力，编制工资计划。
4）材料部门要根据它编制材料供应计划，储备材料，安排加工订货。
5）财务部门要依据它进行财务成本核算，进行经济分析。

（3）工料分析的方法。工料分析，首先是查找计价定额，查出各分项工程的人工、材料消耗数量，然后分别乘以相应分项工程的工程量，得到分项工程的人工、材料消耗量。最后将各分部分项工程的人工、材料消耗量分别进行计算和汇总，得出单位工程人工、材料的消耗总量。工料分析的编制，通常采用表格进行。工料分析完成后，将其汇总并填入主要材料汇总表。

计算公式：　　　　人工 = ∑分项工程量 × 工日消耗定额
　　　　　　　　　材料 = ∑分项工程量 × 各种材料消耗定额

（4）工料分析的注意事项。

1）凡是由预制厂制作现场安装的构件，应按制作和安装分别计算工料；
2）对主要材料应按品种、规格及预算价格不同分别进行用量计算，并分类统计；

3）按系数法补价差的地方材料可以不分析，但经济核算有要求时应全部分析；

4）对换算的定额子目在工料分析时要注意含量的变化，以求分析量准确完整；

5）机械费用需单项调整的，应同时按规格、型号进行机械使用台班用量的分析。

2. 价差调整

（1）计价定额中，人、材、机的单价一般是以某一时段、某一中心城市或重点建设地区的相关资料为依据编制的，是预算价格，由于定额预算价格具有一定的时限性，其材料价格、人工工资等并不能真正反映当时当地的市场价格，而应该根据定额价格和市场价格进行适当的价差调整。在编制单位工程竣工图预算时，通常需要对人工工资、主要材料（如钢筋、水泥、木材、砂等）、机械台班单价进行价差调整，价差调整通常在工料分析之后。价差的汇总计算在取费时进行。

（2）价差调整的计算公式：

单位工程人工价差调整额 = Σ[（人工市场单价 – 人工定额单价）× 人工消耗量]

单位工程材料价差调整额 = Σ[（材料市场价格 – 材料预算价格）× 材料消耗量]

单位工程机械价差调整额 = 单位工程机械费 ×（1+ 调整系数）

三、任务实施

工料分析

工料分析就是按照分部分项工程项目计算各工种用工数量和各种材料的消耗量。

【例 2-1-2】某工程中有 M5.0 水泥砂浆砖基础 87m^3，试进行工料分析。

工料分析过程：查表 1-7 砖基础计价定额，10m^3 砖基础共用人工：9.367 工日，10m^3 砖基础共用水泥砂浆 2.36m^3，机制砖 5.236 千块，

$$87m^3 \text{砖基础的人工} = \text{分项工程量} \times \text{工日消耗定额}$$
$$=8.7 \times 9.376=81.57（工日）$$

$$\text{材料} = \sum \text{分项工程量} \times \text{各种材料消耗定额}$$

87m^3 砖基础共用水泥砂浆 =8.7×2.36=20.53（m^3）

87m^3 砖基础共用机制砖 =8.7×5.236=45.55（千块）

对半成品材料如砂浆、混凝土等，应按定额配合比表作二次分析计算，查计价定额附录中砂浆、混凝土配合比表，找到相应子目：本题水泥砂浆配合比表详见表 2-1-9。

87m^3 砖基础共用 32.5 水泥 =8.7×2.36×230=4721.9（kg）

87m^3 砖基础共用中砂 =8.7×2.36×1.02=20.94（m^3）

四、任务结果

工料分析的结果见表 2-1-11 ~ 表 2-1-13。

表 2-1-11 工料分析表

定额编号	项目名称	单位	工程量	综合工日 工日		水泥砂浆 m^3		机械 台班	
				定额	数量	定额	数量	定额	数量
A3-0001	砖基础	10m^3	8.7	9.376	81.57	2.36	20.53	0.312	2.714

表 2-1-12 二次工料分析表

材料	单位	数量	水泥 32.5/kg		中砂 /t	
			定额	数量	定额	数量
M5 水泥砂浆	m³	20.53	230	4721.9	1.02	20.94

表 2-1-13 单位工程工料分析汇总表实例

序号	工料名称	规格	单位	数量	备注
1	方材		m³	0.505	
2	圆木		m³	0.052	
3	硬木		m³	0.550	
4	二等板方材		m³	0.393	
5	垫木、木模		m³	3.437	
6	松厚板		m³	0.049	
7	木材合计		m³	5.006	
8	钢筋 ϕ 16 内		t	15.269	
9	钢筋 ϕ 20 内		t	4.364	
10	钢筋 ϕ 20 以上		t	2.082	
11	螺纹钢 ϕ 25 内		t	10.367	
12	薄钢板		t	0.898	
13	不等边角钢		t	0.612	
14	钢材合计		t	39.365	

任务 4 费用的计取

一、任务说明

(1) 建筑安装工程费用的组成；
(2) 建筑安装工程费用的计取。

二、任务分析

1. 建筑安装工程费用项目组成

根据住建部、财政部《建筑安装工程费用项目组成》(建标 [2013]4 号)规定，建筑安装工程费用由人工费、材料费、施工机具使用费、企业管理费、利润、规费和税金组成。

(1) 人工费：指按工资总额构成规定，支付给从事建筑安装工程施工的生产工人和附属生产单位工人的各项费用。内容包括：

1) 计时工资或计件工资：指按计时工资标准和工作时间或对已做工作按计件单价支付给个人的劳动报酬。

2) 奖金：指对超额劳动和增收节支支付给个人的劳动报酬。如节约奖、劳动竞赛奖等。

3) 津贴补贴：指为了补贴职工特殊或额外的劳动消耗和其他特殊原因支付给个人的津贴，以及为了保证职工工资水平不受物价影响支付给个人的物价津贴。如流动施工津贴、特殊地区施工津贴、高温(寒)作业临时津贴、高温津贴等。

4) 加班加点工资：指按规定支付的在法定节假日工作的加班工资和在法定日工作时间外延

工作的加点工资。

5）特殊情况下支付的工资：指根据国家法律、法规和政治规定，因病、工伤、产假、计划生育、婚丧假、事假、探亲假、定期休假、停工学习、执行国家或社会义务等原因按计时工资标准或计时工资标准的一定比例支付的工资。

（2）材料费：指施工过程中耗费的原材料、辅助材料、构配件、零件、半成品、工程设备的费用。内容包括：

1）材料原价：指材料、工程设备的出厂价格或商家供应价格。

2）运杂费：指材料、工程设备自来源地运至工地仓库或指定堆放地点所发生的全部费用。

3）运输损耗费：指材料在运输装卸过程中不可避免的损耗。

4）采购及保管费：指为组织采购、供应和保管材料、工程设备的过程中所需要的各项费用。包括采购费、仓储费、工地保管费、仓储损耗。

工程设备是指构成或计划构成永久工程一部分的机电设备、金属结构设备、仪器装置及其他类似的设备和装置。

（3）施工机具使用费（以下简称机具费）：是指施工作业所发生的施工机械、仪器仪表使用费或其租赁费。

1）施工机械使用费：以施工机械台班消耗量乘以施工机械台班单价表示，施工机械台班单价应由下列七项费用组成：

①折旧费：指施工机械在规定的使用年限内，陆续收回其原值的费用。

②大修理费：指施工机械按规定的大修理间隔台班进行必要的大修理，以恢复其正常功能所需的费用。

③经常修理费：指施工机械除大修理以外的各级保养和临时故障排除所需的费用。包括为保障机械正常运转所需替换设备与随机配备工具附具的摊销和维护费用，机械运转中日常保养所需润滑与擦拭的材料费用及机械停滞期间的维护和保养费用等。

④安拆费及场外运费：安拆费是指施工机械（大型机械除外）在现场进行安装与拆卸所需的人工、材料、机械和试运转费用以及机械辅助设施的折旧、搭设、拆除等费用；场外运费是指施工机械整体或分体自停放地点运至施工现场或由一施工地点运至另一施工地点的运输、装卸、辅助材料及架线等费用。

⑤人工费：指机上司机（司炉）或其他操作人员的工作日人工费。

⑥燃料动力费：指施工机械在运转作业中所消耗的固体燃料及水、电等。

⑦税费：指施工机械按照国家规定应缴纳的车船使用税、保险费及年检费等。

2）仪器仪表使用费：指工程施工所需要使用的仪器仪表的摊销及维修费用。

（4）企业管理费：指建筑安装企业组织施工生产和经营管理所需的费用。包括内容：

1）管理人员工资：指按规定支付给管理人员的计时工资、奖金、津贴补助、加班加点工资及特殊情况下支付的工资等。

2）办公费：指企业管理办公用的文具、纸张、账表、印刷、邮电、书报、办公软件、现场监控、会议、水电、烧水和集团取暖降温（包括现场临时宿舍取暖降温）等费用。

3）差旅交通费：指职工因公出差、调动工作的差旅费、住勤补助费、市内交通费和误餐补助费，职工探亲路费，劳动力招募费，职工退休、退职一次性路费，工伤人员就医路费，工地转移费以及管理部门使用的交通工具的油料、燃料等费。

4）固定资产使用费：指管理和试验部门及附属生产单位使用的属于固定资产的房屋、设备仪器等的折旧、大修、维修或租赁费。

5）工具用具使用费：指企业施工生产和管理使用的不属于固定资产的工具、器具、家具、交通工具和检验、试验、测绘、消防用具等的购置、维修和摊销费。

6）劳动保险和职工福利费：指由企业支付的职工退职金、按规定支付给离休干部的经费、集体福利费、夏季防暑降温、冬季取暖补贴、上下班交通补贴费。

7）劳动保护费：企业按规定发放的劳动保护用品的支出。如工作服、手套、防暑降温饮料以及在有碍身体健康的环境中施工的保健费用等。

8）检验试验费：指施工企业按照有关标准规定，对建筑以及材料、构件和建筑安装进行一般鉴定、检查所发生的费用，包括自设试验室进行试验所耗用的材料等费用。不包括新结构、新材料的试验费，对构件做破坏性试验及其他特殊要求检验试验的费用和建设单位委托检测机构进行检测的费用，对于此类检验发生的费用，由建设单位在工程建设其他费用中列支。但对施工企业提出的具有合格证的材料进行检验不合格的，该检测费用由施工企业支付。

9）工会经费：指企业按《工会法》规定的全部职工工资总额比例计提的工会经费。

10）职工教育经费：指按职工工资总额的比例计提，企业为职工进行专业技术和职业技能培训，专业技术人员继续教育、职工职业技能鉴定、职业资格认定以及根据需要对职工进行各类文化教育所发生的费用。

11）财产保险费：指施工管理用财产、车辆等的保险费用。

12）财务费：指企业为施工生产筹集资金或提供预付款担保、履约担保、职工工资支付担保所发生的各种费用。

13）税金：指企业按规定缴纳的房产税、车船使用税、土地使用税、印花税等。

14）其他：包括技术转让费、技术开发费、投标费、业务招待费、绿化费、广告费、公证费、法律顾问费、审计费、咨询费、保险费等。

（5）利润：指施工企业完成所承包工程获得的盈利。

（6）规费：指按国家法律、法规规定，由省级政府和省级有关权利部门规定必须缴纳的费用，该项费用不得作为竞争性费用。包括：

1）社会保险费：

①养老保险费：指企业按照规定标准为职工缴纳的基本养老保险费。

②失业保险费：指企业按照规定标准为职工缴纳的失业保险费。

③医疗保险费：指企业按照规定标准为职工缴纳的基本医疗保险费。

④生育保险费：指企业按照规定标准为职工缴纳的生育保险费。

⑤工伤保险费：指企业按照规定标准为职工缴纳的工伤保险费。

2）住房公积金：指企业按照规定标准为职工缴纳的住房公积金。

3）工程排污费：指按照规定缴纳的施工现场工程排污费。

其他应列而未列入的规费，按实际发生计取。

吉林省增加：

1）防洪基础设施建设资金：指企业按照规定缴纳的防洪基础设施建设资金。

2）副食品价格调节基金：指企业按照规定缴纳的副食品价格调节基金。

3)残疾人就业保障金：指企业按照规定缴纳的残疾人就业保障金。

(7)税金：指国家税法规定的应计入建筑安装工程造价的营业税、城市维护建设税、教育费附加以及地方教育附加。

2. 单位工程造价表现形式

单位工程造价由分部分项工程费（或人工费、材料费、施工机具使用费、企业管理费）、措施项目费、其他项目费、规费、税金组成。

（1）分部分项工程费：指各专业工程分部分项应予列支的各项费用。

（2）措施项目费：指为完成建设工程施工，发生于该工程施工前和施工过程中的技术、生活、安全、环境保护等方面的费用。

措施项目分单价措施项目和总价措施项目，单价措施项目是指措施项目是可以计算工程量的措施项目，总价措施项目是指在现行国家工程量计算规范中无工程量计算规则，不能计算工程量，以总价（或计算基础乘费率）计价的项目。总价措施项目内容包括如下：

1）安全文明施工费：（内容详见2013年各专业工程量计算规范）。

2）环境保护费：指施工现场为达到环保部门要求所需要的各项费用。

3）文明施工费：指施工现场文明施工所需要的各项费用。

4）安全施工费：指施工现场安全施工所需要的各项费用。

5）临时设施费：指施工企业为进行建设工程施工所必须搭设的生活和生产用的临时建筑物、构筑物和其他临时设施费用。包括临时设施搭设、维修、拆除、清理费或摊销费等。

6）夜间施工增加费：指在合同工期内，按设计或技术要求为保证工程质量必须在夜间连续施工增加的费用，包括夜间补助费、夜间施工降效、夜间施工照明设备摊销及照明用电等费用，内容详见2013年各专业工程量计算规范。

从当日下午6时起，计算3~4h为0.5个夜班，5~8h为一个夜班，8h以上为1.5个夜班。

7）非夜间施工增加费：为保证工程施工正常进行，在地下（暗）室、设备及大口径管道等特殊施工部位施工时所采取的照明设备的安拆、维护、照明用电及摊销等；在地下（暗）室等施工引起的人工工效降低以及由于人工工效降低引起的机械降效所发生的费用。

8）二次搬运费：指施工场地条件限制而发生的材料、构配件、半成品等一次运输不能达到堆放地点，必须进行二次或多次搬运所发生的费用。

9）冬雨期施工增加费：指在冬期或雨期施工所增加的临时设施、防滑、除雨雪，人工及施工机械效率降低等费用，内容详见2013年各专业工程量技术规范。

冬期施工日期：11月1日到3月31日。土方工程：11月15日到下年4月15日。

10）地上、地下设施、建筑物的临时保护设施费：在工程施工过程中，对已建成的地上、地下设施和建筑物进行的遮挡、封闭、隔离等必要保护措施所发生的费用。

11）已完工程及设备保护费：对已完工程及设备采取的覆盖、包裹、封闭、隔离等必要保护措施所发生的费用。

12）工程定位复测费：指工程施工过程中全部施工测量放线和复测工作的费用。

3. 建筑安装工程费用项目组成

按费用构成要素划分，如图2-1-3所示。

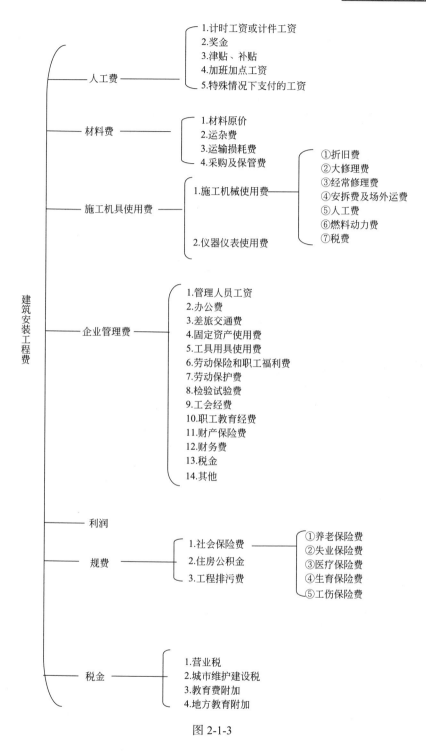

图 2-1-3

三、工程类别划分标准（吉林省标准）

建筑工程中，建筑物的类别见表 2-1-14。

表 2-1-14 建筑工程类型

工程类型		分类指标	单位	一类	二类	三类
工业建筑	单层厂房	建筑面积	m²	> 5000	> 3000	≤ 3000
		高度	m	> 21	> 15	≤ 15
		跨度	m	> 24	> 18	≤ 18
	多层厂房	建筑面积	m²	> 6000	> 4000	≤ 4000
		跨度	m	> 21	> 18	≤ 18
		高度	m	> 30	> 24	≤ 24
民用建筑	公共建筑	建筑面积	m²	> 8000	> 5000	≤ 5000
		高度	m	> 27	> 21	≤ 21
		宽度	m	> 24	> 18	≤ 18
	居住建筑	建筑面积	m²	> 8000	> 5000	≤ 5000
		高度	m	> 30	> 21	≤ 21
		层数	层	> 10	> 7	≤ 7

（1）有关名词解释：

高度：指设计室外地面标高至屋面板顶面的高度（女儿墙不算高度）。

工业厂房跨度：指承重屋架两端支承柱所在轴线间距离。

公共建筑宽度：指建筑物纵向外墙轴线间距离。

公共建筑：指为满足人们物质文化生活需要和进行社会活动而设置的非生产性建筑，如办公楼、教学楼、试验楼、图书馆、医院、商店、车站、影剧院、体育馆、纪念馆及类似工程。

容量：指单个构筑物容量。

（2）以一个单位工程为计算单位。一个单位工程类型、指标不同时以占建筑面积多的指标为准。

（3）超过屋面封闭的楼体出口间、电梯间、水箱间等以及小于标准层面积50%的建筑物，只计算建筑面积，不计算高度、层数；小于标准层面积50%的地下室只计算建筑面积不计算高度和层数；大于标准层数面积50%的地下室计算建筑面积和层数，不计算高度。

（4）工业、民用建筑工程必须符合两个指标才能定为该类工程，构筑物符合一个指标即可。

（5）多跨厂房在满足建筑面积指标前提下，如跨度之和大于33m为一类，大于24m为二类。

（6）锅炉房按工业厂房标准划定取费类别。

（7）接层工程以接层后总层数或总高度确定取费类别（符合一个指标即可）。

（8）类似民用建筑、框架结构的工业厂房的类别按公共建筑的标准划分。

（9）上述标准以外的专业承包工程均按三类工程划分。

（10）特殊工程的取费类别由市、州造价站（建经处）提出划分意见，报省造价站核定。

四、费用标准

1. 措施项目

（1）安全文明施工费，费率见表 2-1-15。

表 2-1-15 安全文明施工费费率表

工程类别	建筑工程	装饰工程	安装工程	市政工程	
				道路、桥涵、隧道机械土石方工程	管道、人工土石方及其他工程
计取基数	人工费+机具费	人工费	人工费	人工费+机具费	人工费
费率/%	9.06	5.93	5.15	7.89	8.85

注：专业承包工程的安全文明施工费费率按上述费率的80%计取。

（2）夜间施工增加费：每人每个夜班增加60元。

（3）非夜间施工增加费：按地下（暗）室建筑面积每平方米20元计取。

（4）材料二次搬运费：按人工费0.30%计取。

（5）冬、雨期施工增加费：

1）冬期施工增加费，按冬期施工期间完成人工费的150%计取。冬季在室内施工，室内温度达到正常施工条件的，按该项目冬期施工完成人工费的30%计取。冻土定额项目，不再计取冬期施工增加费。

2）雨期施工增加费：按人工费的0.38%计取。

（6）地上、地下设施、建筑物的临时保护设施费、已完工程及设备保护费（含越冬维护费）：根据工程实际情况编制费用预算。

（7）工程定位复测费，费率见表2-1-16。

表 2-1-16 工程定位复测费费率表

工程类别	建筑工程	装饰工程	安装工程	市政工程	
				道路、桥涵、隧道机械土石方工程	管道、人工土石方及其他工程
计取基数	人工费+机具费	人工费	人工费	人工费+机具费	人工费
费率/%	1.18	0.40	0.49	1.01	2.52

2. 企业管理费

企业管理费费率见表2-1-17。

表 2-1-17 企业管理费费率表

工程类型	建筑工程			安装工程		
	一类	二类	三类	一类	二类	三类
计取基数	人工费+机具费			人工费		
费率/%	13.75	12.76	11.95	27.65	24.18	21.17
工程类型	装饰工程	市政工程			
		道路、桥涵、隧道工程	管道及其他工程	人工土石方工程	机械土石方工程
取费基数	人工费	人工费+机具费	人工费	人工费	人工费+机具费
费率/%	26.75	13.73	26.68	16.21	12.74

注：独立土石方工程执行市政工程的人工土石方费率。

独立土石方工程适用于：①房屋和构筑物的人工挖方量在3000m³以上的土石方工程；②堤坝、沟渠、人工湖、水池、运动场、厂区平整、建筑物完工后的场区清理等人工土石方工程；③独立土石方工程包括挖、填、运。

3. 规费

（1）工程排污费：按人工费的 0.30% 计取。

（2）社会保障费：

1）养老保险费、失业保险费、医疗保险费、住房公积金：按省建设行政主管部门核发的施工企业（含外埠施工企业）劳动保险费取费证书中核定的标准执行，未办理劳动保险取费证书的施工企业，建设单位不予支付以上四项费用。

2）生育保险费：按人工费的 0.42% 计取。

3）工伤保险费：按人工费的 0.61% 计取。

（3）残疾人就业保障金：按人工费的 0.48% 计取。

（4）防洪基础设施建设资金、副食品价格调节基金在编制标底（招标控制价）或投标报价时，按税前工程造价的 1.05‰ 考虑，结算时按实际缴纳计取。

（5）其他规定：按相关文件规定计取。

4. 利润

建设工程行业利润为人工费的 16%。

5. 税金

税金见表 2-1-18。

表 2-1-18 税金

工程所在地	市区	县城、镇	市区、县城、镇以外
计取基数	不含税工程造价		
税率/%	3.48	3.41	3.28

6. 其他项目费

（1）总包管理费：对列入建筑工程总承包合同，由发包方指定分包的专业工程，及虽未列入总承包合同，但发包方要求总承包单位进行协调施工质量、现场进度、负责竣工资料整理、存档备案等工作的，发包方应向总承包方支付分包工程造价 3% 的总包管理费。

（2）甲供材料保管费：发包方供应的材料（包工包料工程），工程结算时应按定额基价参与取费，由承包方保管的材料应计取材料价值 1% 的保管费。

（3）施工配合费：由发包方直接发包的专业工程与总承包工程交叉作业时，发包方应向总承包方支付专业工程造价 2% 的施工配合费。不包括专业工程承包人使用总承包的机械、脚手架等发生的费用，发生时另行计取。

（4）提前竣工（赶工）费：承包人应发包人的要求而采取加快工程进度措施，使定额工期提前 10% 以上的，由此产生的应由发包人支付的费用。该项费用发包人与承包人可在合同中自行约定，也可按税前造价的 3% 计取。

五、其他规定

1. 现场签证

现场签证的工程项目，能执行计价定额相应子目并按计价定额计算的，以及由省建设行政主管部门审批的补充估价表，可按本费用定额规定计取相应费用，其他现场签证的工程项目只计取税金。

2. 价差

价差包括人工价差、材料价差、机械价差，按规定计算，只计取税金。

3. 采用工程量清单计价的工程

（1）承包人可根据工程施工的实际情况，对除规费、税金、安全文明施工费外的其他各项费用自主报价。

（2）编制招标控制价时，其工程风险费不得低于5%。

（3）编制招标控制价时，其养老保险费、失业保险费、医疗保险费、住房公积金按人工费的11.94%考虑，结算时，按省建设行政主管部门核发的施工企业（含外埠施工企业）劳动保险费取费证书中核定的标准计取。

4. 劳务分包工程费用

（1）劳务分包工程管理费按分包人工费的15%计取。

（2）劳务分包工程利润按分包人工费的8%计取。

六、建设工程取费程序表（表2-1-19）

表2-1-19 建设工程取费程序表

序号	项目	建筑工程 市政工程 其中：道路、桥涵、隧道、机械土石方工程	安装工程 装饰工程 市政工程 其中：管道、人工土石方及其他工程
一	人工费		
二	材料费		
三	机械费		
四	企业管理费	（人工费+施工机具费）×费率	人工费×费率
五	措施项目费	1+2+3+4+5+6+7+8+9	
1	安全文明施工费	（人工费+施工机具费）×费率	人工费×费率
2	夜间施工增加费	按规定计取	
3	非夜间施工增加费	按规定计取	
4	二次搬运费	人工费×费率	
5	冬期施工增加费	按规定计取	
6	雨期施工增加费	人工费×费率	
7	地上、地下设施、建筑物的临时保护设施费等	按规定计取	
8	已完工程保护费（含越冬维护费）	按规定计取	
9	工程定为复测费	（人工费+施工机具费）×费率	人工费×费率
六	规费	1+2+3+4+5+6	
1	社会保险费	（1）+（2）+（3）+（4）+（5）+（6）	
（1）	养老保险费	人工费×费率	
（2）	失业保险费	人工费×费率	
（3）	医疗保险费	人工费×费率	
（4）	住房公积金	人工费×费率	
（5）	生育保险费	人工费×费率	
（6）	工伤保险费	人工费×费率	
2	工程排污费	人工费×费率	
3	防洪基础设施建设资金	按规定计取	
4	副食品价格调节基金	按规定计取	
5	残疾人就业保障金	人工费×费率	
6	其他规费	按规定计取	
七	利润	人工费×费率	
八	价差（包括人工、材料、机械）	按规定计取	
九	其他项目费	按规定计取	
十	税金	（一+二+三+四+五+六+七+八+九）×费率	
十一	工程造价	一+二+三+四+五+六+七+八+九+十	

任务5 编制说明的填写

一、任务说明

(1) 填写编制说明的方法;
(2) 封面与施工图预算的装订。

二、任务分析

1. 编制说明的内容

编制说明一般包括以下几项内容:
(1) 编制预算时所采用的施工图名称、工程编号、标准图集以及设计变更情况。
(2) 采用的计价(预算)定额及名称。
(3) 地区发布的动态调价文件等资料。
(4) 钢筋、铁件是否已经过调整。
(5) 其他有关说明。通常是指在施工图预算中无法表示,需要用文字补充说明的。例如,分项工程定额中需要的材料缺货,需用其他材料代替,其价格待结算时另行调整,就需用文字补充说明。

2. 填写封面、装订成册、签字盖章

(1) 填写封面:施工图预算书封面(图2-1-4)通常需填写的内容有工程编号及名称、建筑结构形式、建筑面积、层数、工程造价、技术经济指标、编制单位、编制人及编制日期等,按工程实际逐项填写,即可。

(2) 装订成册:单位工程施工图预算书的内容按装订顺序主要包括预算书封面、编制说明、取费程序表、单位工程预算书、工程量计算表、工料分析及汇总表等。

把封面、编制说明、费用计算表、工程预算表、工程量计算表、工料分析表等,按以上顺序编排并装订成册,编制人员签字盖章,有关单位审阅、签字并加盖单位公章后,便完成了土建单位工程施工图预算的编制工作。

工程名称:		工程编号:
工程性质:		建筑面积:
结构类型:		工程造价:
建筑层数:		单位造价:
建设单位:	负责人:	审核人:
施工单位:	负责人:	编制人:
编制单位:	审核人:	编制人:
审核单位:		审核人:

编制日期: 年 月 日

图2-1-4 建筑工程预算书

复习思考题

1. 施工图预算的编制步骤是什么？
2. 套定额的方法是什么？
3. 工料分析的含义是什么？如何进行工料分析？
4. 建筑工程费用有哪些组成项目？
5. 人工费、材料费、施工机具使用费的组成内容是什么？
6. 企业管理费的组成内容是什么？
7. 什么是规费？规费由哪些内容组成？
8. 税金包括哪些？如何计费？
9. 施工图预算的编制说明怎样写？

习题

1. 套定额：
   （1）现浇直形楼梯混凝土：120m²；
   （2）砖基础：70m³；
   （3）现浇基础垫层混凝土：30m³；
   （4）现浇独立基础混凝土：5m³；
   （5）现浇基础梁混凝土：67m³。
2. 工料分析练习：
   （1）M10 水泥石灰砂浆砌筑 2 砖外墙 30m³；（中砂）
   （2）C20-40 钢筋混凝土构造柱 20m³；（中砂碎石）
   （3）C30-40 现浇钢筋混凝土单梁 45m³。（中砂碎石）

实训十

一、建筑工程造价取费的计算

1. 目的

通过此实训项目练习，使学生进一步理解和掌握建筑工程费用组成内容，熟悉建筑工程造价取费计算程序和方法。

2. 要求

在教师的指导下，每个学生独立完成按计价程序计价的工程造价计算。

3. 资料

某三类工程，建筑面积：6000m²。建筑工程直接工程费 556780 元；其中人工费 150000 元；装饰工程：直接工程费 675000 元，其中人工费 200000 元。其中建筑工程：夜间施工共 100 人，50 个班。冬期施工期间人工费：200000 元。建筑材料价差 50000 元，机械费价差增调 20%。

4. 成果

填表 2-1-20 取费，计算完成建筑工程造价取费结果表。

表 2-1-20　工程取费表

序号	项目名称	建筑工程			装饰工程		
		取费基数	费率/%	金额/元	取费基数	费率/%	金额/元
一	人工费						
二	材料费						
三	机械费						
四	企业管理费						
五	措施项目费						
1	安全文明施工费						
2	夜间施工增加费						
3	非夜间施工增加费						
4	二次搬运费						
5	冬期施工增加费						
6	雨期施工增加费						
7	地上、地下设施建筑物临时保护设施费						
8	已完工程保护费						
9	工程定位复测费						
六	规费						
1	社会保障费						
（1）	养老保险费						
（2）	失业保险费						
（3）	医疗保险费						
（4）	住房公积金						
（5）	生育保险金						
（6）	工伤保险费						
2	工程排污费						
3	防洪基础设施建设资金						
4	副食品价格调节基金						
5	残疾人就业保障金						
七	利润						
八	价差（人、材、机）						
九	其他项目费						
十	税金						
十一	工程造价						

二、根据模块一计算的工程量结果、套定额、取费，编制综合楼的完整施工图预算书。

项目二

工程结算的编制

学习目标

（1）熟悉工程结算编制相关基本知识；
（2）备料款的结算；
（3）工程进度款的结算；
（4）竣工结算的编制。

知识储备

一、工程结算的相关基本知识

1. 工程结算的概念

工程结算是指建筑工程施工企业在完成工程任务后，依据施工合同的有关规定，按照规定程序向建设单位收取工程价款的一项经济活动。

工程结算的主体是施工企业。

工程结算的目的是施工企业向建设单位索取工程款，以实现"商品销售"。

2. 工程结算的意义

由于建筑工程施工周期较长，占用资金额较大，及时办理工程结算对于施工企业具有十分重要意义。

（1）工程结算是反映工程进度的主要指标；
（2）工程结算是加速资金周转的重要环节；
（3）工程结算是考核经济效益的重要指标；

3. 工程结算的分类

建筑产品价值大、生产周期长的特点，决定了工程结算必须采取阶段性结算的方法。工程结算一般可分为工程价款结算和工程竣工结算两种。

（1）工程价款结算：指施工企业在工程实施过程中，依据施工合同中关于付款条款的有关规定和工程进展所完成的工程量，按照规定程序向建设单位收取工程价款的一项经济活动。

（2）工程竣工结算：指施工企业按照合同规定的内容，全部完成所承包的单位工程或单项工程，经有关部门验收质量合格，并符合合同要求后，按照规定程序向建设单位办理最终工程价款结算的一项经济活动。

4. 工程价款结算方式

（1）按月结算方式：即实行旬末或月中预支，月终结算，竣工后清算的办法。跨年度竣工的工程，在年终进行工程盘点，办理年度结算。

（2）竣工后一次结算方式：建设项目或单项工程全部建筑安装工程的建设期在 12 个月以内，或者工程承包合同价值在 100 万元以下的工程，可以实行工程价款每月月中预支，竣工后一次结算。

当年结算的工程款应与年度完成的工作量一致，年终不另清算。

（3）分段结算方式：当年开工，且当年不能竣工的单项工程或单位工程，按照工程形象进度或工程阶段，划分不同阶段进行结算。分段结算可以按月预支工程款，当年结算的工程款应与年度完成的工作量一致，年终不另清算。

分段的划分标准由各部门或省、自治区、直辖市、计划单列市规定。

例如：

1）工程开工后，按工程合同造价拨付 40%；
2）工程基础完成后，拨付 20%；
3）工程主体完成后，拨付 30%；
4）工程竣工验收后，拨付 5%；
5）工程尾留款 5%。

二、竣工结算的相关知识

1. 竣工结算的概念

竣工结算是承包商在所承包的工程按照合同规定的内容全部完工之后，向发包方进行的最终工程价款结算。在竣工结算时，若因某些条件变化，使合同工程价款发生变化，则需按规定对合同价款进行调整。

竣工结算是在工程竣工验收后，施工企业在施工图预算的基础上，根据实际施工中出现的变更、签证等实际情况负责编制。

2. 竣工结算的编制依据

（1）工程清单、标底及投标报价。

（2）图纸会审纪要：指图纸会审会议中设计方面有关变更内容的决定。

（3）设计变更通知：必须是在施工过程中，由设计单位提出的设计变更通知单，或结合工程的实际情况需要，由业主提出设计修改要求后，经设计单位同意的设计修改通知单。

（4）施工签证单或施工记录：凡施工图预算未包括，而在施工过程中实际发生的工程项目（如原有房屋拆除、树木草根清除、古墓处理、淤泥垃圾土挖除换土、地下水排除、因图纸修改造成返工等），要按实际耗用的工料，由承包人作出施工记录或填写签证单，经业主签字盖章后方为有效。

（5）工程停工报告：在施工过程中，因材料供应不上或因改变设计、施工计划变动等原因，导致工程不能继续施工时，其停工时间在 1 天以上者，均应由施工员填写停工报告。

（6）材料代换与价差，必须有经过业主同意认可的原始记录方为有效。

（7）工程合同、施工合同规定了工程项目范围、造价数额、施工工期、质量要求、施工措施、双方责任、奖罚办法等内容。

（8）竣工图。
（9）工程竣工报告和竣工验收单。
（10）有关定额、费用调整的补充项目。

3. 竣工结算的方式

（1）施工图预算加签证结算方式：该结算方式是把经过审定的原施工图预算作为工程竣工结算的主要依据。凡原施工图预算或工程量清单中未包括的"新增工程"，在施工过程中历次发生的由于设计变更、进度变更、施工条件变更所增减的费用等，经设计单位、建设单位、监理单位签证后，与原施工图预算一起构成竣工结算文件，交付建设单位经审计后办理竣工结算。

这种结算方式，难以预先估计工程总的费用变化幅度，往往会造成追加工程投资的现象。

（2）预算包干结算方式：预算包干结算，也称施工图预算加系数包干结算。即在编制施工图预算的同时，另外计取预算外包干费。

预算外包干费 = 施工图预算造价 × 包干系数
结算工程价款 = 施工图预算造价 ×（1+ 包干系数）

包干系数：由施工企业和建设单位双方商定，经有关部门审批确定。

在签订合同条款时，预算外包干费要明确包干范围。这种结算方式可以减少签证方面的扯皮现象，预先估计总的工程造价。

（3）每平方米造价包干结算方式：该结算方式是双方根据一定的工程资料或概算指标，事先协定每平方米造价指标，然后按建筑面积汇总计取工程造价，确定应付的工程价款。

（4）招、投标结算方式：招标单位与投标单位，按照中标报价、承包方式、承包范围、工期、质量标准、奖惩规定、付款及结算方式等内容签订承包合同。合同规定的工程造价就是结算造价。工程竣工结算时，奖惩费用、包干范围外增加的工程项目另行计算。

任务1　工程预付（备料）款结算

一、任务说明

（1）工程预付款的概念；
（2）工程备料款起扣点的计算；
（3）工程备料款的扣回。

二、任务分析

工程预付（备料）款：工程项目开工前，为了确保工程施工正常进行，建设单位应按照合同规定，拨付给施工企业一定限额的工程预付（备料）款。此预付款构成施工企业为该工程项目储备主要材料和结构件所需的流动资金。

1. 工程预付（备料）款的支付

（1）建设单位向施工企业预付备料款的限额的取决因素：
1）工程项目中主要材料（包括外购构件）占工程合同造价的比重；
2）材料储备期；
3）施工工期。
（2）在实际工作中，为了简化计算，预付备料款的限额可按预付款占工程合同造价的额度计算，其计算公式为：

$$预付备料款限额 = 工程合同造价 \times 预付备料款额度$$
$$= (年度承包工程总值 \times 主要材料所占比重) / $$
$$年度施工日历天数 \times 材料储备天数$$

（3）预付备料款额度：一般建筑工程不应超过当年建安工程量（包括水、电、暖、卫）的30%；安装工程按年安装工程量的10%，材料占比重较多的安装工程按年计划产值的15%左右拨付。

（4）对于只包定额工日（不包材料定额，一切材料由建设单位供给）的工程项目，可以不预付备料款。

2. 预付备料款扣回

发包方拨付给承包商的备料款属于预支性质，到了工程中后期，随着工程所需主要材料储备的逐渐减少，应以抵充工程价款的方式陆续扣回。

（1）扣款的方式有以下两种：

1）可以从未施工工程尚需的主要材料及构件的价值相当于备料款数额时起扣，从每次结算工程价款中按材料比重扣抵工程价款，竣工前全部扣清。

2）在承包方完成金额累计达到合同总价的10%后，由承包商开始向发包方还款，发包方从每次应付给承包商的金额中扣回工程预付款，发包方至少在合同规定的完成工期前3个月将工程预付款的总计金额按逐次分摊的办法扣回。当发包方一次付给承包商的金额少于规定扣回的金额时，其差额应转入下一次支付中作为债务结转。

（2）起扣点计算，工程预付款起扣点可按下式计算：

$$M = (P - T)N \geq T = P - M/N$$

式中　T——起扣点，即工程预付款开始扣回的累计完成工程金额；

P——承包工程合同总额；

M——工程预付款数额；

N——主要材料及构件所占比重。

$$主材比重 = 主要材料费 / 工程承包合同造价$$

三、任务实施

『例 2-2-1』某项工程合同总额为600万元，工程预付款为合同总额的20%，主要材料和构件所占比重为60%，求该工程的工程预付款、起扣点为多少万元？

解：工程预付款：$M = 600 \times 20\% = 120$（万元）

工程起扣点：$T = P - M/N = 600 - 120/60\% = 400$（万元）

则当工程完成金额400万元时，本项工程预付款开始扣回。

任务2　工程进度款结算

一、任务说明

（1）工程进度款结算的分类；

（2）工程进度款如何计算。

二、任务分析

（1）工程进度款是指工程项目开工后，施工企业按照工程施工进度和施工合同的规定，以当月（期）完成的工程量为依据计算各项费用，向建设单位办理结算的工程价款。

（2）工程进度款的结算分三种情况，即开工前期结算、施工中期结算、工程尾期结算。

1）开工前期进度款结算：从工程项目开工，到施工进度累计完成的产值小于"起扣点"，这期间称为开工前期。此时，每月结算的工程进度款应等于当月（期）已完成的产值。

其计算公式为：本月（期）应结算工程款 = 本月（期）已完成产值
= Σ 本月已完成工程量 × 预算单价 + 相应收取的其他费用
= Σ 本月已完成工程量 × 综合单价 + 相应收取的其他费用

2）施工中期进度款结算：当工程施工进度累计完成的产值达到"起扣点"以后，至工程竣工结束前一个月，这期间称为施工中期。此时，每月结算的工程进度款，应扣除当月（期）应扣回的工程预付备料款。

其计算公式为：本月（期）应抵扣预付备料款 = 本月（期）已完成产值 × 主材费所占比重
本月（期）应结算工程款 = 本月（期）已完成产值 − 本月（期）应抵扣预付备料款
= 本月（期）已完成产值 ×（1− 主材费所占比重）

3）工程尾期进度款结算：按照国家有关规定，工程项目总造价中应预留一定比例的尾留款作为质量保修费用，又称"保修金"。待工程项目保修期结束后，视保修情况最后支付。

对于尾款的扣除，通常采用两种方法：

①在工程进度款拨付累计金额达到该工程合同额的一定比例（一般为95% ~ 97%）时，停止支付，预留部分作为保修金。

②从发包方向承包商第一次支付的工程进度款开始，在每次承包商应得的工程款中扣留规定的金额作为保修金，直至保修金总额达到规定的限额为止。

三、任务实施

例 2-2-2【某企业承包的建筑工程合同造价为780万元。双方签订的合同规定工程工期为五个月，工程预付备料款额度为工程合同造价的20%，工程进度款逐月结算，经测算其主要材料费所占比重为60%，工程保留金为工程合同造价的5%，各月实际完成的产值见表2-2-1，求该工程如何按月结算工程款？

表 2-2-1　各月实际完成的产值

月份	三月	四月	五月	六月	七月	合计
完成产值 / 万元	95	130	175	210	170	780

解：（1）由预付备料款公式知：

该工程的预付备料款 =780×20%=156（万元）

由起扣点公式知：

起扣点 = 780−156/60% =520（万元）

（2）开工前期每月应结算的工程款，按计算公式计算结果如表2-2-2所示。

表 2-2-2

月份	三月	四月	五月
完成产值/万元	95	130	175
当月应付工程款/万元	95	130	175
累计完成的产值/万元	95	225	400

以上三、四、五月份累计完成的产值均未超过起扣点（520万元），故无须抵扣工程预付备料款。

（3）施工中期进度款结算：

$$六月份累计完成的产值 = 400+210 = 610（万元）> 起扣点（520万元）$$

故从六月份开始应从工程进度款中抵扣工程预付的备料款。

$$六月份应抵扣的预付备料款 = (610-520) \times 60\% = 54（万元）$$

$$六月份应结算的工程款 = 210 - 54 = 156（万元）$$

（4）工程尾期进度款结算：

$$应扣保留金 = 780 \times 5\% = 39（万元）$$

七月份办理竣工结算时，应结算的工程尾款为：

$$工程尾款 = 170 \times (1-60\%) - 39 = 29（万元）$$

（5）由上述计算结果可知：

$$各月累计结算的工程进度款 = 95 + 130 + 175 + 156 + 29 = 585（万元）$$

再加上工程预付备料款156万元和保留金39万元，共计780万元。

』例 2-2-3【某施工企业承包的建筑工程合同造价为800万元。双方签订的合同规定：工程预付备料款额度为18%，工程进度款达到68%时，开始起扣工程预付备料款。经测算，其主材费所占比重为56%，设该企业在累计完成工程进度64%后的当月，完成工程的产值为80万元。试计算该月应收取的工程进度款及应归还的工程预付备料款。

解：（1）该企业当月所完成的工程进度为：

$$(80 \div 800) \times 100\% = 10\%$$

即当月的工程进度从64%开始，到74%结束。起扣点68%位于月中。

（2）该企业在起扣点前应收取的工程进度款为：

$$800 \times (68\% - 64\%) = 800 \times 4\% = 32（万元）$$

（3）该企业在起扣点后应收取的工程进度款为：

$$(80 - 32) \times (1 - 56\%) = 48 \times 44\% = 21.12（万元）$$

（4）该企业当月共计应收取的工程进度款为：

$$32+21.12 = 53.12（万元）$$

（5）当月应归还的工程预付备料款为：

$$80 - 53.12 = 26.88（万元）$$

$$或：(80 - 32) \times 56\% = 26.88（万元）$$

任务3　竣工结算的内容及编制方法

一、任务说明

（1）竣工结算与施工图预算的不同；

（2）竣工结算的编制方法。

二、任务分析

1. 竣工结算时的调整

工程竣工结算的内容和编制方法与施工图预算基本相同。只是结合施工中历次设计变更、材料价差等实际变动情况，在原施工图预算基础上作部分增减调整。

（1）工程量差的调整：工程量的量差是指原施工图预算所列分项工程量，与实际完成的分项工程量不符而发生的差异。这是编制竣工结算的主要部分。这部分量差主要由以下原因造成：

1）设计单位提出的设计变更。由于某种原因，设计单位要求改变某些施工方法，经与建设单位协商后，填写设计变更通知单，作为结算增减工程量的依据。

2）施工企业提出的设计变更。此种情况比较多见，由于施工方面的原因，如施工条件发生变化、某种材料缺货需改用其他材料代替等，要求设计单位进行的设计变更。经设计单位和建设单位同意后，填写设计变更洽商记录，作为结算增减工程量的依据。

3）建设单位提出的设计变更。工程开工后，建设单位根据自身的意向和资金筹措到位的情况，增减某些具体工程项目或改变某些施工方法。经与设计单位、施工企业、监理单位协商后，填写设计变更洽商记录，作为结算增减工程量的依据。

4）监理单位或建设单位工程师提出的设计变更。此种情况是因为发现有设计错误或不足之处，经设计单位同意提出设计变更。

5）施工中遇到某种特殊情况引起的设计变更。在施工中，由于遇到一些原设计无法预计的情况，如基础开挖后遇到古墓、枯井、孤石、流砂、阴河等，需要进行处理。设计单位、建设单位、施工企业、监理单位共同研究，提出具体处理意见，填写设计变更洽商记录，作为结算增减工程量的依据。

6）计算分部分项工程增减工程量的直接费，通常采用本地区规定的表格进行。也可按表 2-2-3 的形式计算。

表 2-2-3

编号	洽商记录	定额编号	工程或费用名称	单位	增加部分				减少部分			
					数量	工料单价	工料合计	其中		数量	工料单价	工料合计	其中	
								人工单价	人工合价				人工单价	人工合价

（2）材料价差的调整：材料价差是指因工程建设周期较长或建筑材料供应不及时，造成材料实际价格与预算价格存在差异，或因材料代用发生的价格差额。

1）在工程结算中，材料价差的调整范围应严格按照当地的有关规定办理，不允许擅自调整。

2）由建设单位供应并按材料预算价格转给施工企业的材料，在竣工结算时，不得调整。材料价差由建设单位单独核算，在编制工程决算时摊入工程成本。

3）由施工企业采购的材料进行价差调整，必须在签订合同时予以明确。材料价差调整的方法有单项调整和按系数调整两种。一般工程中常用的主材采用单项调整方法。

4）辅材价差一般采用系数调整方法，这属于政策性价差调整。其调整系数不同地区、不同时期都有不同的规定，应严格按各地区的规定执行。

5）因材料供应缺口或其他原因发生的以大代小等情况所引起的材料价差，应根据工程材料代用核定通知单计算。

（3）费用调整：费用调整是指以直接费或人工费为计费基础，计算的其他直接费、现场经费、间接费、计划利润和税金等费用的调整。

工程量的增减变化，会引起措施费、间接费、利润和税金等费用的增减，这些费用应按当地费用定额的规定作相应调整。

各种材料价差一般不调整间接费。因为费用定额是在正常条件下制定的，不能随材料价格的变化而变动。但各种材料价差应列入工程预算成本，按当地费用定额的规定，计取计划利润和税金。

其他费用，如属于政策性的调整费、因建设单位原因发生的窝工费用、建设单位向施工企业清工和借工费用等，应按照当地规定的计算方式在结算时一次清算。

另外，施工企业在施工现场使用建设单位的水、电费用，也应按规定在工程结算时退还建设单位，做到工完账清。

2. 单位（单项）工程竣工结算书的编制

竣工结算书通常包括下列内容：

（1）竣工结算书封面：封面形式与施工图预算书封面相同，要求填写工程名称、结构类型、建筑面积、造价等内容；

（2）编制说明：主要说明施工合同有关规定、有关文件和变更内容等；

（3）结算造价汇总计算表：竣工结算表形式与施工图预算表相同；

（4）汇总表的附表：包括工程增减变更计算表、材料价差计算表、业主供料计算表等内容；

（5）工程竣工资料：包括竣工图、各类签证、核定单、工程量增补单、设计变更通知单等。

3. 竣工结算时工程价款的确定

竣工结算时，若因某些条件变化，使合同工程价款发生变化，则需按合同规定对合同价款进行调整。

合同收入包括两部分内容：

（1）合同中规定的初始收入，即建造承包商与客户在双方签订的合同中最初商订的合同总金额，它构成了合同收入的基本内容。

（2）因合同变更、索赔、奖励等构成的收入，在执行合同过程中由于合同变更、索赔、奖励等原因而形成的追加收入。

办理工程价款竣工结算的一般公式为：竣工结算工程价款 = 预算（或概算）或合同价款 + 施工过程中预算或合同价款调整数额 − 预付及已结算工程价款 − 保修金

三、任务实施

某项工程发包人与承包人签订了工程施工合同，合同中估算工程量为 2300m^3，经协商合同价为 180 元/m^3，承包合同中规定：

（1）开工前发包人向承包人支付合同价 20% 的预付款；

（2）业主自第一个月起，从承包人的工程款中，按 5% 的比例扣留滞留金；

（3）工程进度款逐月计算；

（4）根据市场情况规定价格调整系数，平均按 1.2 计算；

（5）预付款在最后两个月扣除，每月扣 50%。

承包人各月实际完成的工程量：1月500m³，2月800m³，3月700m³，4月600m³。问预付款是多少？每个月的工程量价款是多少？

四、任务结果

解：

（1）预付款 =2300×180×20% = 8.28（万元）

（2）各月的工程价款

1月：工程量价款 = 500×180×1.2×（1-5%） = 10.26（万元）

2月：工程量价款 = 800×180×1.2×（1-5%） = 16.416（万元）

3月：工程量价款 = 700×180×1.2×（1-5%） - 8.28×50% = 10.224（万元）

4月：工程量价款 = 600×180×1.2×（1-5%） - 8.28×50% = 8.172（万元）

复习思考题

1. 简述工程结算的概念。
2. 工程结算的方式是什么？
3. 工程备料款起扣点如何确定？
4. 工程款如何支付？
5. 工程竣工结算的编制依据是什么？

模块三

清单计价

工程量清单的编制

（1）熟悉工程量清单相关基本知识；
（2）按图纸和清单计算规范正确计算清单工程量；
（3）正确编写分部分项工程量清单、措施项目清单、其他项目清单、规费税金项目清单；
（4）熟悉完整工程量清单的构成。

一、工程量清单的概念

工程量清单是载明建设工程分部分项工程项目、措施项目、其他项目的名称和相应数量以及规费、税金项目等内容的明细清单。

招标工程量清单是招标人依据国家标准、招标文件、设计文件以及施工现场实际情况编制的，随招标文件发布供投标报价的工程量清单，包括其说明和表格。

招标工程量清单应由具有编制能力的招标人或受其委托、具有相应资质的工程造价咨询人编制。招标工程量清单必须作为招标文件的组成部分，其准确性和完整性应由招标人负责。

招标工程量清单是工程量清单计价的基础，应作为编制招标控制价、投标报价、计算或调整工量、索赔等的依据之一。

招标工程量清单应以单位（项）工程为单位编制，应由分部分项工程项目清单、措施项目清单、其他项目清单、规费和税金项目清单组成。

二、工程量清单的重要性

工程量清单计价的关键在于准确编制工程量清单。工程量清单是招标投标计价活动中，对招标人和投标人都具有约束力的重要文件，是编制招标标底（或招标控制价、招标最高限价）、投标报价、合同价款的调整和确定、计算工程量、支付工程款、办理结算和工程索赔的重要依据。

能否编制出完整、严谨的工程量清单，将直接影响到招投标的质量，也是招投标成败的关键。工程量清单内容体现了招标人要求投标人完成的工程项目、工程内容及相应的工程数量，为今后工程实施计量、支付、结算提供重要依据。

工程量清单编制是否准确，其风险完全由业主承担，且清单内容完全构成合同内容，清单内容纠纷已经上升为经济合同纠纷。因此,《计价规范》规定了工程量清单应由具有编制能力的招标人或受其委托、具有相应资质的工程造价咨询人编制。受委托编制工程量清单的工程造价咨询人必须具有工程造价咨询资质,并在其资质许可的范围内从事工程造价咨询活动。

三、编制招标工程量清单的依据

(1)《房屋建筑与装饰工程工程量计算规范》(GB 50854—2013)和《建筑工程工程量清单计价规范》(GB 50500—2013);
(2)国家或省级、行业建设主管部门颁发的计价定额和办法;
(3)建设工程设计文件及相关资料;
(4)与建设工程有关的标准、规范、技术资料;
(5)拟定的招标文件;
(6)施工现场情况、地勘水文资料、工程特点及常规施工方案;
(7)其他相关资料。

四、工程量清单编制的程序

(1)熟悉图纸和招标文件;
(2)了解施工现场的有关情况;
(3)划分项目,确定分部分项清单项目名称、编码(主体项目);
(4)确定分部分项清单项目拟综合的工程内容;
(5)计算分部分项清单主体项目工程量;
(6)编制清单(分部分项工程量清单、措施项目清单、其他项目清单、规费和税金项目清单);
(7)复核、编写总说明;
(8)装订(见标准格式)。

五、工程量清单标准格式

工程量清单应采用统一格式(正式文件)。
工程量清单格式包括以下内容:
(1)封面;
(2)总说明;
(3)分部分项工程和单价措施项目清单;
(4)总价措施项目清单;
(5)其他项目清单(暂列金额、专业工程暂估价、计日工、总包服务费);
(6)规费、税金项目清单;
(7)甲供材料、设备单价表;
(8)材料、设备暂估单价表。

任务1 分部分项工程量清单的编制

一、任务说明

(1)清单项目列项;

(2)项目编码的填写;
(3)项目特征的描述;
(4)计量单位的确定;
(5)清单工程量的计算。

二、任务分析

(1)分部工程是单项或单位工程的组成部分,是按结构部位、路段长度及施工特点或施工任务将单项或单位工程划分为若干分部的工程;分项工程是分部工程的组成部分,是按不同施工方法、材料、工序及路段长度等将分部工程划分为若干个分项或项目的工程。

(2)分部分项工程和单价措施项目工程量清单应根据《房屋建筑与装饰工程工程量计算规范》(GB 50854—2013)附录中规定的项目编码、项目名称、项目特征、计量单位和工程量计算规则和工作内容进行编制。见表3-1-1

表 3-1-1 项目编码示例表

项目编码	项目名称	项目特征	计量单位	工程量计算规则	工作内容
010101001	平整场地	1. 土壤类别 2. 弃土运距 3. 取土运距	m^2	按设计图示尺寸以建筑物首层建筑面积计算	1. 土方挖填 2. 场地找平 3. 运输

(3)分部分项工程项目清单必须载明项目编码、项目名称、项目特征、计量单位和工程量。这是一个分部分项工程量清单的五个要件,这五个要件在分部分项工程量清单的组成中缺一不可。

分部分项工程和单价措施项目工程量清单表格见表3-1-2。

表 3-1-2 分部分项工程和单价措施项目清单与计价表

工程名称:工程项目　　　　标段:　　　　　　　　　　　　第1页 共1页

序号	项目编码	项目名称	项目特征描述	计量单位	工程量	金额/元		
						综合单价	合价	其中
		整个项目						暂估价
		分部小计						
		单价措施						
		分部小计						

三、任务实施

分部分项工程量清单的编制主要取决于两个方面:
一是项目的划分和项目名称的定义及内容的描述,这是分部分项工程量清单编制的难点。
二是清单项目实体工程量的计算,这是分部分项工程量清单编制的重点。
分部分项工程量清单的编制步骤如图3-1-1所示。

1. 确定项目名称

编制分部分项工程量清单的关键是列出清单项目,在清单项目中明确需要体现的项目特征和项目包含的工程内容。

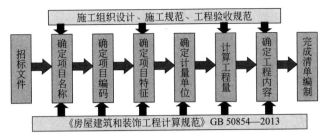

图 3-1-1　分部分项工程量清单的编制步骤

（1）项目的划分（列项）：分部分项工程量清单以形成"工程综合实体"项目或以主要分项工程为主来划分（实体项目中一般可以包括许多工程内容，以建筑、装饰部分居多。结构部分往往按分项工程设置），在《房屋建筑与装饰工程工程量计算规范》（GB 50854—2013）中，按"工作内容"对工程量清单项目的设置作了明确的规定。

列项是一个从粗到细，从宏观到微观的过程。通过对建筑物进行分层、分块、分构件按清单计算规范进行工程量列项，可以达到不重项、不漏项的目的。

（2）项目划分的原则：

1）以形成工程实体为原则，这是计量的前提；

2）与消耗量定额相结合的原则；

3）便于形成综合单价的原则；

4）便于使用和以后调整的原则；

（3）项目名称的定义：项目名称原则上以形成工程实体而命名。分部分项工程量清单项目名称的设置应按《房屋与装饰工程工程量清单计算规范》（GB 50854—2013）中"分部分项工程量清单项目"的项目名称与项目特征，并结合拟建工程的实际（工程内容）确定。

清单中的项目名称可以和《房屋建筑与装饰工程工程量计算规范》（GB 50854—2013）中的"项目名称"完全一致，如挖基础土方、砖基础、圈梁、块料楼地面、胶合板门等。项目名称也可以在《房屋建筑与装饰工程工程量计算规范》（GB 50854—2013）的总框架下，有的根据具体情况可以进行重新命名，如《房屋建筑与装饰工程工程量计算规范》（GB 50854—2013）的"块料楼地面"也可以命名为地砖地面、地砖楼面、防滑地砖楼面、陶瓷地砖地面等；如"土方回填"也可以根据回填土的位置命名为基础回填土、室内回填土、基础垫层回填土等；如"块料墙面"可以命名为外墙面砖、内墙瓷片等；如"胶合板门"也可以称为夹板门、双面夹板门等。

2. 确定项目编码

项目编码是分部分项工程和措施项目清单名称的阿拉伯数字标识。工程量清单的项目编码，应采用十二位阿拉伯数字表示，一至九位应按附录的规定设置，十至十二位应根据拟建工程的工程量清单项目名称和项目特征设置，同一招标工程的项目编码不得有重码。

十二位阿拉伯数字及其设置规定：

各位数字的含义是：

一、二位为专业工程代码（01- 房屋建筑与装饰工程；02- 仿古建筑工程；03- 通用安装工程；04- 市政工程；05- 园林绿化工程；06- 矿山工程；07- 构筑物工程；08- 城市轨道交通工程；09- 爆破工程。以后进入国标的专业工程代码以此类推）；

三、四位为附录分类顺序码；

五、六位为分部工程顺序码；

七、八、九位为分项工程项目名称顺序码；

十至十二位为清单项目名称顺序码。

当同一标段（或合同段）的一份工程量清单中含有多个单位工程且工程量清单是以单位工程为编制对象时，在编制工程量清单时应特别注意对项目编码十至十二位的设置不得有重码的规定。

例如一个标段（或合同段）的工程量清单中含有三个单位工程，每一单位工程中都有项目特征相同的实心砖墙砌体，在工程量清单中又需反映三个不同单位工程的实心砖墙砌体工程量时，则第一个单位工程的实心砖墙的项目编码应为 010401003001，第二个单位工程的实心砖墙的项目编码应为 010401003002，第三个单位工程的实心砖墙的项目编码应为 010401003003，并分别列出各单位工程实心砖墙的工程量。

3. 确定项目特征

项目特征是构成分部分项工程项目、措施项目自身价值的本质特征。

工程量清单编制时，以《房屋建筑与装饰工程工程量计算规范》"分部分项工程量清单项目"中的项目名称为主体，考虑该项目的规格、型号、材质等特征要求，结合拟建工程的实际情况，是其工程量项目名称具体化、细化、能够反映影响工程造价的主要因素。工程项目内容描述很重要，它是计价人计算综合单价的主要依据。工程项目内容描述具有唯一性，所有计价人的理解是唯一的。

（1）工程量清单项目特征描述的重要意义：

1）项目特征是区分清单项目的依据：项目特征用来表述项目的实质内容，用于区分《计价规范》中同一清单条目下各个具体的清单项目，是设置具体清单项目的依据。没有项目特征的准确描述，对于相同或相似的清单项目名称，就无从区别。

2）项目特征是确定综合单价的前提：由于清单的项目特征决定了工程实体的实质内容，是对项目的准确描述，必然直接决定了工程实体的自身价值。因此，项目特征描述得准确与否，直接关系到工程量清单项目综合单价的准确确定。

3）项目特征是履行合同义务的基础：实行工程量清单计价，工程量清单及综合单价是施工合同的组成部分，因此，如果工程量清单项目特征的描述不清甚至漏项、错误，从而引起在施工过程中的更改，都会引起分歧，导致纠纷。

由此可见，清单项目特征的描述很重要，项目特征应根据附录中有关项目特征的要求，结合技术规范、施工图纸、标准图集，按照工程结构、使用材质及规格或安装位置等，予以详细表述和说明。项目特征的描述充分体现了设计文件和业主的要求。

（2）项目特征的描述原则：工程量清单的项目特征是确定一个清单项目综合单价不可缺少的重要依据，在编制工程量清单时，必须对项目特征进行准确和全面的描述。但有些项目特征用文字往往又难以准确和全面的描述。为达到规范、简洁、准确、全面描述项目特征的要求，在描述工程量清单项目特征时应按以下原则进行：

1）项目特征描述的内容应按附录中的规定，结合拟建工程的实际，满足确定综合单价的需要。

2）若采用标准图集或施工图纸能够全部或部分满足项目特征描述的要求，项目特征描述可直接采用详见 ×× 图集或 ×× 图号的方式。对不能满足项目特征描述要求的部分，仍应用文字描述。

（3）项目特征的描述要求：

1）必须描述的内容如下：①涉及正确计量计价的必须描述：如混凝土垫层厚度、地沟是否靠墙、保温层的厚度等；②涉及结构要求的必须描述：如混凝土强度等级（C20或C30）、砌筑砂浆的种类和强度等级（M5或M10）；③涉及施工难易程度的必须描述：如抹灰的墙体类型（砖墙或混凝土墙等）、天棚类型（现浇天棚或预制天棚等）、抹灰面油漆等；④涉及材质要求的必须描述：如装饰材料、玻璃、油漆的品种、管材的材质（碳钢管、无缝钢管等）；⑤涉及材料品种规格厚度要求的必须描述：如地砖、面砖、瓷砖的大小、抹灰砂浆的厚度和配合比等。

2）可不详细描述的内容如下：①无法准确描述的可不详细描述：如土的类别可描述为综合（对工程所在具体地点来讲，应由投标人根据地勘资料确定土壤类别，决定报价）；②施工图、标准图集标注明确的、用文字往往又难以准确和全面予以描述的，可不再详细描述（可直接描述为详见××图集或××图××节点）；③在项目划分和项目特征描述时，为了清单项目粗细适度和便于计价，应尽量与消耗量定额相结合。如柱截面不一定要描述具体尺寸，可描述成柱断面周长1800以内或1800以上；钢筋不一定要描述具体规格，可描述成$\phi 10$以内圆钢筋、$\phi 10$以上圆钢筋、$\phi 10$以上螺纹钢筋（Ⅱ级）、$\phi 10$以上螺纹钢筋（Ⅲ级）；现浇板可根据厚度描述成板厚100mm以内或100mm以上；地砖规格也可描述成周长1200mm以内、2000mm以内、2000mm以上等。

3）可不描述的内容如下：①对项目特征或计量计价没有实质影响的内容可以不描述：如混凝土柱高度、断面大小等；②应由投标人根据施工方案确定的可不描述：如外运土的运距、外购黄土的距离等；③应由投标人根据当地材料供应确定的可不描述：如混凝土拌和料使用的石子种类及粒径、砂子的种类等；④应由施工措施解决的可不描述：如现浇混凝土板、梁的标高、板的厚度、混凝土墙的厚度等。

4）此外，由于《房屋与装饰工程工程量清单计算规范》中的项目特征是参考项目，因此，对规范中没有项目特征要求的少数项目，计价时需要按一定要求计量的必须描述的，应予以特别的描述：如"门窗洞口尺寸"或"框外围尺寸"是影响报价的重要因数，虽然《房屋与装饰工程工程量清单计算规范》的项目特征中没有此内容，但是编制清单时，如门窗以"樘"为计量单位就必须描述，以便投标人准确报价。如门窗以"m^2"为计量单位时，可不描述"洞口尺寸"。同样"门窗的油漆"也是如此。如《房屋与装饰工程工程量清单计算规范》中的地沟在项目特征中没有提示要描述地沟是靠墙还是不靠墙，但是实际中的靠墙地沟和不靠墙地沟差异很大，应予以特别描述。

4. 确定计量单位

分部分项工程量清单的计量单位应按规范附录中规定的计量单位确定。当计量单位有两个或两个以上时，应结合拟建工程项目的实际情况，选择最适宜表述项目特征并方便计量的一个，同一工程项目的计量单位应一致。

5. 工程量的计算

（1）工程量计算的概念指建设工程项目以工程设计图纸、施工组织设计或施工方案及有关技术经济文件为依据，按照相关工程国家标准的计算规则、计量单位等规定，进行工程数量的计算活动，在工程建设中简称工程计量。

（2）工程量清单编制的重点是分部分项清单项目工程量的计算，工程量的计算应符合《房屋建筑与装饰工程工程量计算规范》（GB 50854—2013）中"工程量计算规则"的规定。

（3）工程量计算规则是指对清单项目工程量计算的规定，除另有说明外，所有清单项目的工程量应以实体工程量为准,并以完成后的净值计算。

（4）工程计量时每个项目汇总的有效位数应遵守下列规定:

1) 以"t"为单位,应保留小数点后三位数字,第四位小数四舍五入。

2) 以"m"、"m²"、"m³"、"kg"为单位,应保留小数点后两位数字,第三位小数四舍五入。

3) 以"个"、"件"、"根"、"组"、"系统"为单位,应取整数。

6. 确定工程内容

《房屋建筑与装饰工程工程量计算规范》各项目仅列出了主要工作内容,除另有规定和说明者外,应视为已经包括完成该项目所列或未列的全部工作内容。

四、任务实例

按清单计算工程量并编制工程量清单。如图 3-1-2 所示,某基础工程基础为 MU7.5 机制砖基础,M5 水泥砂浆砌筑,垫层底宽 1400mm,挖土深度 1100mm,基础长 220m,场地为三类土,弃土运距 5km,防水砂浆防潮层。(24 墙、砖基础折加高度 0.328m)

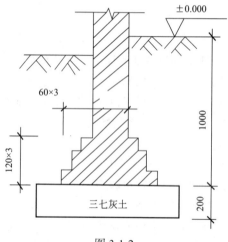

图 3-1-2

表 3-1-3　清单计算规则

项目编码	项目名称	项目特征描述	计量单位	工程量计算规则	工作内容
010101003	挖沟槽土方	1. 土壤类别 2. 挖土深度 3. 弃土运距	m³	按设计图示尺寸以基础垫层底面积乘以挖土深度计算	1. 排地表水 2. 土方开挖 3. 围护(挡土板)及拆除 4. 基底钎探 5. 运输
010401001	砖基础	1. 砖品种、规格、强度等级 2. 基础类型 3. 砂浆强度等级 4. 防潮层材料种类	m³	按设计图示尺寸以体积计算基础长度; 外墙按外墙中心线; 内墙按内墙净长线计算	1. 砂浆制作、运输 2. 砌砖 3. 防潮层铺设 4. 材料运输

1. 挖沟槽土方工程量

解:按表 3-1-3 的清单计算规则

挖沟槽清单工程量按设计图示尺寸以基础垫层底面积乘以挖土深度计算。

$$\text{垫层底宽} \times \text{基础长} \times \text{挖土深度} = 1.4 \times 220 \times 1.1 = 338.8 \, (\text{m}^3)$$

2. 砖基础工程量

解：按表3-1-3的清单计算规则

砖基础清单工程量按设计图示尺寸以体积计算。

$$\text{基础墙宽} \times (\text{基础高} + \text{折加高}) \times \text{基础长} = 0.24 \times (1 + 0.328) \times 220 = 70.12 \, (\text{m}^3)$$

填清单见表3-1-4。

表 3-1-4　工程量清单

项目编码	项目名称	项目特征	计量单位	工程量
010101003001	挖沟槽土方	1. 土壤类别：三类土 2. 挖土深度：1.1m 3. 弃土运距：5km	m³	338.8
010401001001	砖基础	1. 砖品种、规格、强度等级：MU7.5机制砖 2. 基础类型：条形砖基础 3. 砂浆强度等级：M5水泥砂浆 4. 防潮层材料种类：防水砂浆防潮层	m³	70.12

五、总结拓展

补充清单的编制：

编制工程量清单出现附录中未包括的项目，编制人应做补充，并报省级或行业工程造价，省级或行业工程造价机构应汇总报住房和城乡建设部标准定额研究所。

补充项目的编码由《房屋建筑与装饰工程工程量计算规范》的代码01与B和阿拉伯数字组成，并应从01B001起顺序编制，同一招标工程的项目编码不得重码。

补充的工程量清单需附有补充项目的名称、项目特征、计量单位、工程量计算规则、工作内容。

复习思考题

1. 工程量清单的概念是什么？
2. 工程量清单的标准格式是什么？
3. 分部分项工程量清单包括哪几项内容？
4. 项目列项的要点是什么？
5. 项目特征如何描述？
6. 如何正确填写工程量清单表？
7. 清单工程量如何计算？

任务2　措施项目清单的编制

一、任务说明

（1）单价措施项目清单的编制；
（2）总价项目清单的编制。

二、任务分析

1. 措施项目清单的概念

措施项目清单指为完成工程项目施工，发生于该工程施工前和施工过程中技术、生活、文明、安全等方面的非工程实体项目清单。

2. 措施项目清单的分类

措施项目清单分为两类：单价措施项目清单和总价措施项目清单。

（1）单价措施项目，即指能按图纸计算工程量，在《房屋与装饰工程工程量清单计算规范》中列出了项目编码、项目名称、项目特征、计量单位、工程量计算规则的项目，单价措施项目编制工程量清单应执行分部分项工程的规定，按分部分项工程量清单的编制方式编制。

单价措施项目一般包括脚手架工程、混凝土模板及支架、垂直运输、超过施工增加、大型机械设备进出场及安拆、施工排水降水。

（2）总价措施项目是按百分比取费的项目，按《房屋与装饰工程工程量清单计算规范》附录中S7项目规定的项目编码、项目名称确定。

总价措施项目一般包括安全文明施工，夜间施工，非夜间施工照明，二次搬运，冬雨期施工，地上、地下设施、建筑物的临时保护设施，已完工程及设备保护。

3. 措施项目清单的编制依据

（1）拟建工程的施工组织设计；
（2）拟建工程的施工技术方案；
（3）与拟建工程相关的工程施工规范和工程验收规范。

三、任务实施

1. 单价措施项目清单的编制

（1）综合脚手架（表3-1-5）：

表3-1-5　综合脚手架的单价措施项目清单

项目编码	项目名称	项目特征	计量单位	工程量计算规则	工作内容
011701001	综合脚手架	1. 建筑结构形式 2. 檐口高度	m²	按建筑面积计算	1. 场内、场外材料搬运 2. 搭、拆脚手架、斜道、上料平台 3. 安全网的铺设 4. 选择附墙点与主体连接 5. 测试电动装置、安全锁等 6. 拆除脚手架后材料的堆放

注：1. 使用综合脚手架时，不再使用外脚手架、里脚手架等单项脚手架；综合脚手架适用于能够按"建筑面积计算规则"计算建筑面积的建筑工程脚手架，不适用于房屋加层、构筑物及附属工程脚手架。
2. 同一建筑物有不同檐高时，按建筑物竖向切面分别按不同檐高编列清单项目。
3. 整体提升架已包括2m高的防护架体设施。
4. 脚手架材质可以不描述，但应注明由投标人根据工程实际情况按照国家现行标准《建筑施工扣件式钢管脚手架安全技术规范》（JGJ 130—2011）、《建筑施工附着升降脚手架管理暂行规定》（建建[2000]230号）等规范自行确定。

（2）模板

1)《房屋建筑与装饰工程工程量计算规范》（GB 50854—2013）中，现浇混凝土工程项目"工作内容"中包括模板工程的内容，同时又在措施项目中单列了现浇混凝土模板工程项目。对此，招标人应根据工程实际情况选用。若招标人在措施项目清单中未编列现浇混凝土模板项目清单，即表示现浇混凝土模板项目不单列，现浇混凝土工程项目的综合单价中应包括模板工程费用。

2)《房屋建筑与装饰工程工程量计算规范》（GB 50854—2013）中对预制混凝土构件按现场制作编制项目，"工作内容"中包括模板工程，不再另列。若采用成品预制混凝土构件时，构件成品价（包括模板、钢筋、混凝土等所有费用）应计入综合单价中。

上述规定包含三层意思：①招标人应根据工程的实际情况在同一个标段（或合同段）中在两种方式中选择其一；②招标人若采用单列现浇混凝土模板工程，必须按本规范所规定的计量单位、项目编码、项目特征描述列出清单。同时，现浇混凝土项目中不含模板的工程费用；③招标人若不单列现浇混凝土模板工程项目，不再编列现浇混凝土模板项目清单，意味着现浇混凝土工程项目的综合单价中包括了模板的工程费用。

分部分项工程中工作内容包含模板（表 3-1-6 和表 3-1-7）：

表 3-1-6　分部分项工程措施项目清单

项目编码	项目名称	项目特征	计量单位	工程量计算规则	工作内容
010504001	直形墙	1. 混凝土种类 2. 混凝土强度等级	m^3	按设计图示尺寸以体积计算、扣除门窗洞口及单个面积大于 $0.3m^2$ 的孔洞所占体积，墙垛及突出墙面部分并入墙体体积计算内	1. 模板及支架（撑）制作、安装、拆除、堆放、运输及清理模内杂物、刷隔离剂等 2. 混凝土制作、运输、浇筑、振捣、养护
010504002	弧形墙 短肢				
010504003	剪力墙				
010504004	挡土墙				

表 3-1-7　单独混凝土模板及支架（撑）部分

项目编码	项目名称	项目特征	计量单位	工程量计算规则	工作内容
011702001	基础	基础类型	m^2	按模板与现浇混凝土构件的接触面积计算。 1. 现浇钢筋混凝土墙、板单孔面积不大于 $0.3m^2$ 的孔洞不予扣除，洞侧壁模板也不增加；单孔面积大于 $0.3m^2$ 时应予扣除，洞侧壁模板面积并入墙、板工程量内计算。 2. 现浇框架分别按梁、板、柱有关规定计算；附墙柱、暗梁、暗柱并入墙内工程量内计算。 3. 柱、梁、墙、板相互连接的重叠部分，均不计算模板面积 4. 构造柱按图示外露部分计算模板面积	1. 模板制作 2. 模板安装、拆除、整理堆放及场内外运输 3. 清理模板黏结物及模内杂物、刷隔离剂等
011702002	矩形柱				
011702003	构造柱				
011702004	异形柱	柱截面形状			
011702005	基础梁	梁截面形状			
011702006	矩形梁	支撑高度			
011702007	异形梁	1. 梁截面形状 2. 支撑高度			
011702008	圈梁				
011702009	过梁				
011702010	弧形、拱形梁	1. 梁截面形状 2. 支撑高度			

注：1. 原槽浇灌的混凝土基础，不计算模板。

2. 混凝土模板及支撑（架）项目，只适用于以平方米计量，按模板与混凝土构件的接触面积计算。以立方米计量的模板及支撑（支架），按混凝土及钢筋混凝土实体项目执行，其综合单价中应包含模板及支撑（支架）。

3. 采用清水模板时，应在特征中注明。

4. 若现浇混凝土梁、板支撑高度超过 3.6m 时，项目特征应描述支撑高度。

(3)垂直运输（表3-1-8）

表3-1-8　垂直运输措施项目清单

项目编码	项目名称	项目特征	计量单位	工程量计算规则	工作内容
011703001	垂直运输	1. 建筑物建筑类型及结构形式 2. 地下室建筑面积 3. 建筑物檐口高度、层数	1. m² 2. 天	1. 按建筑面积计算 2. 按施工工期日历天数计	1. 垂直运输机械的固定装置、基础制作、安装 2. 行走式垂直运输机械轨道的铺设、拆除、摊销

注：1. 建筑物的檐口高度是指设计室外地坪至檐口滴水的高度（平屋顶系指屋面板底高度），突出主体建筑物屋顶的电梯机房、楼梯出口间、水箱间、瞭望塔、排烟机房等不计入檐口高度。

2. 垂直运输指施工工程在合理工期内所需垂直运输机械。

3. 同一建筑物有不同檐高时，按建筑物的不同檐高做纵向分割，分别计算建筑面积，以不同檐高分别编码列项。

（4）超高施工增加（表3-1-9）

表3-1-9　超高施工增加措施项目清单

项目编码	项目名称	项目特征	计量单位	工程量计算规则	工作内容
011704001	超高施工增加	1. 建筑物建筑类型及结构形式 2. 建筑物檐口高度、层数 3. 单层建筑物檐口 4. 高度超过20m，多层建筑物超过6层部分的建筑面积	m²	按建筑物超高部分的建筑面积计算	1. 建筑物超高引起的人工工效降低以及由于人工工效降低引起的机械降效 2. 高层施工用水、加压水泵的安装、拆除及工作台班 3. 通信联络设备的使用及摊销

注：1. 单层建筑物檐口高度超过20m，多层建筑物超过6层时，可按超高部分的建筑面积计算超高施工增加。计算层数时，地下室不计入层数。

2. 同一建筑物有不同檐高时，可按不同高度的建筑面积分别计算建筑面积，以不同檐高分别编码列项。

（5）大型机械设备进出场及安拆（表3-1-10）

表3-1-10　大型机械设备进出场及安拆措施

项目编码	项目名称	项目特征	计量单位	工程量计算规则	工作内容
011705001	大型机械设备进出场及安拆	1. 机械设备名称 2. 机械设备规格型号	台次	按使用机械设备的数量计算	1. 安拆费包括施工机械、设备在现场进行安装拆卸所需人工、材料、机械和试运转费用以及机械辅助设施的折旧、搭设、拆除等费用 2. 进出场费包括施工机械、设备整体或分体自停放地点运至施工现场或由一施工地点运至另一施工地点所发生的运输、装卸、辅助材料等费用

（6）施工排水、降水（表3-1-11）

表 3-1-11 施工排水、降水措施项目清单

项目编码	项目名称	项目特征	计量单位	工程量计算规则	工作内容
011706001	成井	1. 成井方式 2. 地层情况 3. 成井直径 4. 井（滤）管类型、直径	m	按设计图示尺寸以钻孔深度计算	1. 准备钻孔机械、埋设护筒、钻机就位；泥浆制作、固壁；成孔、出渣、清孔等 2. 对接上、下井管（滤管），焊接，安放，下滤料，洗井，连接试抽等
011706002	排水、降水	1. 机械规格型号 2. 降排水管规格	昼夜	安排、降水日历天数计算	1. 管道安装、拆除、场内搬运等 2. 抽水、值班、降水设备维修等

注：相应专项设计不具备时，可按暂估量计算。

单价措施项目清单表格和分部分项工程清单表相同，见表 3-1-12。

表 3-1-12 分部分项工程和单价措施项目清单与计价表

工程名称：

序号	子目编码	子目名称	子目特征描述	计量单位	工程量	金额/元		
						综合单价	合价	其中 暂估价

2. 总价措施项目清单的编制（表 3-1-13）。

表 3-1-13 总价措施项目清单

项目编码	项目名称	工作内容及包含范围
011707001	安全文明施工	1. 环境保护：现场施工机械设备降低噪声、防扰民措施；水泥和其他易飞扬细颗粒建筑材料密闭存放或采取覆盖措施等；工程防扬尘洒水；土石方、建筑渣土外运车辆防护措施等；现场污染源的控制、生活垃圾清理外运、场地排水排污措施；其他环境保护措施 2. 文明施工："五牌一图"；现场围挡的墙面美化（包括内外粉刷、刷白、标语等）、压顶装饰；现场厕所便槽刷白、贴面砖，水泥砂浆地面或地砖，建筑物内临时便溺设施；其他施工现场临时设施的装饰装修、美化措施；现场生活卫生设施；符合卫生要求的饮水设备、淋浴、消毒等设施；生活用洁净燃料；防煤气中毒、防蚊虫叮咬等措施；施工现场操作场地的硬化；现场绿化、治安综合治理；现场配备医药保健器材、物品和急救人员培训；现场工人的防暑降温、电风扇、空调等设备及用电；其他文明施工措施 3. 安全施工：安全资料、特殊作业专项方案的编制，安全施工标志的购置及安全宣传；"三宝"（安全帽、安全带、安全网）、"四口"（楼梯口、电梯井口、通道口、预留洞口）、"五临边"（阳台围边、楼板围边、屋面围边、槽坑围边、卸料平台两侧）、水平防护架、垂直防护架、外架封闭等防护；施工安全用电，包括配电箱三级配电、两级保护装置要求、外电防护措施；起重机、塔吊等起重设备（含井架、门架）及外用电梯的安全防护措施（含警示标志）及卸料平台的临边防护、层间安全门、防护棚等设施；建筑地起重机械的检验检测；施工机具防护棚及其围栏的安全保护设施；施工安全防护通道；工人的安全防护用品、用具购置；消防设施与消防器材的配置；电气保护、安全照明设施；其他安全防护措施 4. 临时设施：施工现场采用彩色、定型钢板、砖、混凝土砌块等围挡的安砌、维修、拆除；施工现场临时建筑物、构筑物的搭设、维修、拆除，如临时宿舍、办公室、食堂、厨房、厕所、诊疗所、临时文化福利用房、临时仓库、加工场、搅拌台、临时简易水塔、水池等；施工现场临时设施的搭设、维修、拆除，如临时供水管道、临时供电管线、小型临时设施等；施工现场规定范围内临时简易道路铺设，临时排水沟、排水设施安砌、维修、拆除；其他临时设施搭设、维修、拆除

续表

项目编码	项目名称	工作内容及包含范围
011707002	夜间施工	1. 夜间固定照明灯具和临时可移动照明灯具的设置、拆除 2. 夜间施工时，施工现场交通标志、安全标牌、警示灯等的设置、移动、拆除 3. 包括夜间照明设备及照明用电、施工人员夜班补助、夜间施工劳动效率降低等
011707003	非夜间施工照明	为保证工程施工正常进行，在地下室等特殊施工部位施工时所采用的照明设备的安拆、维护及照明用电等
011707004	二次搬运	由于施工场地条件限制而发生的材料、成品、半成品等一次运输不能到达堆放地点，必须进行的二次或多次搬运
011707005	冬雨期施工	1. 冬雨（风）期施工时增加的临时设施（防寒保温、防雨、防风设施）的搭设、拆除 2. 冬雨（风）期施工时，对砌体、混凝土等采用的特殊加温、保温和养护措施 3. 冬雨（风）期施工时，施工现场的防滑处理、对影响施工的雨雪的清除 4. 包括冬雨（风）期施工时增加的临时设施、施工人员的劳动保护用品、冬雨（风）期施工劳动效率降低等
011707006	地上、地下设施建筑物的临时保护设施	在工程施工过程中，对已建成的地上、地下设施和建筑物进行的遮盖、封闭、隔离等必要保护措施
011707007	已完工程及设备保护	对已完工程及设备采取的覆盖、包裹、封闭、隔离等必要保护措施

注：本表所列项目应根据工程实际情况计算措施项目费用，需分摊的应合理计算摊销费用

总价项目清单表格见表3-1-14。

表 3-1-14　总价措施项目清单与计价表

工程名称：　　　　　　　　　　　　　　　　　　　　　　　　　　　　　　　　第1页　共1页

序号	项目编码	子目名称	计算基础	费率/%	金额/元	备注

四、任务成果

1. 单价措施项目清单实例（部分）（表3-1-15）

2. 总价措施项目清单实例（表3-1-16）

表 3-1-15　分部分项工程和单价措施项目清单与计价表

工程名称：

序号	子目编码	子目名称	子目特征描述	计量单位	工程量	金额/元		
						综合单价	合价	其中
								暂估价
		措施项目						
1	011701001001	综合脚手架		m²	4643.3			
2	011703001001	垂直运输		m²	4643.3			
3	011702001001	基础模板		m²	189.6			
4	011702002001	矩形柱模板		m²	1041.51			
5	011702002002	矩形柱 TZ 模板		m²	36			
6	011702003001	构造柱模板		m²	557.14			
7	011702004001	异形柱模板		m²	122.89			
8	011702005001	基础梁模板		m²	366.1			

表 3-1-16　总价措施项目清单与计价表

工程名称：　　　　　　　　　　　　　　　　　　　　　　　　　第 1 页　共 1 页

序号	项目编码	子目名称	计算基础	费率/%	金额/元	备注
1	011707001001	安全文明施工				
2	011707002001	夜间施工				
3	011707003001	非夜间施工照明				
4	011707004001	二次搬运				
5	011707005001	冬雨期施工				
6	011707006001	地上、地下设施、建筑物的临时保护设施				
7	011707007001	已完工程及设备保护				

任务 3　其他项目清单的编制

一、任务说明

（1）根据招标文件要求编制其他项目清单；
（2）确定暂列金额；
（3）确定专业工程暂估价；
（4）确定总承包服务费。

二、任务分析

1. 其他项目清单的概念

其他项目清单是指除分部分项工程量清单、措施项目清单所包含的内容以外，因招标人的特殊要求而发生的与拟建工程有关的其他费用项目和相应数量的清单。

2. 其他项目清单的内容

（1）暂列金额；

(2)暂估价，包括材料暂估单价、工程设备暂估单价、专业工程暂估价；
(3)计日工；
(4)总承包服务费。

3. 其他项目清单填写要点

(1)暂列金额、暂估价、计日工、总承包服务费由招标人负责填写；

(2)索赔与现场签证在工程结算中由承包人计入造价；

(3)暂列金额应根据工程特点按有关计价规定估算；

(4)暂估价中的材料、工程设备暂估单价应根据工程造价信息或参照市场价格估算，列出明细表；专业工程暂估价应分不同专业，按有关计价规定估算，列出明细表；

(5)计日工应列出项目名称、计量单位和暂估数量；

(6)总承包服务费应列出服务项目及其内容等；

(7)清单计价规范未列的项目，应根据工程实际情况补充。

三、任务实施

1. 暂列金额

招标人在工程量清单中暂定并包括在合同价款中的一笔款项。用于工程合同签订时尚未确定或者不可预见的所需材料、工程设备、服务的采购，施工中可能发生的工程变更、合同约定调整因素出现时的合同价款调整以及发生的索赔、现场签证确认等的费用。

暂列金额应根据工程特点，按有关计价规定估算，一般可按分部分项工程费的10%~15%作为参考。

暂列金额为招标人所有，只有按合同程序实际发生后，才成为中标人应得金额。

暂列金额应根据工程特点按有关计价规定估算。

暂列金额表格见表3-1-17。

表3-1-17 暂列金额明细表

工程名称：

序号	子目名称	计量单位	暂列金额/元	备注
1				

2. 暂估价

招标人在工程量清单中提供的用于支付必然发生但暂时不能确定价格的材料、工程设备的单价以及专业工程的金额。

暂估价包括材料暂估单价、工程设备暂估单价、专业工程暂估价。

暂估价中的材料、工程设备暂估单价应根据工程造价信息或参照市场价格估算，列出明细表；专业工程暂估价应分不同专业，按有关计价规定估算，列出明细表。

暂估价分为专业工程暂估价和材料和工程设备暂估价两种表格（表3-1-18和表3-1-19），按工程实际依次填写即可。

发包人在招标工程量清单中给定暂估价的材料、工程设备属于依法必须招标的，应由发承包双方以招标的方式选择供应商，确定价格，并应以此为依据取代暂估价，调整合同价款。

发包人在招标工程量清单中给定暂估价的材料、工程设备不属于依法必须招标的，应由承包人按照合同约定采购，经发包人确认单价后取代暂估价，调整合同价款。

发包人在工程量清单中给定暂估价的专业工程不属于依法必须招标的，应按照清单计价规范相应条款的规定确定专业工程价款，并应以此为依据取代专业工程暂估价，调整合同价款。

发包人在招标工程量清单中给定暂估价的专业工程，依法必须招标的，应当由发承包双方依法组织招标选择专业分包人，并接受有管辖权的建设工程招标投标管理机构的监督，还应符合下列要求：

（1）除合同另有约定外，承包人不参加投标的专业工程发包招标，应由承包人作为招标人，但拟定的招标文件、评标工作、评标结果应报送发包人批准。与组织招标工作有关的费用应当被认为已经包括在承包人的签约合同价（投标总报价）中。

（2）承包人参加投标的专业工程发包招标，应由发包人作为招标人，与组织招标工作有关的费用由发包人承担。同等条件下，应优先选择承包人中标。

（3）应以专业工程发包中标价为依据取代专业工程暂估价，调整合同价款。

表 3-1-18　专业工程暂估价及结算价表

序号	工程名称	工程内容	暂估金额/元	结算金额/元	差额±/元	备注
1	专业工程暂估价					

表 3-1-19　材料和工程设备暂估价表

工程名称：

序号	材料（设备）名称、规格、型号	计量单位	数量	暂估单价/元	招标人给定		投标人填报		备注
					损耗率/%	合价/元	损耗率/%	合价/元	

注：1. 此表中"投标人填报"栏以外的内容由招标人填写，并在备注栏说明暂估价的材料和工程设备拟用的清单子目；达到规定的规模标准的重要设备、材料以外的其他材料、设备约定采用招标方式采购的，应当同时注明。

2. 投标人应将上述材料、工程设备暂估单价计入工程量清单综合单价报价中。

3. 表中数量为图纸数量；合价＝暂估单价×数量×（1+损耗率）。

3. 计日工

在施工过程中，承包人完成发包人提出的工程合同范围以外的零星项目或工作，按合同中约定的单价计价的一种方式。

计日工应列出项目名称、计量单位和暂估数量。

计日工是为了解决现场发生的零星工作的计价而设立的。国际上常见的标准合同条款中，大多数都设立了计日工（daywork）计价机制。但在中国，尤其是北方用得很少，绝大多数工程都采用现场签证的方式处理此类事件。

计日工表见表 3-1-20。

表 3-1-20 计日工表

工程名称：

编号	子目名称	单位	暂定数量	综合单价/元	合价/元
一	人工				
1					
2					
3					
人工小计					
二	材料				
1					
2					
材料小计					
上述材料表中未列出的材料设备，投标人计取的包括企业管理费、利润（不包括规费和税金）在内的固定百分比：					%
三	施工机械				
1					
施工机械小计					

4. 总承包服务费（表 3-1-21）

（1）总承包人为配合协调发包人进行的专业工程发包，对发包人自行采购的材料、工程设备等进行保管以及施工现场管理、竣工资料汇总整理等服务所需的费用。

（2）总承包服务费应列出服务项目及其内容等。

（3）总承包服务费应根据招标文件列出的内容和要求估算：

1）总包管理费：对列入建筑工程总承包合同，由发包方指定分包的专业工程，及虽未列入总承包合同，但发包方要求总承包单位进行协调施工质量、现场进度、负责竣工资料整理、存档备案等工作的，发包方应向总承包方支付分包工程造价 3% 的总包管理费。

2）甲供材料保管费：发包方供应的材料（包工包料工程），工程结算时应按定额基价参与取费，由承包方保管的材料应计取材料价值 1% 的保管费。

3）施工配合费：由发包方直接发包的专业工程与总承包工程交叉作业时，发包方应向总承包方支付专业工程造价 2% 的施工配合费。不包括专业工程承包人使用总承包的机械、脚手架等发生的费用，发生时另行计取。

4）提前竣工（赶工）费：承包人应发包人的要求而采取加快工程进度措施，使定额工期提前 10% 以上的，由此产生的应由发包人支付的费用。该项费用发包人与承包人可在合同中自行约定，也可按税前造价的 3% 计取。

表 3-1-21 总承包服务费计价表

序号	项目名称	项目价值/元	服务内容	计算基础	费率/%	金额/元
1						

四、任务结果

其他项目清单详见表 3-1-22 ~ 表 3-1-26：

表 3-1-22 其他项目清单与计价汇总表

工程名称：

序号	子目名称	计量单位	金额/元	备注
1	暂列金额	项	120000	
2	暂估价	元	60000	
2.1	材料暂估价			
2.2	专业工程暂估价	元	60000	
3	计日工			
4	总承包服务费			

表 3-1-23 暂列金额明细表

第1页 共1页

序号	子目名称	计量单位	暂列金额/元	备注
	暂列金额	元	120000	

表 3-1-24 专业工程暂估价及结算价表

序号	工程名称	工程内容	暂估金额/元	结算金额/元	差额±/元	备注
1	专业工程暂估价	玻璃幕墙	60000			

表 3-1-25 材料和工程设备暂估价表

第1页 共1页

序号	材料（设备）名称、规格、型号	计量单位	数量	暂估单价/元	招标人给定 损耗率/%	招标人给定 合价/元	投标人填报 损耗率/%	投标人填报 合价/元	备注
1	地面砖 0.16m^2 以内	m^2	913.512	60					
2	大理石踢脚板	m	1376.1315	42					
3	大理石板 0.25 m^2 以外	m^2	2391.2166	200					
4	磨光花岗石	m^2	6.5543	220					
5	薄型釉面砖（5~6mm）每块面积 0.06m^2 以内	m^2	1352.3729	80					
6	地砖踢脚	m	392.224	35					
7	铝合金条板	m^2	1453.0134	100					

表 3-1-26　计日工表

工程名称：建筑工程　　　　　　　　标段：广联达办公大厦　　　　　　第1页　共1页

编号	项目名称	单位	暂定数量	实际数量	综合单价/元	合价/元	
						暂定	实际
1	人工						
	力工	工日	30				
	木工	工日	10				
	瓦工	工日	10				
	钢筋工	台班	10				
	人工小计						
2	材料						
	中粗砂	m³	5				
	水泥	t	5				
	材料小计						
3	机械						
	载重汽车	台班	1				
	机械小计						
4. 企业管理费和利润						2609.1	
总计						14434.1	

注：此表项目名称、暂定数量由招标人填写，编制招标控制价时，单价由招标人按有关计价规定确定；投标时，单价由投标人自主报价，按暂定数量计算合价计入投标总价中。结算时，按发承包双方确认的实际数量计算合价。

任务4　规费税金项目的编制

一、任务说明

（1）规费、税金的概念；

（2）规费税金清单项目的编制。

二、任务分析

1. 规费、税金的概念

规费是根据国家法律、法规规定，由省级政府或省级有关权力部门规定施工企业必须缴纳的，应计入建筑安装工程造价的费用。

税金是国家税法规定的应计入建筑安装工程造价内的营业税、城市维护建设税、教育费附加和地方教育附加。

2. 规费、税金清单的列项

（1）规费项目清单应按照下列内容列项：

1）社会保险费：包括养老保险费、失业保险费、医疗保险费、工伤保险费、生育保险费；

2）住房公积金；

3）工程排污费。

其他未列的项目，应根据省级政府或省级有关部门的规定列项。

（2）税金项目清单应包括下列内容：

1）营业税；

2）城市维护建设税；

3）教育费附加；

4）地方教育附加。

其他未列的项目，应根据税务部门的规定列项。

三、任务实施

规费和税金应按照国家或省级、行业建设主管部门的规定计算，不得作为竞争性费用。直接按表格填写项目名称即可。

四、任务结果

规费、税金项目清单见表3-1-27，费率见《费用定额》。

表3-1-27 规费、税金项目计价表

序号	项目名称	计算基础	计算基数	计算费率/%	金额/元
1	规费				
1.1	社会保险费				
（1）	养老保险费、失业保险费、医疗保险费、住房公积金				
（2）	生育保险费				
（3）	工伤保险费				
1.2	工程排污费				
1.3	防洪基础设施建设资金、副食品价格调节基金				
1.4	残疾人就业保障金				
1.5	其他规费				
2	税金	分部分项工程量清单合计+措施项目清单合计+其他项目清单合计+规费+优质优价增加费			

任务5　工程量清单封面与编制说明

一、任务说明

（1）学习填写编制说明；
（2）填写工程量清单封面；
（3）学会按顺序装订。

二、任务分析

（1）五种表格编制完成后，应填写编制说明（表 3-1-28）：

表 3-1-28　总说明

工程名称：	第 1 页　共 1 页

编制单位（盖章）：　　　　　　　　　　　　造价师或造价员_____（签字并盖执业章）

（2）填写封面、扉页；
（3）装订。

三、任务实施

1. 总说明的内容

（1）工程概况：建设规模、工程特征、计划工期、施工现场实际情况、自然地理条件、环境保护要求等；
（2）工程招标和专业工程发包范围；
（3）程量清单编制依据；
（4）工程质量、材料、施工等的特殊要求；
（5）其他需要说明的问题。

2. 扉页

扉页应按规定的内容填写、签字、盖章，由造价员编制的工程量清单应有负责审核的造价工程师签字、盖章。受委托编制的工程量清单，应有造价工程师签字、盖章以及工程造价咨询人盖章。

3. 工程量清单的装订

工程量清单编制应依据 13 版《建设工程工程量清单计价规范》的规定使用表格。包括封 -1、扉 -1、表 -01、表 -08、表 -11、表 -12（不含表 -12-6 ~ 表 -12-8）、表 -13、表 -20、表 -21 或表 -22。

具体次序如下：

（1）封面：封 -1。(B.1)
（2）扉页：扉 -1。(C.1)

（3）总说明：表-01。(附录D)
（4）分部分项工程和单价措施项目清单与计价表：表-08。(F.1)
（5）总价措施项目清单与计价表：表-11。(F.4)
（6）其他项目清单与计价汇总表：表-12。(G.1)
（7）暂列金额明细表：表-12-1。(G.2)
（8）材料（工程设备）暂估单价及调整表：表-12-2。(G.3)
（9）专业工程暂估价及结算表：表-12-3。(G.4)
（10）计日工表：表-12-4。(G.5)
（11）总承包服务费计价表：表-12-5。(G.6)
（12）规费、税金项目计价表：表-13。(附录H)
（13）主要材料、工程设备一览表：表-20、表-21、或表-22。(附录L)

复习思考题

1. 什么叫工程量清单？
2. 工程量清单由谁编制？错误或漏项由谁负责？采用工程量清单计价时，要求投标报价根据什么得出？
3. 什么是工程量清单的"五统一"？
4. 清单项目编码如何设置？
5. 措施项目清单有哪些？如何计算？
6. 其他项目清单包括哪些内容？
7. 清单的总说明应如何填写？

实训十一

依据一号办公楼图纸，编写工程量清单。

项目二

招标控制价的编制

（1）熟悉关于招标控制价相关基本知识；
（2）按定额、图纸和工程量清单正确计算招标控制价；
（3）正确计算综合单价；
（4）招标控制价的构成。

一、招标控制价的概念

招标控制价是招标人根据国家或省级、行业建设主管部门颁发的有关计价依据和办法，以及拟定的招标文件和招标工程量清单，结合工程具体情况编制的招标工程的最高投标限价。

二、13版《建设工程工程量清单计价规范》对招标控制价的一般规定

（1）国有资金投资的建设工程招标，招标人必须编制招标控制价；
（2）招标控制价应由具有编制能力的招标人或受其委托具有相应资质的工程造价咨询人编制和复核；
（3）工程造价咨询人接受招标人委托编制招标控制价，不得再就同一工程接受投标人委托编制投标报价；
（4）招标控制价应按照本规范相关规定编制，不应上调或下浮；
（5）当招标控制价超过批准的概算时，招标人应将其报原概算审批部门审核；
（6）招标人应在发布招标文件时公布招标控制价，同时应将招标控制价及有关资料报送工程所在地或有该工程管辖权的行业管理部门工程造价管理机构备查。

三、招标控制价编制与复核的依据

（1）《建设工程工程量清单计价规范》（GB 50500—2013）、《房屋建筑与装饰工程工程量计算规范》（GB 50854—2013）；
（2）国家或省级、行业建设主管部门颁发的计价定额和计价办法；

（3）建设工程设计文件及相关资料；
（4）拟定的招标文件及招标工程量清单；
（5）与建设项目相关的标准、规范、技术资料；
（6）施工现场情况、工程特点及常规施工方案；
（7）工程造价管理机构发布的工程造价信息，当工程造价信息没有发布时，参照市场价；
（8）其他相关资料。

四、招标控制价的计算

单位工程造价由分部分项工程费（或人工费、材料费、施工机具使用费、企业管理费）、措施项目费、其他项目费、规费、税金组成。

单位工程报价 = 分部分项工程费 + 措施项目费 + 其他项目费 + 规费 + 税金
单项工程报价 = ∑单位工程报价
建设项目报价 = ∑单项工程报价

五、招标控制价的投诉与处理

（1）投标人经复核认为招标人公布的招标控制价未按照相关规范的规定进行编制的，应在招标控制价公布后 5 天内向招投标监督机构和工程造价管理机构投诉。

（2）投诉人投诉时，应当提交由单位盖章和法定代表人或其委托人签名或盖章的书面投诉书。投诉书应包括下列内容：

1）投诉人与被投诉人的名称、地址及有效联系方式；
2）投诉的招标工程名称、具体事项及理由；
3）投诉依据及有关证明材料；
4）相关的请求及主张。

（3）投诉人不得进行虚假、恶意投诉，阻碍招投标活动的正常进行。

（4）工程造价管理机构在接到投诉书后应在 2 个工作日内进行审查，对有下列情况之一的，不予受理：

1）投诉人不是所投诉招标工程招标文件的收受人；
2）投诉书提交的时间不符合相关规范规定的；
3）投诉书不符合相关规范规定的；
4）投诉事项已进入行政复议或行政诉讼程序的。

（5）工程造价管理机构应在不迟于结束审查的次日将是否受理投诉的决定书面通知投诉人、被投诉人以及负责该工程招投标监督的招投标管理机构。

（6）工程造价管理机构受理投诉后，应立即对招标控制价进行复查，组织投诉人、被投诉人或其委托的招标控制价编制人等单位人员对投诉问题逐一核对。有关当事人应当予以配合，并应保证所提供资料的真实性。

（7）工程造价管理机构应当在受理投诉的 10 天内完成复查，特殊情况下可适当延长，并作出书面结论通知投诉人、被投诉人及负责该工程招投标监督的招投标管理机构。

（8）当招标控制价复查结论与原公布的招标控制价误差大于 ±3% 时，应当责成招标人改正。

（9）招标人根据招标控制价复查结论需要重新公布招标控制价的，其最终公布的时间至招标文件要求提交投标文件截止时间不足 15 天的，应相应延长投标文件的截止时间。

任务 1　分部分项工程量清单计价

一、任务说明

（1）综合单价的构成；
（2）计算分部分项工程量清单招标控制价。

二、任务分析

分部分项工程的招标控制价即分部分项工程费，是指各专业工程分部分项应列支的各项费用。

分部分项工程费应根据招标文件中的分部分项工程量清单项目的特征描述及有关要求，按《建设工程工程量清单计价规范》的相关规定确定综合单价计算。

1. 综合单价的概念

综合单价是完成一个规定清单项目所需的人工费、材料和工程设备费、施工机具使用费和企业管理费、利润以及一定范围内的风险费用。

2. 综合单价的计算公式

综合单价的计算采用定额组价的方法，即以计价定额为基础进行组合计算。因《房屋建筑与装饰工程工程量计算规范》和"定额"中的工程量计算规则、计量单位、工程内容不尽相同，综合单价的计算不是简单地将其所含的各项费用进行汇总，而是需通过具体计算后综合而成。

分部分项工程综合单价 = 人工费 + 材料费 + 施工机具使用费 + 企业管理费 + 利润 + 风险

注：综合单价中应包括招标文件中要求投标人承担的风险费用（风险是指隐含于已标价工程量清单综合单价中，用于化解发承包双方在工程合同中约定内容和范围内的市场价格波动风险的费用）。

3. 综合单价的内容

综合单价中应包括招标文件中划分的应由投标人承担的风险范围及其费用。招标文件中没有明确的，如是工程造价咨询人编制，应提请招标人明确；如是招标人编制，应予以明确。

4. 暂估单价

招标文件提供了暂估单价的材料，按暂估的单价计入综合单价。

工程量清单综合单价分析表见表 3-2-1。

表 3-2-1　工程量清单综合单价分析表

工程名称：				标段：					第　页　共　页	
项目编码			项目名称				计量单位			
清单综合单价组成明细										
定额编号	定额名称	定额单位	数量	单价/元				合价/元		
				人工费	材料费	机械费	管理费和利润	人工费	材料费	机械费	管理费和利润
人工单价		小计								

续表

项目编码		项目名称		计量单位				
清单综合单价组成明细									
元/工日		未计价材料费/元						
清单项目综合单价/元								
材料费用明细	主要材料名称、规格、型号		单位	数量	单价/元	合价/元	暂估单计/元	暂估合计/元
	其他材料费							
	材料费小计							

三、任务实施

（1）先分析一个清单项目到底对应几个定额子目。

清单项目和定额子目的含义：清单项目是在《房屋建筑与装饰工程量清单计算规范》中一个项目编码对应的一个项目名称。定额子目是在《计价定额》中一个定额编号对应的项目名称和相应的基价。

一个清单项目对应一个或几个定额子目。具体应按《房屋建筑与装饰工程量清单计算规范》中的工程内容确定。一个清单项目在报价时所对应的定额子目应对照清单工作内容，查找相应的定额子目。

例：预制钢筋混凝土方桩这一个清单项目的工作内容包括：①工作平台搭拆；②桩机竖拆、移位；③沉桩；④接桩；⑤送桩这五项内容，但在计价定额中需要报打桩、接桩、送桩这三项定额子目。

所以，按清单计算规范中的工程内容预制钢筋混凝土方桩这一个清单项目对应三项定额子目，见表3-2-2。

表3-2-2 预制钢筋混凝土方桩清单项目

项目编码	项目名称	项目特征	计量单位	工程量计算规则	工作内容
10301001	预制钢筋混凝土方桩	1. 地层情况 2. 送桩深度、桩长 3. 桩截面 4. 桩倾斜度 5. 沉桩方法 6. 接桩方式 7. 混凝土强度等级	1. m 2. m³ 3. 根	1. 以米计量，按设计图示尺寸以桩长（包括桩尖）计算 2. 以立方米计量，按设计图示截面积乘以桩长（包括桩尖）以实体积计算 3. 以根计量，按设计图示数量计算	1. 工作平台搭拆 2. 桩机竖拆、移位 3. 沉桩 4. 接桩 5. 送桩

（2）分析清单工程量和定额工程量的异同、计算定额工程量。

清单工程量是分部分项清单项目和措施清单项目工程量的简称，是招标人按照《房屋建筑与装饰工程量清单计算规范》中规定的计算规则和施工图纸计算的、提供给投标人作为统一报价的数量标准。

清单工程量是按设计图纸的图示尺寸计算的"净量"，不含该清单项目在施工中考虑具体施工方案时增加的工程量以及损耗量。

计价定额工程量又称报价工程量或实际施工工程量,是投标人根据拟建工程的分项清单工程量、施工图纸、所采用定额及其对应的工程量计算规则,同时考虑具体施工方案,对分部分项清单项目和措施清单项目所包含的各个工程内容(子项)计算出的实际施工工程量。

(3)查找定额相应子目,按工程量清单综合单价分析表计算各项单价。

人工费根据我国工程建设实际省建设行政主管部门发布的人工成本信息或人工费调整材料价格风险宜控制在5%以内,施工机械使用费的风险可控制在10%以内。

管理费和利润按省发布的费用定额的规定记取。

吉林省2014版《费用定额》中:企业管理费按工程类别取费(表3-2-3)。

表3-2-3 企业管理费取费费率表

工程类型	建筑工程			安装工程		
	一类	二类	三类	一类	二类	三类
计取基数	人工费+机具费			人工费		
费率/%	13.75	12.76	11.95	27.65	24.18	21.17

利润:建设工程行业利润为人工费的16%。

工程量清单综合单价分析表中单价计算公式:

人工费 = 按人工成本信息计算

材料费 = 定额材料费(1+风险费率)

机具费 = 定额机械费(1+风险费率)

企业管理费 = (定额人工费+定额机具费)× 费率

利润 = 定额人工费 × 费率

(4)填写工程量清单综合单价分析表:

1)首先第一行项目编码、项目名称、计量单位是清单项目,一个清单项目一张表格;

2)决定一个清单项目对应几项定额子目;

3)几项定额子目的定额编号、定额名称、定额单位都查找定额一一照抄;

4)数量 = 定额量/清单量/定额单位;

5)把计算完成的单价中的人工费、材料费、机械费、管理费和利润填写在相应栏里。

(5)计算合价:合价等于数量乘以单价中的每一项:

合价中的人工费 = 数量 × 单价中的人工费

合价中的材料费 = 数量 × 单价中的材料费

合价中的机械费 = 数量 × 单价中的机械费

合价中的管理费利润 = 数量 × 单价中的管理费利润

(6)计算小计:小计等于合价中的每一栏竖行累加。

(7)综合单价等于小计相加。加未计价材料费。

(8)把综合单价填到分部分项工程量清单计价表中,计算分部分项工程费。

分部分项工程费 = ∑(分部分项工程量 × 分部分项工程综合单价)

在计价时,招标工程量清单中的前五项是不能改变的,分部分项工程量就是招标工程量清单的工程量。

四、任务实例

综合单价计算实例：

已知：砖基础清单工程量 29.04m³，定额工程量为 29.04m³，基础防潮层工程量 9.6m²。材料费风险考虑 5%，机械费考虑 10%，试填写综合单价分析表。

定额详见表 3-2-4。

表 3-2-4 定额表

序号	定额编号	项目名称	单位	基价	人工费	材料费	机械费
1	A3-0001	砖基础	10m³	3569.93	983.54	2547.03	39.36
2	A7-0174	防水砂浆防潮层	100m²	1478.61	747.71	696.59	34.31

解：先根据清单计算规范的工作内容判断：一项砖基础清单价格包括几项定额。

砖基础清单工作内容包括：（1）砂浆制作、运输；（2）砌砖；（3）防潮层铺设；（4）材料运输。

对照定额，需套取两项定额：砖基础和防潮层

查找计价定额：

（1）砖基础 定额编号 A3-0001 定额单位 10m³，

数量 = 定额量 / 清单量 / 定额单位 =29.04/29.04/10=0.1

单价栏人工费 = 定额人工费 =983.54（元）

单价栏材料费 = 定额材料费（1+5%）=2547.03×（1+5%）=2674.38（元）

单价栏机械费 = 定额机械费 ×（1+10%）=39.36×1.1=43.30（元）

企业管理费和利润查找费用定额：

企业管理费按三类工程管理费取（定额人工费 + 定额机械费）的 11.95%。

单价栏管理费 =（983.54+39.36）×11.95%=122.24（元）

利润取定额人工费的 16%

单价栏利润 =983.54×16%=157.37（元）

管理费 + 利润 =122.24+157.37=279.61（元）

合价中的各项结果等于数量分别和单价栏的各项相乘。

合价栏人工费 =0.1×983.54=98.34（元）

合价栏材料费 =0.1×2674.38=267.44（元）

合价栏机械费 =0.1×43.30=4.33（元）

合价栏管理费和利润 =0.1×279.61=27.96（元）

（2）基础防潮层 定额编号 A7-0174 定额单位 100m²，

数量 = 定额量 / 清单量 / 定额单位 =9.6/29.04/100=0.003

单价栏人工费 = 定额人工费 =747.71（元）

单价栏材料费 = 定额材料费（1+5%）=696.59×（1+5%）=731.42（元）

单价栏机械费 = 定额机械费 ×（1+10%）=34.31×1.1=37.74（元）

企业管理费和利润查找费用定额：

企业管理费按三类工程管理费取(定额人工费+定额机械费)的11.95%。
单价栏管理费=(747.71+334.31)×11.95%=129.30(元)
利润取定额人工费的16%。
单价栏利润=747.71×16%=119.63(元)
管理费+利润=129.30+119.63=248.93(元)
合价中的各项结果等于数量分别和单价栏的各项相乘。
合价栏人工费=0.003×747.71=2.24(元)
合价栏材料费=0.003×731.42=2.19(元)
合价栏机械费=0.003×37.74=0.11(元)
合价栏管理费和利润=0.003×248.93=0.75(元)
小计=两项定额费用竖向累加:98.34+2.24=100.58(元)
267.44+2.19=269.63(元)
4.33+0.11=4.44(元)
27.96+0.75=28.71(元)
综合单价=四项累加=100.58+269.63+4.44+28.71=403.36(元)
填好的综合单价分析表见表3-2-5。

表3-2-5 工程量清单综合单价分析表

项目编码	010401001001	项目名称		砖基础		计量单位	m^3	工程量		29.04
清单综合单价组成明细										
定额编号	定额名称	定额单位	数量	单价/元				合价/元		
				人工费	材料费	机械费	管理费和利润	人工费	材料费	机械费	管理费和利润
A3-0001	砖基础	$10m^3$	0.1	983.54	2674.38	43.30	279.61	98.34	267.44	4.33	27.96
A7-0174	基础防潮层	$100m^2$	0.003	747.71	731.42	37.74	248.93	2.24	2.19	0.11	0.75
人工单价			小计					100.58	269.63	4.44	28.71
105元/工日			未计价材料费								
清单项目综合单价/元								403.36			

把综合单价填入分部分项工程量清单计价表中,用工程量×综合单价得到合价,结果见表3-2-6。

表3-2-6 分部分项工程量清单计价表

序号	子目编码	子目名称	子目特征描述	计量单位	工程量	金额/元		其中
						综合单价	合价	暂估价
1	010401001001	砖基础	略	m^3	29.04	403.36	11713.57	

任务 2　措施项目清单的计价

一、任务说明

（1）明确单价措施项目和总价措施项目的价格构成；
（2）按计价定额和费用定额正确计价。

二、任务分析

措施项目费：指为完成建设工程施工，发生于该工程施工前和施工过程中的技术、生活、安全、环境保护等方面的费用。

措施项目清单计价应根据拟建工程的施工组织设计，可以计算工程量的措施项目，应按分部分项工程量清单的方式采用综合单价计价；其余的措施项目可以以"项"为单位的方式计价，应包括除规费、税金外的全部费用。

措施项目分单价措施项目和总价措施项目。

（1）措施项目中的单价项目，应根据拟定的招标文件和招标工程量清单项目中的特征描述及有关要求确定综合单价计算。

（2）措施项目中的总价项目，应根据拟定的招标文件和常规施工方案按照国家或省级、行业建设主管部门的规定计算。

三、任务实施

单价措施项目的计算同分部分项工程。这里重点讲述总价措施项目的招标控制价。

1. 总价措施项目的构成

（1）安全文明施工费：

1）环境保护费：指施工现场为达到环保部门要求所需要的各项费用。

2）文明施工费：指施工现场文明施工所需要的各项费用。

3）安全施工费：指施工现场安全施工所需要的各项费用。

4）临时设施费：指施工企业为进行建设工程施工所必须搭设的生活和生产用的临时建筑物、构筑物和其他临时设施费用。包括临时设施搭设、维修、拆除、清理费或摊销费等。

国标：措施项目中的安全文明施工费必须按国家或省级、行业建设主管部门的规定计算，不得作为竞争性费用。

（2）夜间施工增加费：指在合同工期内，按设计或技术要求为保证工程质量必须在夜间连续施工增加的费用，包括夜间补助费、夜间施工降效、夜间施工照明设备摊销及照明用电等费用，内容详见 2013 年各专业工程量计算规范。

从当日下午 6 时起计算 3～4h 为 0.5 个夜班，5～8h 为一个夜班，8h 以上为 1.5 个夜班。

（3）非夜间施工增加费：为保证工程施工正常进行，在地下（暗）室、设备及大口径管道等特殊施工部位施工时所采取的照明设备的安拆、维护、照明用电及摊销等；在地下（暗）室等施工引起的人工工效降低以及由于人工工效降低引起的机械降效所发生的费用。

（4）二次搬运费：指施工场地条件限制而发生的材料、构配件、半成品等一次运输不能达到堆放地点，必须进行二次或多次搬运所发生的费用。

（5）冬雨期施工增加费：指在冬期或雨期施工所增加的临时设施、防滑、除雨雪，人工及施工机械效率降低等费用，内容详见2013年各专业工程量技术规范。

冬期施工日期：11月1日到3月31日。土方工程：11月15日到下年4月15日。

（6）地上、地下设施、建筑物的临时保护设施费：在工程施工过程中，对已建成的地上、地下设施和建筑物进行的遮挡、封闭、隔离等必要保护措施所发生的费用。

（7）已完工程及设备保护费：对已完工程及设备采取的覆盖、包裹、封闭、隔离等必要保护措施所发生的费用。

（8）工程定位复测费：指工程施工过程中全部施工测量放线和复测工作的费用。

2. 费用标准

（1）安全文明施工费，费率见表3-2-7。

表3-2-7 安全文明施工费费率

工程类别	建筑工程	装饰工程	安装工程	市政工程	
				道路、桥涵、隧道机械土石方工程	管道、人工土石方及其他工程
计取基数	人工费+机具费	人工费	人工费	人工费+机具费	人工费
费率/%	9.06	5.93	5.15	7.89	8.85

专业承包工程的安全文明施工费按上述费率的80%计取。

（2）夜间施工增加费：每人每个夜班增加60元。

（3）非夜间施工增加费：按地下（暗）室建筑面积每平方米20元计取。

（4）材料二次搬运费：按人工费0.30%计取。

（5）冬、雨期施工增加费：

冬期施工增加费，按冬期施工期间完成人工费的150%计取。冬季在室内施工室内温度达到正常施工条件的，按该项目冬期施工完成人工费的30%计取。

冻土定额项目，不再计取冬期施工增加费。

雨期施工增加费：按人工费的0.38%计取。

（6）地上、地下设施、建筑物的临时保护设施费、已完工程及设备保护费（含越冬维护费）：根据工程实际情况编制费用预算。

（7）工程定位复测费，费率见表3-2-8。

表3-2-8 工程定位复测费费率

工程类别	建筑工程	装饰工程	安装工程	市政工程	
				道路、桥涵、隧道机械土石方工程	管道、人工土石方及其他工程
计取基数	人工费+机具费	人工费	人工费	人工费+机具费	人工费
费率/%	1.18	0.40	0.49	1.01	2.52

3. 总价措施项目费

总价措施项目费等于计取基数 × 费率。

四、任务成果（表 3-2-9）

表 3-2-9　总价措施项目清单与计价表

工程名称：广联达办公大厦 1# 楼建筑工程　　　　　　　　　　　　　　第 1 页　共 1 页

序号	项目编码	子目名称	计算基础	费率 /%	金额 / 元	备注
1	011707001001	安全文明施工	人工费 + 机具费	9.06	267190.87	
2	011707002001	夜间施工	按规定计取			
3	011707003001	非夜间施工照明	按规定计取			
4	011707004001	二次搬运	人工费	0.3		
5	011707005001	雨期施工	人工费	0.38		
6	011707005002	冬期施工	按规定计取	150		
7	011707006001	地上、地下设施、建筑物的临时保护设施	按规定计取			
8	011707007001	已完工程及设备保护	按规定计取			
9	01B001	工程定位复测费	人工费 + 机具费	1.18		
合计						

任务 3　其他项目清单和规费税金项目清单的计价

一、任务说明

（1）其他项目清单的计价；
（2）规费税金项目清单计价。

二、任务分析

（1）其他项目清单中哪几项内容不能变动？
（2）暂估材料价如何调整？计日工是不是综合单价？应如何计算？
（3）规费、税金项目清单是否可以调整？

三、任务实施

1. 其他项目清单计价

（1）暂列金额应按招标工程量清单中列出的金额填写；
（2）暂估价中的材料、工程设备单价应按招标工程量清单中列出的单价计入综合单价；
（3）暂估价中的专业工程金额应按招标工程量清单中列出的金额填写；
（4）计日工应按招标工程量清单中列出的项目根据工程特点和有关计价依据确定综合单价计算；
（5）总承包服务费应根据招标工程量清单列出的内容和要求估算。

2. 规费项目清单计价

（1）工程排污费：按人工费的 0.30% 计取。
（2）社会保障费：

1）养老保险费、失业保险费、医疗保险费、住房公积金：按省建设行政主管部门核发的施工企业（含外埠施工企业）劳动保险费取费证书中核定的标准执行，未办理劳动保险取费证书的施工企业，建设单位不予支付以上四项费用。

2）生育保险费：按人工费的0.42%计取。

3）工伤保险费：按人工费的0.61%计取。

（3）残疾人就业保障金：按人工费的0.48%计取。

（4）防洪基础设施建设资金、副食品价格调节基金在编制标底（招标控制价）或投标报价时，按税前工程造价的1.05‰考虑，结算时按实际缴纳计取。

（5）其他规定：按相关文件规定计取。

3. 税金项目清单计价（表3-2-10）

表3-2-10 税金项目清单计价税率

工程所在地	市区	县城、镇	市区、县城、镇以外
计取基数	不含税工程造价		
税率/%	3.48	3.41	3.28

注：规费和税金必须按国家或省级、行业建设主管部门的规定计算，不得作为竞争性费用。

四、任务成果（表3-2-11～表3-2-16）

表3-2-11 其他项目清单与计价汇总表

工程名称：建筑与装饰工程　　　　　标段：广联达办公大厦　　　　　第1页 共1页

序号	项目名称	金额/元	结算金额/元	备注
1	暂列金额	120000		
2	暂估价	60000		
2.1	材料暂估价	—		
2.2	专业工程暂估价	60000		
3	计日工	14434.1		
4	总承包服务费			
5	索赔与现场签证			
	合计	194434.1		—

注：材料（工程设备）暂估单价进入清单项目综合单价，此处不汇总。

表 3-2-12　暂列金额明细表

工程名称：建筑与装饰工程　　　　　标段：广联达办公大厦　　　　　第 1 页　共 1 页

序号	项目名称	计量单位	暂定金额 / 元	备注
1	暂列金额		120000	
	合计		120000	—

注：此表由招标人填写，如不能详列，也可只列暂列金额总额，投标人应将上述暂列金额计入投标总价中。

表 3-2-13　材料（工程设备）暂估单价及调整表

工程名称：建筑与装饰工程　　　　　标段：广联达办公大厦　　　　　第 1 页　共 1 页

序号	材料（工程设备）名称、规格、型号	计量单位	数量 暂估	数量 确认	暂估/元 单价	暂估/元 合价	确认/元 单价	确认/元 合价	差额±/元 单价	差额±/元 合价	备注
1	陶瓷地面砖 400×400	m²	733.5		60	44009.4					
2	地砖踢脚	m²	38.86		35	1360.17					
3	大理石板	m²	2694		200	538870					
4	塑钢门（带亮）	m²	6.048		380	2298.24					
5	铝合金靠墙条板	m	82.65		100	8265					
6	单层塑钢窗	m²	498.8		370	184537.5					
7	墙面砖 150×75	m²	1265		80	101196.7					
	合计					880537					

注：此表由招标人填写"暂估单价"，并在备注栏说明暂估价的材料、工程设备拟用在哪些清单项目上，投标人应将上述材料、工程设备暂估单价计入工程量清单综合单价报价中。

表 3-2-14　专业工程暂估价及结算价表

工程名称：建筑与装饰工程　　　　　标段：广联达办公大厦　　　　　第 1 页　共 1 页

序号	工程名称	工程内容	暂估金额 / 元	结算金额 / 元	差额 ± / 元	备注
1	专业工程暂估价	幕墙工程	60000			

续表

序号	工程名称	工程内容	暂估金额/元	结算金额/元	差额 ±/元	备注
		合计	60000			—

注：此表"暂估金额"由招标人填写，投标人应将"暂估金额"计入投标总价中。结算时按合同约定结算金额填写。

表 3-2-15　计日工表

编号	项目名称	单位	暂定数量	实际数量	综合单价/元	合价/元 暂定	合价/元 实际
1	人工						
	力工	工日	30		155.7	3600	
	木工	工日	10		194.63	1500	
	瓦工	工日	10		233.55	1800	
	钢筋工	工日	10		194.63	1500	
		人工小计				8400	
2	材料						
	沙子（中砂）	m³	5		65	325	
	水泥	t	5		460	2300	
		材料小计				2625	
3	机械						
	载重汽车	台班	1		910	800	
		机械小计				800	
4. 企业管理费和利润						2609.1	
总计						14434.1	

注：此表项目名称、暂定数量由招标人填写，编制招标控制价时，单价由招标人按有关计价规定确定；投标时，单价由投标人自主报价，按暂定数量计算合价计入投标总价中。结算时，按发承包双方确认的实际数量计算合价。

表 3-2-16　规费、税金项目计价表

序号	项目名称	计算基础	计算基数	计算费率/%	金额/元
1	规费	1.1+1.2+1.3+1.4+1.5			258485.99
1.1	社会保险费	（1）+（2）+（3）			234144.95
（1）	养老保险费、失业保险费、医疗保险费、住房公积金	人工费 × 核定的费率	1805281.09	11.94	215550.56
（2）	生育保险费	人工费 × 费率	1805281.09	0.42	7582.18
（3）	工伤保险费	人工费 × 费率	1805281.09	0.61	11012.21
1.2	工程排污费	人工费 × 费率	1805281.09	0.3	5415.84
1.3	防洪基础设施建设资金、副食品价格调节基金	税前工程造价	9771283.11	0.105	10259.85
1.4	残疾人就业保障金	人工费 × 费率	1805281.09	0.48	8665.35
1.5	其他规费	按相关文件规定计取			
2	税金	分部分项工程量清单合计+措施项目清单合计+其他项目清单合计+规费+优质优价增加费	9781542.96	3.48	34039.77
	合计				598883.69

编制人（造价人员）：

任务 4　招标控制价的封面与编制说明

一、任务说明

（1）招标控制价表格的组成；
（2）编制说明、扉页、封面的填写。

二、任务分析

（1）招标控制价和投标报价使用的表格一样吗？
（2）编制说明的填写和工程量清单有什么异同？

三、任务实施

1. 招标控制价使用的表格

招标控制价使用表格包括：封-2、扉-2、表-01、表-02、表-03、表-04、表-08、表-09、表-11、表-12（不含表-12-6～表-12-8）、表-13、表-20、表-21或表-22。详见《建设工程工程量清单计价规范》。

2. 扉页

扉页应按规定的内容填写、签字、盖章，除承包人自行编制的投标报价和竣工结算外，受委托编制的招标控制价、投标报价、竣工结算，由造价员编制的应有负责审核的造价工程师签字、盖章以及工造价咨询人盖章。

3. 总说明的内容

（1）工程概况：建设规模、工程特征、计划工期、合同工期、实际工期、施工现场及变化情况、施工织设计的特点、自然地理条件、环境保护要求等；

（2）编制依据等。

4. 招标控制价的装订顺序

（1）封面：封-2。（B.2）

（2）扉页：扉-2。（C.2）

（3）总说明：表-01。（附录D）

（4）建设项目招标控制价汇总表：表-02。（E.1）

（5）单项工程招标控制价汇总表：表-03。（E.2）

（6）单位工程招标控制价汇总表：表-04。（E.3）

（7）分部分项工程和单价措施项目清单与计价表：表-08。（F.1）

（8）综合单价分析表：表-09。（F.2）

（9）总价措施项目清单与计价表：表-11。（F.4）

（10）其他项目清单与计价汇总表：表-12。（G.1）

（11）暂列金额明细表：表-12-1。（G.2）

（12）材料（工程设备）暂估单价及调整表：表-12-2。（G.3）

（13）专业工程暂估价及结算表：表-12-3。（G.4）

（14）计日工表：表-12-4。（G.5）

（15）总承包服务费计价表：表-12-5。（G.6）

（16）规费、税金项目计价表：表-13。（附录H）

（17）主要材料、工程设备一览表：表-20、表-21、或表-22。（附录L）

详见《建设工程工程量清单计价规范》。

四、任务成果（表3-2-17）

表3-2-17 总说明

工程名称：某大厦建筑工程　　　　　　　　　　　　　　　　　　　　　　　第1页 共1页

1. 工程概况：本工程建设地点位于某市某路20号。工程由30层高主楼及其南侧5层高的裙房组成。主楼与裙房间首层设过街通道作为消防疏散通道。建筑地下部分功能主要为地下车库兼设备用房。建筑面积：73000m^2，主楼地上30层、地下3层，裙楼地上5层、地下3层；地下三层层高3.6m、地下二层层高4.5m、地下一层4.6m、一二四层层高5.1m、其余楼层为3.9m。建筑檐高：主楼122.10m，裙楼23.10m。结构类型：主楼框架-剪力墙结构，裙楼框架工程；基础为钢筋混凝土桩基础。

2. 招标控制价包括范围：施工图（图纸工号：×××××，日期×年×月×日）范围内除室内精装修、外墙装饰等分包项目以外的建筑工程。

3. 招标控制价编制依据：

（1）招标文件提供的工程量清单及有关计价要求；

（2）工程施工设计图纸及相关资料；

（3）《山东省建筑工程消耗量定额》（2011价目表）及相应计算规则、费用定额；

（4）建设项目相关的标准、规范、技术资料；

续表

（5）工程类别判断依据及工程类别：依据建筑项目施工图建筑面积审核表、《山东省建筑安装工程费用项目组成及计算规则》，确定本工程类别为Ⅰ类；

（6）人工工日单价、施工机械台班单价按工程造价管理机构现行规定计算。本例中人工工日单价按53元/工日计算。材料价格采用2011年工程造价信息第1季度信息价，对于没有发布信息价格的材料，其价格参照市价确定；

（7）费用计算中各项费率按工程造价管理机构现行规定计算。

其他略

复习思考题

1. 工程量清单计价中综合单价的构成是什么？
2. 招标控制价是什么价格？由谁完成？
3. 分部分项工程量清单如何做招标控制价？
4. 措施项目清单如何计价？
5. 其他项目清单如何计价？
6. 招标控制价的总说明如何编写？
7. 招标控制价的装订顺序是什么？

实训十二

依据编制完成的工程量清单做招标控制价。

项目三

投标报价的编制

 学习目标

（1）熟悉关于投标报价相关基本知识；
（2）按本企业实际情况、图纸和工程量清单正确计算投标报价；
（3）正确计算综合单价；
（4）投标报价的构成。

 知识储备

一、投标价的概念

投标人投标时响应招标文件要求所报出的对已标价工程量清单汇总后标明的总价。

二、清单计价规范对投标报价的一般规定

（1）投标价应由投标人或受其委托具有相应资质的工程造价咨询人编制。
（2）投标人应依据清单计价规范的相关规定自主确定投标报价。
（3）投标报价不得低于工程成本。
（4）投标人必须按招标工程量清单填报价格。项目编码、项目名称、项目特征、计量单位、工程量必须与招标工程量清单一致。
（5）投标人的投标报价高于招标控制价的应予废标。

三、编制与复核

（1）投标报价应根据下列依据编制和复核：
1）清单计价规范；
2）国家或省级、行业建设主管部门颁发的计价办法；
3）企业定额、国家或省级、行业建设主管部门颁发的计价定额和计价办法；
4）招标文件、招标工程量清单及其补充通知、答疑纪要；
5）建设工程设计文件及相关资料；
6）施工现场情况、工程特点及投标时拟定的施工组织设计或施工方案；

7）与建设项目相关的标准、规范等技术资料；

8）市场价格信息或工程造价管理机构发布的工程造价信息；

9）其他的相关资料。

（2）招标文件中的工程量清单标明的工程量是投标人投标报价的共同基础。

四、投标报价步骤

（1）在编制投标价前，需要先对招标工程量清单项目及工程量进行复核；

（2）投标价的编制过程，应首先根据招标人提供的工程量清单编制分部分项工程项目清单计价表；

（3）编制措施项目清单计价表；

（4）编制其他项目清单计价表；

（5）编制规费、税金项目清单计价表；

（6）汇总得到单位工程投标报价汇总表；

（7）再层层汇总，分别得出单项工程投标报价汇总表和工程项目投标总价汇总表。

任务1　分部分项工程量清单的投标报价

一、任务说明

（1）综合单价的构成；

（2）计算分部分项工程量清单投标报价。

二、任务分析

投标报价与招标控制价的综合单价的异同。

三、任务实施

编制分部分项工程费的核心是确定其综合单价。综合单价的确定方法与招标控制价的确定方法相同，但确定的依据有所差异，主要体现在：

1. 工程量清单项目特征描述

工程量清单中项目特征的描述决定了清单项目的实质，直接决定了工程的价值，是投标人确定综合单价最重要的依据。

2. 企业定额

企业定额是施工企业根据本企业具有的管理水平、拥有的施工技术和施工机械装备水平而编制的，完成一个规定计量单位的工程项目所需的人工、材料、施工机械台班的消耗标准，是施工企业内部进行施工管理的标准，也是施工企业投标报价确定综合单价的依据之一。

3. 资源可获取价格

综合单价中的人工费、材料费、机械费是以企业定额的人、料、机消耗量乘以人、料、机的实际价格得出的，因此投标人拟投入的人、料、机等资源的可获取价格直接影响综合单价的高低。

4. 企业管理费费率、利润率

企业管理费费率可由投标人根据本企业近年的企业管理费核算数据自行测定，也可以参照当地造价管理部门发布的平均参考值。

利润率可由投标人根据本企业当前盈利情况、施工水平、拟投标工程的竞争情况以及企业当前经营策略自主确定。

5. 风险费用

招标文件中要求投标人承担的风险范围及其费用，投标人应在综合单价中予以考虑，通常以风险费率的形式进行计算。

风险费率的测算应根据招标人要求结合投标人当前风险控制水平进行定量测算。

在施工过程中，当出现的风险内容及其范围（幅度）在招标文件规定的范围（幅度）内时，综合单价不得变动，工程款不作调整。

综合单价中应包括招标文件中划分的应由投标人承担的风险范围及其费用，招标文件中没有明确的，应提请招标人明确。

6. 暂估单价

招标文件中提供了暂估单价的材料，按暂估的单价计入综合单价。

任务2 措施项目清单的投标报价

一、任务说明

（1）明确单价措施项目和总价措施项目的价格构成；
（2）按企业实际情况和施工组织设计正确计价。

二、任务分析

招标人在招标文件中列出的措施项目清单是根据一般情况确定的，没有考虑不同投标人的具体情况。因此，投标人投标报价时应根据自身拥有的施工装备、技术水平和采用的施工方法确定施工方案，对招标人所列的措施项目进行调整，并确定措施项目费。

三、任务实施

（1）措施项目中的单价项目，应根据招标文件和招标工程量清单项目中的特征描述确定，按综合单价计算。

（2）措施项目中的总价项目金额，应根据招标文件及投标时拟定的施工组织设计或施工方案，按照13版《建设工程工程量清单计价规范》的规定自主确定。其中安全文明施工费应按照国家或省级、行业建设主管部门的规定计算，不得作为竞争性费用。

（3）投标人可根据工程实际情况结合施工组织设计，对招标人所列的措施项目进行增补。

任务3 其他项目清单、规费税金项目清单的投标报价

一、任务说明

（1）其他项目清单的投标报价；
（2）规费税金项目清单投标报价。

二、任务分析

（1）其他项目清单中哪几项内容不能变动？
（2）暂估材料价如何调整？计日工是不是综合单价？应如何计算？
（3）规费、税金项目清单是否可以调整？

三、任务实施

（1）其他项目应按下列规定报价：
1）暂列金额应按招标工程量清单中列出的金额填写，不得变动；
2）材料、工程设备暂估价应按招标工程量清单中列出的单价计入综合单价，不得更改；
3）专业工程暂估价应按招标工程量清单中列出的金额填写，不得更改；
4）计日工应按招标工程量清单中列出的项目和数量，自主确定综合单价并计算计日工金额；
5）总承包服务费应根据招标工程量清单中列出的内容和提出的要求自主确定。
（2）规费和税金必须按国家或省级、行业建设主管部门的规定计算，不得作为竞争性费用。具体计算和招标控制价相同。

任务4　投标报价的封面与编制说明

一、任务说明

（1）投标报价表格的组成；
（2）编制说明、扉页、封面的填写。

二、任务分析

（1）投标报价和招标控制价使用的表格一样吗？
（2）编制说明的填写和招标控制价有什么异同？

三、任务实施

（1）投标报价的使用表格：
投标报价使用的表格包括封-3、扉-3、表-01、表-02、表-03、表-04、表-08、表-09、表-11、表-12（不含表-12-6～表-12-8）、表-13、表-16，招标文件提供的表-20、表-21或表-22。详见《建设工程工程量清单计价规范》。
（2）招标工程量清单与计价表中列明的所有需要填写单价和合价的项目，投标人均应填写且只允许有一个报价。未填写单价和合价的项目，可视为此项费用已包含在已标价工程量清单中其他项目的单价和合价之中。当竣工结算时，此项目不得重新组价予以调整。
（3）五种表格报价完成后应进行投标总价汇总。投标总价应当与分部分项工程费、措施项目费、其他项目费和规费、税金的合计金额一致。
（4）扉页应按规定的内容填写、签字、盖章，除承包人自行编制的投标报价和竣工结算外，受委托编制的招标控制价、投标报价、竣工结算，由造价员编制的应有负责审核的造价工程师签字、盖章以及工造价咨询人盖章。

(5)总说明应按下列内容填写：

1）工程概况：建设规模、工程特征、计划工期、合同工期、实际工期、施工现场及变化情况、施工织设计的特点、自然地理条件、环境保护要求等。

2）编制依据等。

(6)投标报价的装订顺序：

1）封面：封-3。(B.3)

2）扉页：扉-3。(C.3)

3）总说明：表-01。(附录D)

4）建设项目投标报价汇总表：表-02。(E.1)

5）单项工程投标报价汇总表：表-03。(E.2)

6）单位工程投标报价汇总表：表-04。(E.3)

7）分部分项工程和单价措施项目清单与计价表：表-08。(F.1)

8）综合单价分析表：表-09。(F.2)

9）总价措施项目清单与计价表：表-11。(F.4)

10）其他项目清单与计价汇总表：表-12。(G.1)

11）暂列金额明细表：表-12-1。(G.2)

12）材料（工程设备）暂估单价及调整表：表-12-2。(G.3)

13）专业工程暂估价及结算表：表-12-3。(G.4)

14）计日工表：表-12-4。(G.5)

15）总承包服务费计价表：表-12-5。(G.6)

16）规费、税金项目计价表：表-13。(附录H)

17）主要材料、工程设备一览表：表-20、表-21、或表-22。(附录L)

详见《建设工程工程量清单计价规范》。

复习思考题

1. 采用工程量清单计价时，要求投标报价根据什么得出？
2. 投标报价中除什么费用外，投标人均可自主报价？
3. 分部分项工程量清单如何投标报价？
4. 措施项目清单如何投标报价？
5. 其他项目清单如何投标报价？
6. 投标报价的总说明如何填写？
7. 投标报价的装订顺序是什么？

实训十三

依据做好的工程量清单投标报价。

参考文献

[1] 中华人民共和国国家标准.建设工程工程量清单计价规范（GB 50500—2013）.北京：中国计划出版社，2013.
[2] 中华人民共和国国家标准.房屋建筑与装饰工程工程量计算规范（GB 50854—2013）.北京：中国计划出版社，2013.
[3] 吉林省住房和城乡建设厅.吉林省建筑工程计价定额（JLJD-JZ-2014）.长春：吉林人民出版社，2014.
[4] 吉林省住房和城乡建设厅.吉林省装饰工程计价定额（JLJD-ZS-2014）.长春：吉林人民出版社，2014.
[5] 吉林省住房和城乡建设厅.吉林省建设工程费用定额（JLJD-FY-2014）.长春：吉林人民出版社，2014.
[6] 吉林省住房和城乡建设厅.定额解释.长春：吉林人民出版社，2014.
[7] 中华人民共和国国家标准.建筑面积计算规范（GB/T 50353—2013）.北京：中国计划出版社，2013.
[8] 国家建筑标准设计图集.混凝土结构施工图平面整体表示方法制图规则和构造详图（11G101）.北京：中国计划出版社，2011.
[9] 李佐华.建筑工程计量与计价.北京：高等教育出版社，2009.
[10] 袁建新.建筑工程预算.北京：中国建筑工业出版社，2003.
[11] 阎俊爱，张素姣.建筑工程概预算.北京：化学工业出版社，2015.
[12] 温艳芳，蔡红新.建筑工程计量计价.北京：高等教育出版社，2013.